最新  Office

2016 高效办公三合一

恒盛杰资讯　编著

机械工业出版社
China Machine Press

图书在版编目（CIP）数据

最新Office 2016高效办公三合一／恒盛杰资讯编著. —北京：机械工业出版社，2015.12
（2017.3重印）

ISBN 978-7-111-52479-3

Ⅰ. ①最… Ⅱ. ①恒… Ⅲ. ①办公自动化－应用软件 Ⅳ. ① TP317.1

中国版本图书馆CIP数据核字（2016）第000152号

无论您是初学Office，还是需要从Office较低的版本升级到Office 2016；无论您是在校学生，还是初入职场的新人；无论您身在行政文秘、人力资源、市场营销行业，还是在会计财务行业，本书都将是您学习运用Office 2016中三个组件Word、Excel、PowerPoint提高工作效率的好帮手。

本书是指导初学者快速掌握Office 2016的入门书籍。在内容上充分考虑到初学者的实际阅读需求，页面排版简洁大方，通过大量详尽的操作，让读者直观、迅速地掌握Office套装中的Word、Excel和PowerPoint三大组件的基础知识和操作技巧。本书共19章，分为6个部分：第1部分包括第1章，介绍Office 2016的新增功能和基本操作；第2部分包括第2~6章，介绍Word基本操作、文档排版与美化、插入图片、插入表格等内容；第3部分包括第7~11章，介绍Excel基本操作、整理和计算数据、分析数据、公式与函数应用、图表制作等内容；第4部分包括第12~15章，介绍PowerPoint基本操作、让幻灯片声色俱备、增加幻灯片动态效果、幻灯片的放映与发布等内容；第5部分包括第16、17章，介绍Office与Internet的协作、三组件之间的协作；第6部分包括第18、19章，介绍Office自动化即VBA与宏的应用。

本书在主体内容中穿插了"生存技巧"和"提示"等小栏目，补充介绍Office 2016使用知识，帮助读者提高在实际工作中使用Office 2016的效率。每章末尾还有实战演练配套讲解，读者在掌握基础操作的同时，可方便地将其套用到实际工作中，即学即用。

最新Office 2016高效办公三合一

出版发行：机械工业出版社（北京市西城区百万庄大街22号　邮政编码：100037）

责任编辑：杨　倩

印　　刷：北京天颖印刷有限公司　　　　版　　次：2017年3月第1版第5次印刷

开　　本：184mm×260mm　1/16　　　　印　　张：24.75

书　　号：ISBN 978-7-111-52479-3　　　　定　　价：59.00元

凡购本书，如有缺页、倒页、脱页，由本社发行部调换

客服热线：（010）88379426　88361066　　　投稿热线：（010）88379604

购书热线：（010）68326294　88379649　68995259　　读者信箱：hzit@hzbook.com

前 言
Preface

Office 2016 办公软件套装中的 Word 2016、Excel 2016 和 PowerPoint 2016 是现代化办公中不可缺少的工具，也是每位职场人士不可或缺的"办公小助手"。使用 Word 2016 可以轻松地对文档进行编辑、排版和打印等操作，使用 Excel 2016 可以进行数据分析和处理，使用 PowerPoint 2016 可以制作一流水准的演示文稿。

◎ 本书内容结构

本书在内容上充分考虑初学者的实际阅读需求，通过大量详尽的操作，让读者直观、迅速地掌握 Office 套装中的 Word、Excel 和 PowerPoint 三大组件的基础知识和操作技巧。

全书分 6 部分 19 章，第 1 部分包括第 1 章，介绍 Office 2016 的基本操作；第 2 部分包括第 2~6 章，介绍 Word 基本操作、文档排版与美化、插入图片、插入表格等内容；第 3 部分包括第 7~11 章，介绍 Excel 基本操作、整理和计算数据、分析数据、公式与函数应用、图表制作等内容；第 4 部分包括第 12~15 章，介绍 PowerPoint 基本操作、让幻灯片声色俱备、增加幻灯片动态效果、幻灯片的放映与发布等内容；第 5 部分包括第 16、17 章，介绍 Office 与 Internet 的协作、三组件之间的协作；第 6 部分包括第 18、19 章，介绍 Office 自动化即 VBA 与宏的应用。

◎ 本书编写特色

● 简单易懂：对基础知识的讲解以图文并茂的方式进行，并且每个知识点都配有实例文件，让读者可以结合实例文件操作来加深对知识点的理解。

● 大量技巧：文中除了有相应的提示对基础知识进行补充介绍外，还穿插了"生存技巧"栏目，帮助读者温故而知新，全面提升应用技能，真正实现从新手到高手的蜕变。

● 边学边练：每一章末尾通过实战演练，让读者可以将所学的知识快速应用到实际操作中，加深对知识的熟悉和理解。

◎ 本书适用读者

本书最适合需要应用 Office 2016 完成工作的初学者，以及对 Office 2016 了解不够多的人群，或者是那些对 Office 2016 感兴趣并想要进一步钻研的人士。

由于编者水平有限，在编写本书的过程中难免有不足之处，恳请广大读者指正批评，除了扫描二维码添加订阅号获取资讯以外，也可加入 QQ 群 227463225 与我们交流。

编者

2015 年 12 月

如何获取云空间资料

步骤 1：扫描关注微信公众号

在手机微信的"发现"页面中点击"扫一扫"功能，如左下图所示，页面立即切换至"二维码/条码"界面，将手机对准右下图中的二维码，即可扫描关注我们的微信公众号。

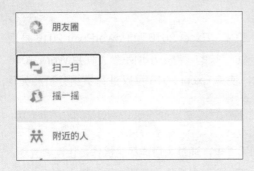

步骤 2：获取资料下载地址和密码

关注公众号后，回复本书书号的后 6 位数字"524793"，公众号就会自动发送云空间资料的下载地址和相应密码。

步骤 3：打开资料下载页面

方法 1：在计算机的网页浏览器地址栏中输入获取的下载地址（输入时注意区分大小写），按 Enter 键即可打开资料下载页面。

方法 2：在计算机的网页浏览器地址栏中输入"wx.qq.com"，按 Enter 键后打开微信网页版的登录界面。按照登录界面的操作提示，使用手机微信的"扫一扫"功能扫描登录界面中的二维码，然后在手机微信中点击"登录"按钮，浏览器中将自动登录微信网页版。在微信网页版中单击左上角的"阅读"按钮，如右图所示，然后在下方的消息列表中找到并单击刚才公众号发送的消息，在右侧便可看到下载地址和相应密码。将下载地址复制、粘贴到网页浏览器的地址栏中，按 Enter 键即可打开资料下载页面。

步骤 4：输入密码并下载资料

在资料下载页面的"请输入提取密码："下方的文本框中输入下载地址附带的密码（输入时注意区分大小写），再单击"提取文件"按钮，在新打开的页面中单击右上角的"下载"按钮，在弹出的菜单中选择"普通下载"选项，即可将云空间资料下载到计算机中。下载的资料如为压缩包，可使用 7-Zip、WinRAR 等解压软件解压。

目 录
Contents

第3部分 Excel 篇

第4部分 PowerPoint 篇

第13章 制作声色俱备的幻灯片

第14章 为幻灯片增添动态效果

第15章 幻灯片的放映与发布

第5部分 Office 协同篇

第6部分 Office自动化篇

第 1 部分
Office 基础篇

第 1 章　初次接触 Office 2016

第1章

初次接触Office 2016

初次接触 Office 2016，你是否迫不及待地想要了解 Office 2016 工作界面的组成，以及它的工作环境和一些实用操作，看看它在工作中到底能够帮助自己解决哪些问题呢？下面就一起来看看吧。

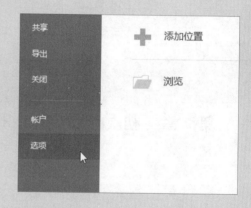

知识点

1. 了解 Office 新增功能和工作界面
2. 启动与退出 Office 2016
3. Office 2016 的基本操作
4. 设置 Office 2016 的工作环境

1.1 Office 2016的新增功能

Office 2016 与 Office 2013 的界面相似，但是 Office 2016 新增了部分功能，使得该软件在使用时更加得心应手了。本节将主要介绍 Office 2016 中 Word、Excel 和 PowerPoint 的各种新增功能。

1.1.1 Word 2016新增功能

在 Word 2016 中，新增的功能大多体现在各个选项卡下的部分功能组中，如在"审阅"选项卡下，取消了"校对"组中的"定义"功能，但又新增了"见解"分组；此外，"页面布局"选项卡名称更改为"布局"。除了在选项卡下新增了部分功能组外，功能组中某些按钮的下拉列表内容也发生了变化，如"设计"选项卡下的"字体"列表内容就与之前的 Word 2013 不一样。这些细微的改变在其他的办公组件中也有更新，用户在使用时将会有更多的选择。除了这些功能的升级外，在 Word 功能区标签的右侧还新增了一个"请告诉我"框，通过该框的"告诉我您想要做什么"功能能够快速查找某些功能按钮。该框中还记录了用户最近使用的操作，方便用户重复使用，如下图所示。这一功能在 Excel 和 PowerPoint 中也有体现。

1.1.2 Excel 2016新增功能

Excel 2016 和 Word 2016 类似，新增的功能也大多体现在各个选项卡下的功能组中，除了在选项卡下新增了部分功能组外，功能组中某些按钮的下拉列表内容也发生了变化。总之，新增的功能越来越贴近用户的工作和生活，如"插入"选项卡下的"演示"组和"报表"组，而在函数库中则新增了 5 个预测函数，如下图所示。

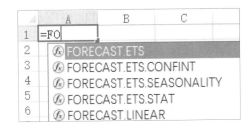

此外，在"数据"选项卡下，Excel 2016 还新增了"获取和转换"组，在"数据工具"组中则新增了"管理数据模型"功能，而在"预测"组中新增了"预测工作表"功能，如下图所示。

1.1.3 PowerPoint 2016新增功能

在 PowerPoint 2016 中，新增的功能同样集中在各选项卡下功能组中的某些按钮上，如"审阅"选项卡下的"比较"组后新增了"墨迹"分组，在"插入"选项卡下的"媒体"组中新增了"屏幕录制"功能，如下图所示。

PowerPoint 与 Word 类似，新增的功能组相对 Excel 来说少了很多，它们的升级主要还是体现在各功能组下某些按钮列表中的内容变化上，如 PowerPoint 中的"插入"选项卡下的"新建幻灯片"按钮，该按钮列表中 Office 主题的选择就有所改变，如左下图所示。而"设计"选项卡下的"变体"组中，"效果"列表内容也有所更新，如右下图所示。

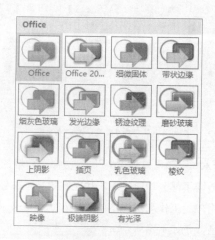

1.2 认识Office 2016三大组件的工作界面

Office 2016 是办公用户目前较为推崇的一款办公软件，它包含的三大最常用组件分别为 Word 2016、Excel 2016 和 PowerPoint 2016，这三个组件分别应用于办公的不同方面，诸如文字处理、表格制作、数据统计、幻灯片演示等。虽然三个组件的工作界面大体相同，但是各自又有各自的特点。用户通过认识三大组件的工作界面，自然能粗略地了解它们各自的特点。

1.2.1 Word 2016的工作界面

Word 主要用于一些纯文字的编辑工作。Word 2016 的工作界面由标题栏、功能区、快速访问工具栏、用户编辑区等部分构成。与以往的老版本相比，Word 2016 增加了一些新的功能，例如全新的导航搜索窗口、简单实用的截图功能等，其工作界面中各元素的名称和功能如下图和下表所示。

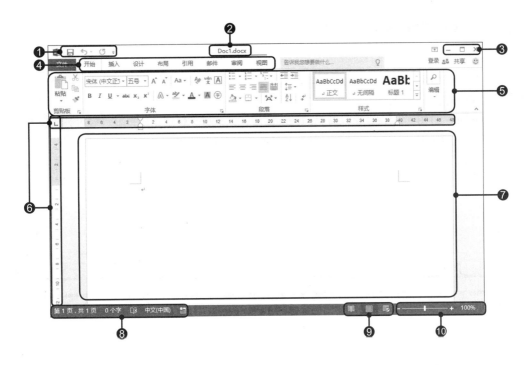

序 号	名 称	功 能
❶	快速访问工具栏	用于存放工作中最常用的按钮，如撤销、保存等
❷	标题栏	用于显示当前文档的名称
❸	窗口控制按钮	可用于对当前窗口进行移动、调整大小、最大化、最小化及关闭等常规操作
❹	功能区标签	显示各个功能区的名称
❺	功能区	在功能区中包含很多组，并包含有大部分功能按钮
❻	标尺	用于手动调整页面边距或表格列宽等
❼	用户编辑区	用户在其中输入、编辑文档内容
❽	状态栏	用于显示当前文件的信息
❾	视图按钮	单击其中某一按钮可切换至所需的视图方式下
❿	显示比例	通过拖动中间的缩放滑块可更改当前文档的显示比例

生存技巧：取消与隐藏 Word 界面中的标尺

在 Word 2016 中，标尺可以用来设置或查看段落缩进、制表位、页面边界和栏宽等信息。为了能让界面更加宽敞，从而看到更多的文本内容，用户可以在"视图 > 显示"组中取消勾选"标尺"选项将标尺栏进行隐藏；当需要使用时，再勾选"标尺"选项恢复标尺栏的显示。

1.2.2 Excel 2016的工作界面

Excel 工作表是在统计数据中常常要用到的，它可以进行各种数据的处理、统计分析。切片器和迷你图是 Excel 2016 中特有的新功能，为了让用户能更深入地了解 Excel 2016，下面就对 Excel 2016 的工作界面做详细的介绍。

除了和 Word 2016 的工作界面拥有相同的标题栏、功能区、快捷访问工具栏等以外，Excel 2016 还有自己的特点。Excel 2016 独有元素的名称及功能如下图和下表所示。

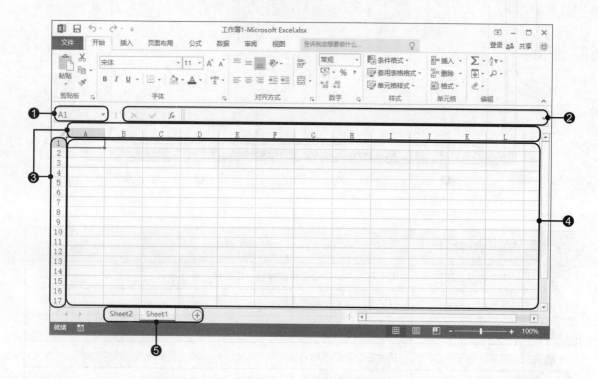

序 号	名 称	功 能
❶	名称框	显示当前单元格或单元格区域名称
❷	编辑栏	用于编辑当前单元格中的数据、公式等
❸	列标和行号	用于标识单元格的地址，即所在行列位置
❹	用户编辑区	编辑内容的区域，由多个单元格组成
❺	工作表标签	用来识别工作表的名称

 生存技巧：将功能区最小化显示更多内容

Office 2016 的 Ribbon 界面将常用的功能都在功能区可视化了出来，更容易查找。不过，这些功能可不是随时都用得上的。当想要将功能区隐藏起来，以便更大范围地浏览最终效果或扩大编辑区时，就试试将功能区隐藏吧。直接单击屏幕右上角的 按钮，或按组合键【Ctrl+F1】都能实现。需要注意的是，Office 2016 的所有组件界面都能实现功能区最小化。

1.2.3　PowerPoint 2016的工作界面

PowerPoint是相当好用的幻灯片制作工具，演讲、演示借助幻灯片投影能达到更好的表达效果。而PowerPoint 2016比以往版本也增加了更多的动态方式，此外，PowerPoint 2016还可以使用户和他人共享演示文稿，例如将演示文稿发送到Web，那么其他人在任何计算机中都可以访问它。PowerPoint 2016工作界面相对于其他组件的独有元素是幻灯片浏览窗格，其中显示了演示文稿中每张幻灯片的序号和缩略图，如下图所示。

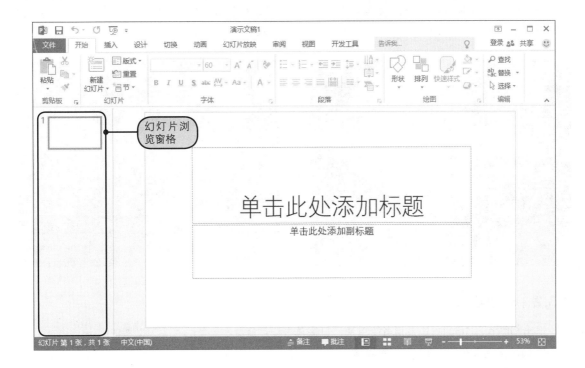

生存技巧：Office 2016的可视化快捷键

　　Office 2016拥有非常多的快捷键，并且这些快捷键还是可视化的。就算是初学者，相信只要使用一段时间后，也可以顺利地熟记它们。步骤很简单，只需要按【Alt】键，即可看到Office 2016的可视化快捷键，用【Alt】键配合键盘上的其他按键，就可以很方便地调出Office 2016的各项功能，包括文字效果、插入图片、引用内容等。

1.3　启动与退出Office 2016

　　要使用Office 2016办公，首先需要学会的就是如何启动Office 2016，以及在使用完Office 2016后如何退出程序。

1.3.1 启动Office 2016

当 Office 2016 安装完成后，在"Win8 磁贴"菜单中将显示所有选择安装的 Office 2016 的组件，所以启动 Office 2016 最直接的方法，就是在"Win8 磁贴"菜单中单击需要启动的组件名称。下面以启动 Excel 2016 为例向用户介绍启动 Office 2016 的方法。

步骤 01 在Windows 8磁贴中启动Excel 2016

在键盘上按 Windows 徽标键，显示界面将跳转到 Windows 8 磁贴中，单击磁贴中的 Excel 2016 图标，即可打开 Excel 2016，如下图所示。

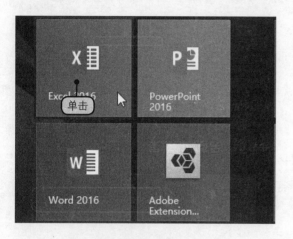

步骤 02 在任务栏启动Excel 2016

用户也可以在 Windows 8 系统的任务栏找到 Excel 2016 图标，然后单击，打开 Excel 2016 应用程序，如下图所示。

1.3.2 退出Office 2016

退出 Office 2016 的方法是相当简单的，只需单击程序窗口右上角的"关闭"按钮即可。

例如，启动 Excel 2016 后，如果需要退出程序，可以单击右上角的"关闭"按钮，如右图所示，Excel 2016 将被关闭。用户也可以单击"文件"按钮，在弹出的快捷菜单中单击"关闭"按钮，这样将关闭工作表，而不会退出 Excel 程序。

 生存技巧：其他方式退出 Office 2016

要退出 Office 2016，也可以在标题栏上右击，然后在弹出的快捷菜单中单击"关闭"命令。此外，还可以直接在电脑的任务栏中右击打开的文档，在弹出的快捷菜单中单击"关闭窗口"命令。

1.4 Office 2016的基本操作

启动 Office 2016 后，就需要开始了解 Office 2016 的基本操作了，包括如何创建、打开、保存和关闭文件。

1.4.1 创建Office文件

创建 Office 文件，既可以创建一个空白的文件，也可以根据模板创建文件或者根据现有的文件创建文件。下面就以创建 Excel 2016 工作簿为例为用户介绍创建 Office 文件的方法。

1. 创建空白文件

当用户需要制作一个工作表的时候，往往都是从创建空白工作簿开始的，在已启动 Excel 程序的情况下，创建好的空白工作簿将被自动命名为"工作簿2"。

步骤01 单击"空白工作簿"图标

在 Excel 2016 窗口单击"文件"按钮，❶在弹出的菜单中单击"新建"命令，❷在右侧的面板中单击"空白工作簿"图标，如下图所示。

步骤02 创建空白工作簿的效果

此时创建了一个空白的工作簿，自动命名为"工作簿2"，如下图所示。

> **提示**
>
> 除了通过在"文件"菜单中单击"空白工作簿"图标来创建空白工作簿外，也可以通过启动 Excel 2016 来直接新建空白工作簿。

2. 根据模板创建

模板包含有固定的基本结构和格式设置，使用模板创建工作簿可以节省制作工作表的时间。如果模板与用户要建立的工作表类似，那么用户只需在模板中添加内容并稍做修改即可完成工作表的制作。

原始文件： 无
最终文件： 下载资源 \ 实例文件 \01\ 最终文件 \ 家庭每月预算 .xlsx

步骤01 使用样本模板

启动 Excel 2016，单击"文件"按钮，❶在弹出的菜单中单击"新建"命令，❷在右侧的面板中单击"家庭每月预算规划"图标，如右图所示。

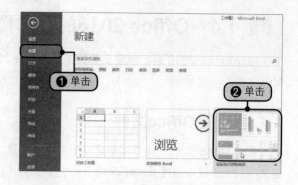

步骤02 显示模板信息

弹出"模板信息"面板，单击"创建"按钮，如下图所示。

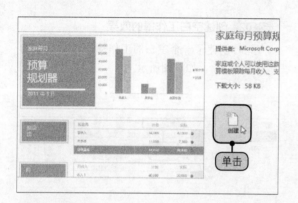

步骤03 创建模板的效果

此时创建了一个家庭每月预算表的模板，如下图所示。

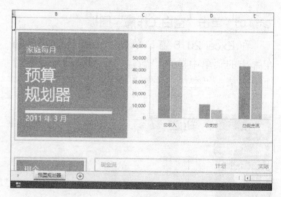

 生存技巧：其他方式创建工作簿

除了单击"空白工作簿"图标和模板创建工作簿以外，还可以按【Ctrl+N】键进行创建，或是在桌面和文件夹中右击鼠标，在弹出的快捷菜单中单击"新建"按钮，然后在展开的级联列表中单击"Microsoft Excel 工作表"命令，即可快速创建一个空白工作簿，如右图所示。

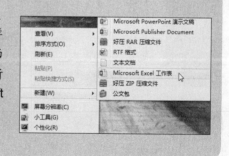

3．联机模板

在 Excel 默认的模板中，也许没有我们需要的模板，此时可以在文本框中输入模板信息，然后查找联机模板创建文件。

 原始文件： 无

最终文件： 下载资源＼实例文件＼01＼最终文件＼现金流量表 1.xlsx

步骤01　搜索联机模板

启动 Excel 2016，单击"文件"按钮，❶在弹出的菜单中单击"新建"命令，❷在右侧面板中的搜索框中输入需要查找的模板，比如输入"现金流量表"，❸单击"搜索"按钮，如下图所示。

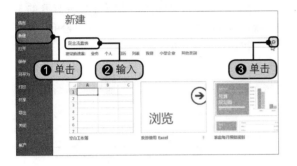

步骤02　选择模板

在搜索结果中选择需要的"现金流量表"模板，如下图所示。

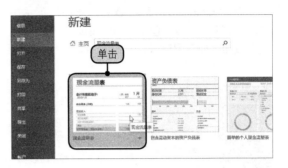

步骤03　创建模板

弹出"模板信息"窗格，单击"创建"按钮，如下图所示。

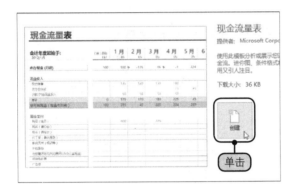

步骤04　创建工作簿的效果

根据联机模板自动创建了一个新工作簿，并自动命名为"现金流量表1"，如下图所示。

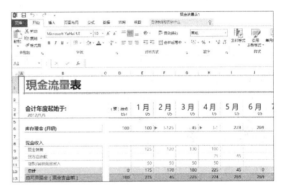

1.4.2　文件的打开与保存

如果要查看 Office 文件，该怎么打开文件呢？打开文件的方法有两种，一种为使用对话框打开，另一种为通过最近使用的文件打开。打开并使用文件后，可对文件进行保存或另存为。

1. 打开文件并保存文件

在"打开"对话框中可以打开任意需要的文件，如果要保存原文件中的修改，就可以使用保存命令。

生存技巧：设置默认保存位置快速保存文档

Office 各组件默认的保存位置是"C:\Users\Administrator\Documents\"，用户每次保存文件时，都要重新设置保存路径。为了能快速保存文件，大家可以设置默认文件位置。只需要单击"文件"按钮，在弹出的菜单中单击"选项"命令，在打开的对话框中切换至"保存"选项面板，重新输入"默认文件位置"的路径，再单击"确定"按钮即可。

原始文件： 下载资源 \ 实例文件 \01\ 原始文件 \ 员工一览表 .xlsx
最终文件： 下载资源 \ 实例文件 \01\ 最终文件 \ 员工一览表 .xlsx

步骤01 单击"打开"命令

启动 Excel 2016 后，❶在"文件"菜单中单击"打开"命令，❷在右侧的面板中单击"浏览"按钮，如下图所示。

步骤02 选择要打开的文件

弹出"打开"对话框，❶选中需要打开的工作簿，如单击"员工一览表"工作簿，❷单击"打开"按钮，如下图所示。

步骤03 保存文件

此时，打开了工作簿，用户可以在工作簿中修改工作表，修改完成后，在快速访问栏中单击"保存"按钮，如下图所示。

步骤04 保存文件后的效果

随即保存了修改，工作簿的名称和保存路径不变，如下图所示。

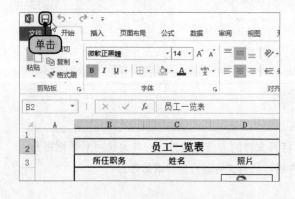

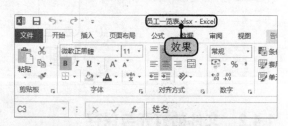

提示

除了在快速访问栏中单击"保存"按钮保存文件外，也可在"文件"菜单中单击"保存"命令。

生存技巧：设置默认保存格式快速保存文档

与设置默认保存路径相似，大家还可以设置各组件的默认保存格式。在任意组件界面单击"文件"按钮，在弹出的菜单中单击"选项"命令，在弹出的对话框中切换至"保存"选项面板，在"将文件保存为此格式"下拉列表中单击需要的保存格式选项，之后使用保存功能，默认的格式便改为新设置的格式。

2. 打开最近使用的文件并另存文件

打开最近使用的工作簿可以在"最近使用的工作簿"面板中实现。如果要保持原工作簿不变，保存已修改的工作簿需要使用"另存为"命令。

原始文件： 下载资源 \ 实例文件 \01\ 原始文件 \ 员工胸卡制作 .xlsx
最终文件： 下载资源 \ 实例文件 \01\ 最终文件 \ 员工胸卡制作 1.xlsx

步骤01 打开文件

启动 Excel 2016 后，❶ 在"文件"菜单中单击"打开"命令，❷ 在右侧的"最近使用的工作簿"面板中单击"员工胸卡制作 .xlsx"选项，如下图所示。

步骤02 另存文件

此时打开了最近使用的文件"员工胸卡制作 .xlsx"，对文件进行修改后，可以在"文件"菜单中单击"另存为 > 浏览"命令，如下图所示。

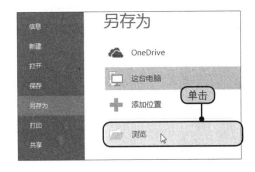

步骤03 选择保存路径

弹出"另存为"对话框，设置好保存文件夹后，❶在"文件名"文本框中输入新的文件名称，并选择好文件保存的路径，❷单击"保存"按钮，如下图所示。

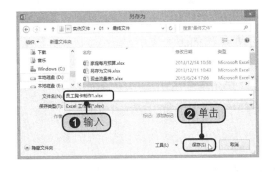

步骤04 另存为的效果

此时另存为一个新的工作簿，可以看见工作簿的名称发生了改变，如下图所示。

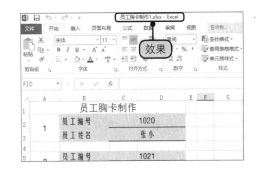

生存技巧：在 Windows 8 中不打开文档也能浏览文档

在 Windows 8 操作系统中，有时用户需要在众多文档中查找需要的文档，若按老方法一个个打开文档，则是非常费时的，此时可在文件夹中单击"查看 > 预览窗格"按钮，在窗口界面右侧将出现预览窗格，当用户再次选中窗口中的文档时，就会预览显示该文档的内容了，如右图所示。

1.4.3 文件的关闭

退出应用程序是关闭文件的一种方法，但是有时候为了不退出程序，用户可以通过关闭文件所在的窗口来关闭文件。

原始文件：下载资源 \ 实例文件 \01\ 原始文件 \ 另存为文件 .xlsx
最终文件：无

步骤 01 执行"关闭"命令

打开"下载资源 \ 实例文件 \01\ 原始文件 \ 另存为文件 .xlsx"。如果要关闭文件，可以在工作簿中执行"文件 > 关闭"命令，如下图所示。

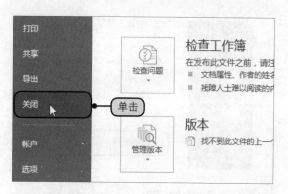

步骤 02 关闭文件的效果

此时虽然关闭了文件，但是并没有退出程序，如下图所示。

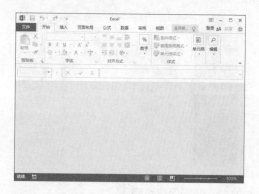

> **提示**
> 单击工作簿右上角的"关闭"按钮，可以关闭当前工作簿并退出 Excel 2016 应用程序。

生存技巧：设置自动保存不让文档丢失

在编辑文档过程中，为了防止文档内容意外丢失，Office 设置了自动保存功能，时间间隔为 10 分钟。用户也可以更改自动保存间隔时间，将其缩至更短，例如设置间隔为"5分钟"，只需单击"文件"按钮，在弹出的菜单中单击"选项"命令，在"选项"对话框中切换至"保存"选项面板，勾选"保存自动恢复信息时间间隔"复选框，设置时间为"5"，单击"确定"按钮即可。

1.5 设置Office 2016的工作环境

设置 Office 2016 的工作环境，就是设置 Office 2016 工作界面的显示，包括设置界面的颜色、功能区中的功能按钮、快速访问工具栏中的快捷按钮等。

1.5.1 自定义用户界面

用户界面的显示并不是默认不变的，用户可以根据需要改变界面的颜色或者隐藏界面中每个功能按钮的提示说明。

步骤01 单击"选项"命令

启动任意 Office 2016 组件后，比如 Word 2016，单击"文件"按钮，在弹出的菜单中单击"选项"命令，如下图所示。

步骤02 设置界面颜色

弹出相应的选项对话框，❶在"常规"选项面板中，可以设置主题样式，如设为"彩色"，❷单击"屏幕提示样式"右侧的下三角按钮，在展开的下拉列表中单击"不在屏幕提示中显示功能说明"选项，如下图所示。

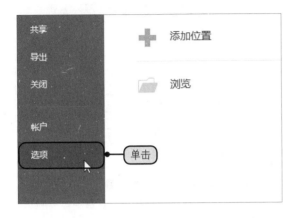

步骤03 自定义用户界面后效果

单击"确定"按钮后，返回到文档中，可以看见文档的界面颜色发生了改变，将鼠标指针指向任意功能按钮后，可以看见隐藏了功能按钮的说明，只显示了功能按钮的名称，如右图所示。

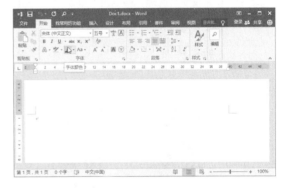

 提示

单击主界面右上角的"功能区最小化"按钮，可以将功能区隐藏起来。

生存技巧：其他方式自定义用户界面

单击"文件"按钮，在弹出的 Backstage 视图窗口中单击"账户"命令，在"账户"面板中单击"Office 主题"下三角按钮，在展开的列表中选择要设置的界面颜色，即可完成自定义用户界面操作。

1.5.2 自定义功能区

用户可以自定义设置 Office 2016 的功能区，例如 Word 2016 默认的功能区中包含有 7 个选项卡，用户可以自定义添加更多的选项卡，以及添加选项卡中的功能按钮。

步骤 01　自定义功能区

启动 Word 2016，打开"Word 选项"对话框，单击"自定义功能区"选项，如下图所示。

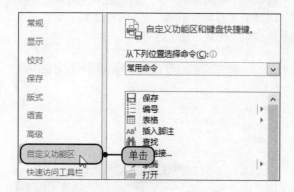

步骤 02　新建选项卡

❶单击"自定义功能区"列表框中"开始"选项，❷单击"新建选项卡"按钮，如下图所示。

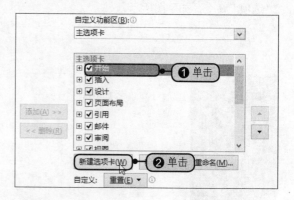

步骤 03　重命名选项卡

此时可以看见在"开始"选项卡下新建了一个选项卡，并且包含一个新建组，❶选中"新建选项卡（自定义）"选项，❷单击"重命名"按钮，如下图所示。

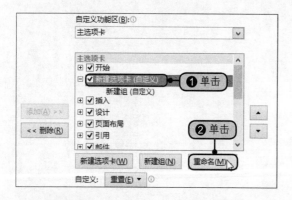

步骤 04　输入名称

弹出"重命名"对话框，❶在"显示名称"文本框中输入"我常用的功能"，❷单击"确定"按钮，如下图所示。

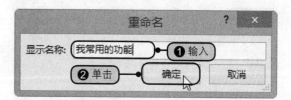

步骤 05　重命名组

此时可以看见为新建的选项卡重新命名了，❶单击"新建组（自定义）"选项，❷单击"重命名"按钮，如下图所示。

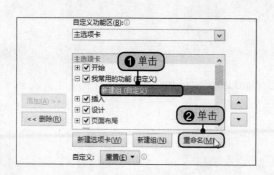

步骤 06　选择名称

弹出"重命名"对话框，❶在"显示名称"文本框中输入"调整格式"，❷单击"确定"按钮，如下图所示。

步骤 07 添加功能按钮

在左侧的列表框中找到要添加的功能，❶例如选择"格式刷"按钮，❷单击"添加"按钮，如下图所示。

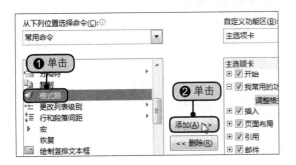

步骤 08 添加功能按钮的效果

此时在右侧的列表框的"调整格式（自定义）"组下，添加了"格式刷"按钮，如下图所示。

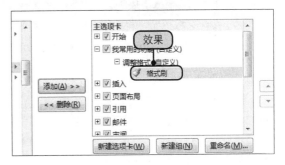

步骤 09 完成添加

重复同样的操作，❶选择需要的按钮进行添加，❷添加完毕后单击"确定"按钮，如下图所示。

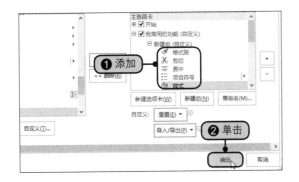

步骤 10 自定义功能区的效果

返回到主界面，可见增加了一个"我常用的功能"选项卡，在此选项卡下，包含一个"调整格式"组，在"调整格式"组中包含有自定义添加的功能按钮，如下图所示。

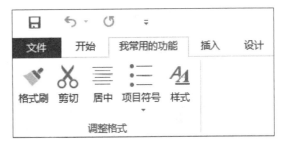

生存技巧：如何显示"开发工具"选项卡

默认情况下，Office 组件的"开发工具"选项卡是被隐藏了的，若用户要使用宏、控件或 VBA，需要将其显示出来。打开任意组件的选项对话框，切换至"自定义功能区"选项界面，在右侧"自定义功能区"列表框中勾选"开发工具"复选框，如右图所示，最后单击"确定"按钮即可添加。

1.5.3　自定义快速访问工具栏

快速访问工具栏是放置着快捷功能按钮的地方，默认包含的功能有三个，为了方便用户，可以在快速访问工具栏中添加更多的功能按钮。下面以 Word 组件为例向用户介绍。

生存技巧：将快速访问工具栏恢复到默认状态

默认情况下快速访问工具栏只有数量较少的命令，用户可以根据自己的需求添加更多的命令进去。当然，如果用户不再需要它们，也可以使快速访问工具栏恢复到默认状态，这就要用到"重置"功能了。仍然打开任意组件的选项对话框，单击"快速访问工具栏"选项组，再在右侧单击"重置"按钮，在展开的下拉列表中选择"重置快速访问工具栏"即可。

步骤01 添加功能按钮

打开"Word 选项"对话框，单击"快速访问工具栏"选项，❶在右侧面板中的"从下列位置选择命令"列表框中单击"查找"选项，❷单击"添加"按钮，如下图所示。

步骤02 单击"确定"按钮

❶此时可以看见"自定义快速访问工具栏"列表框中添加了"查找"选项，❷单击"确定"按钮，如下图所示。

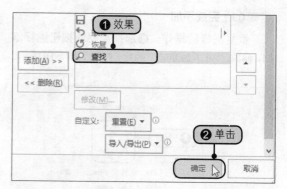

步骤03 自定义快速访问工具栏的效果

返回文档主界面，在快速访问工具栏中可以看见自定义的功能按钮，如下图所示。

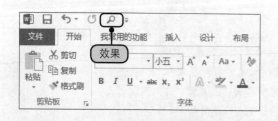

提 示

除了可以在"Word 选项"对话框中添加功能按钮到自定义访问工具栏中外，还可以单击自定义快速访问工具栏中的下翻按钮，在展开的下拉列表中，单击需要添加的功能按钮，即可将功能按钮添加到快速访问工具栏中。

 生存技巧：巧妙关闭浮动工具栏

浮动工具栏是自 Office 2007 开始加入的一种快速设置字体格式的半透明工具栏。选择文本后，工具栏就会浮现在旁边，方便用户对字体、对齐方式、缩进等进行快速设置。但对于习惯使用功能区设置的用户来说，浮动工具栏可能会是累赘，此时可以将其关闭。只需要在"选项"对话框中，切换至"常规"选项界面，取消勾选"选择时显示浮动工具栏"复选框，再单击"确定"按钮即可。

1.6 实战演练——创建会议纪要

在企事业单位、机关团体中，几乎都会使用到会议纪要。会议纪要是用于记载、传达会议情况和会议主要内容的公文。用户可以根据 Word 2016 提供的模板来创建会议纪要的文档。

原始文件： 无

最终文件： 下载资源 \ 实例文件 \01\ 最终文件 \ 会议纪要 .docx

步骤 01 启动Word 2016

在 Windows 8 系统磁贴中找到 Word 2016 图标并单击，即可启动 Word 2016 应用程序，如下图所示。

步骤 02 选择模板

启动 Word 2016 后，单击"文件"按钮，❶在弹出的菜单中单击"新建"命令，❷在右侧的搜索栏中输入"会议纪要"并搜索，❸单击"会议纪要"模板，如下图所示。

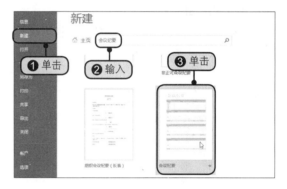

步骤 03 创建模板

弹出模板信息，单击"创建"按钮，如下图所示。

步骤 04 创建模板后的效果

此时，根据模板，创建了一个会议纪要文档，如下图所示。

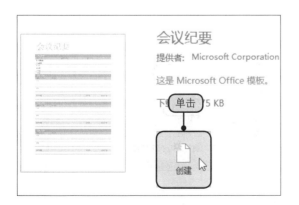

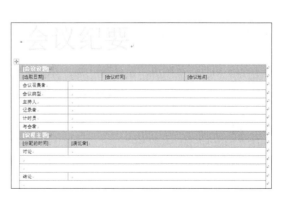

步骤05　保存会议纪要

用户可以根据需要在文档中编辑好文字,然后单击"文件"按钮,❶在弹出的菜单中单击"保存"命令,第一次保存将自动跳转到"另存为"命令中,❷在右侧单击"浏览"按钮,如下图所示。

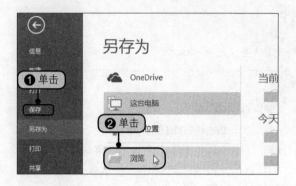

步骤06　选择名称

弹出"另存为"对话框,❶在"文件名"文本框中输入文件的名称后,选择保存的路径,❷单击"保存"按钮,如下图所示。

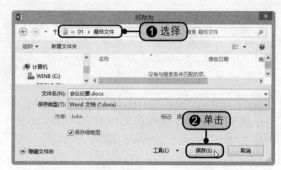

步骤07　保存后的效果

此时便保存了文档,在文档的标题栏可以看见此文档的名称,如下图所示。

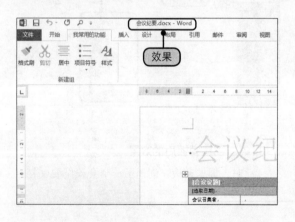

步骤08　关闭文档

❶右击标题栏的空白区域,❷在弹出的菜单中单击"关闭"命令,即可关闭文档,如下图所示。

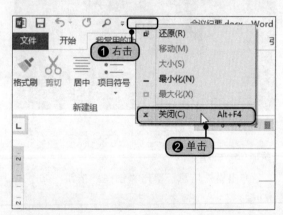

步骤09　查看保存的文档

打开文档保存的路径后,可以看见根据模板创建的文档的保存图标,如果用户需要再次查看文档,可以选中图标,右击鼠标,在弹出的快捷菜单中单击"打开"命令,如右图所示。

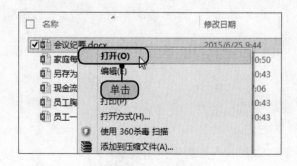

第2部分 Word 篇

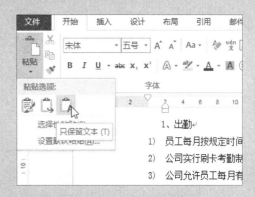

第2章

Word 2016基本操作

Word 是最常用的文字处理工具，一般用于文字和表格处理。处理文字时，输入文本是第一步操作，也是最基本的操作。在输入过程中使用复制剪贴功能，可加快输入文本的速度。若输入出错，可将其删除。"拼写检查"等"查错"功能可确保输入的正确性。

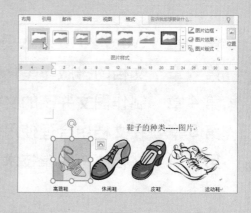

知识点

1. 文本的输入
2. 文档的编辑操作
3. 检查拼写和语法错误
4. 加密文档

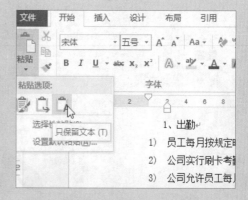

2.1　输入文本

文本是整个文档的核心内容，是整个文档中不可缺少的部分。在 Word 2016 中可以输入中文文本、英文文本、数字文本、符号文本、特殊符号等内容，这些内容都称为文本。默认输入中文文本的格式为宋体、五号。

2.1.1　输入中文、英文和数字文本

在键盘上敲击数字和字母，可直接输入数字文本和英文文本。系统自带的中文输入法为微软拼音输入法，当然，用户也可以在电脑上安装其他的输入法。

> **原始文件：** 下载资源 \ 实例文件 \02\ 原始文件 \ 商业发票 .docx
> **最终文件：** 下载资源 \ 实例文件 \02\ 最终文件 \ 输入中文、英文和数字文本 .docx

步骤 01　选择输入法

打开"下载资源 \ 实例文件 \02\ 原始文件 \ 商业发票 .docx"，单击"语言栏"中的"中文（简体）－美式键盘"按钮，在展开的下拉列表中选择合适的输入法，如下图所示。

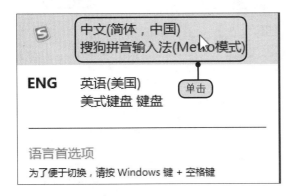

步骤 03　转换输入法

按【Shift】键，可让输入法在中文和英文之间切换。当输入法中显示"英"字时，便切换至英文输入法，在键盘上敲击字母，就可以输入英文，输入完毕后，可以看到输入英文后的效果，如右图所示。

步骤 02　输入中文和数字文本

❶将光标置于要输入中文文本的位置，在键盘上敲击字母，组成拼音，可输入相应的中文文本；❷将光标置于要输入数字的位置，在键盘上敲数字键可输入数字文本，如下图所示。

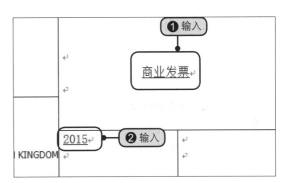

生存技巧：快速将小写字母转化为大写字母

在 Word 中可使用多个快捷键组合切换英文大小写，【Shift+F3】【Ctrl+Shift+A】【Ctrl+Shift+K】组合键中任意一个均可实现。

例如，选择要转换的英文字母，首次按【Shift+F3】组合键，转为大写，再次按【Shift+F3】组合键，转换为小写。

2.1.2 输入时间和日期

时间和日期是经常输入的数据之一，如感谢信落款时需要输入日期。在 Word 中可使用"日期和时间"对话框插入当前的时间和日期格式。

 原始文件： 下载资源 \ 实例文件 \02\ 原始文件 \ 感谢信 .docx
最终文件： 下载资源 \ 实例文件 \02\ 最终文件 \ 感谢信 .docx

步骤 01 单击"日期和时间"按钮

打开"下载资源 \ 实例文件 \02\ 原始文件 \ 感谢信 .docx"，❶单击要插入日期的位置，❷选择"插入"选项卡，单击"日期和时间"按钮，如下图所示。

步骤 02 选择日期时间格式

弹出"日期和时间"对话框，❶设置"语言（国家 / 地区）"为"中文（中国）"，❷在"可用格式"下双击要选择的格式，如下图所示。

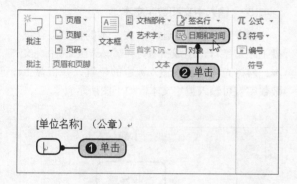

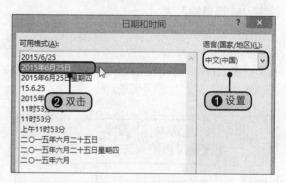

步骤 03 插入日期后的效果

返回文档中，可以看到根据选择的格式插入系统当前日期后的效果，如右图所示。

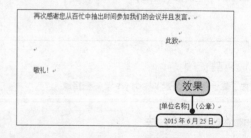

 生存技巧：插入时间和日期的快捷键

需要大量输入日期和时间时，使用对话框的方式就非常麻烦，使用快捷键方式则可快速完成输入。在 Word 中可使用组合键快速输入当前系统的时间和日期。按【Alt+Shift+D】组合键，可在 Word 中输入当前日期，按【Alt+Shift+T】组合键，可在 Word 中输入当前时间，如右图所示。

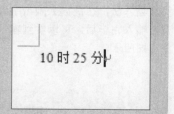

2.1.3 输入符号文本

符号是具有某种代表意义的标识。有的符号在键盘上是无法直接输入的，如"√"。在 Word 2016 中，可通过"符号"对话框输入各种各样的符号。

步骤 01 单击"其他符号"选项

打开"下载资源 \ 实例文件 \02\ 原始文件 \ 出境货物报检单 .docx"，❶单击要插入符号的位置，在"插入"选项卡，单击"符号"下三角按钮，❷在展开的下拉列表中单击"其他符号"选项，如下图所示。

步骤 02 选择符号

弹出"符号"对话框，❶在"符号"选项卡下，选择合适的字体，❷单击需要的符号，❸单击"插入"按钮，如下图所示。

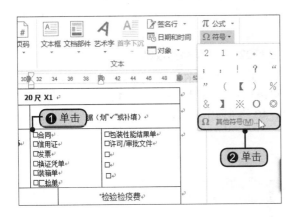

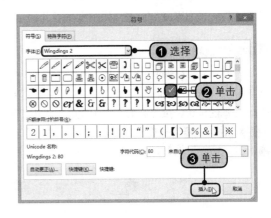

步骤 03 插入符号后的效果

随后，在光标处可以看到插入符号后的效果，如下图所示。

步骤 04 插入其他符号

按照同样的方法，插入其他的符号。插入完毕后可以看到插入后的效果，如下图所示。

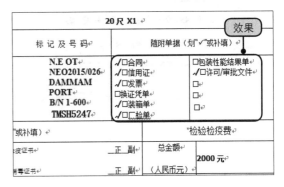

生存技巧：轻松输入商标、版权符号

注册商标和版权符号是在输入时会遇到的一种特殊符号，针对这类特殊符号的输入，在 Word 中是可以通过使用快捷键方式来完成的。按【Atl+Ctrl+C】组合键可以输入版权符号©，按【Atl+Ctrl+R】组合键可以输入注册符号®，按【Atl+Ctrl+T】组合键可以输入商标符号™，用户可以自己尝试一下。

2.1.4 输入带圈文本

带圈文本即文本被圈包围，在实际工作中经常遇到数字带圈的情况，用于排序或者罗列项目。在 Word 2016 中带圈文本的输入非常方便。

1．输入 10 以内的带圈文本

输入 1~10 的带圈文本，可打开"符号"对话框，单击选择需要的文本便可以输入，将光标移动到其他位置，可继续输入带圈文本。

 原始文件： 下载资源 \ 实例文件 \02\ 原始文件 \ 日常用品采购清单 .docx
最终文件： 下载资源 \ 实例文件 \02\ 最终文件 \ 输入 10 以内的带圈文本 .docx

步骤01 选择符号

打开"下载资源 \ 实例文件 \02\ 原始文件 \ 日常用品采购清单 .docx"，将光标定位在要插入带圈文本的位置，按照 2.1.3 小节的方法打开"符号"对话框，❶选择要插入的带圈符号"①"，❷单击"插入"按钮，如下图所示。

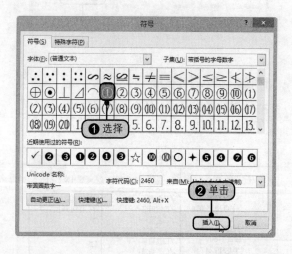

步骤02 插入符号的效果

此时，定位的位置上插入了一个带圈字符，利用同样的方法，在文档的其他位置上插入 2~10 的带圈字符，如下图所示。

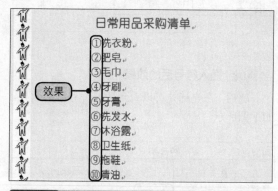

 提示

重复插入符号的时候，可以不必关闭"符号"对话框，直接将光标定位在其他需要插入符号的位置处，选择适合的符号插入即可。

2．输入 10 以外的带圈文本

若项目数量超过了 10，需要输入 10 以外的带圈文本，在 Word 2016 中可使用"带圈字符"功能实现。

原始文件： 下载资源 \ 实例文件 \02\ 原始文件 \ 输入 10 以内的带圈文本 .docx
最终文件： 下载资源 \ 实例文件 \02\ 最终文件 \ 输入 10 以外的带圈文本 .docx

步骤 01 单击"带圈字符"按钮

　　打开"下载资源 \ 实例文件 \02\ 原始文件 \ 输入 10 以内的带圈文本 .docx",将光标定位在要插入字符的位置,在"开始"选项卡下,单击"字体"组中的"带圈字符"按钮,如下图所示。

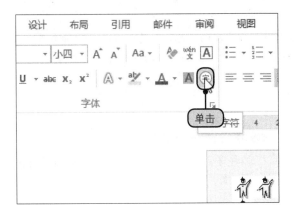

步骤 02 设置带圈字符

　　弹出"带圈字符"对话框,❶选择"缩小文字"样式,❷在"文字"文本框中输入"11",❸在"圈号"列表框中单击圆圈,❹单击"确定"按钮,如下图所示。

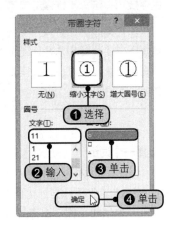

步骤 03 插入符号后的效果

　　此时插入了数字为 11 的带圈字符,采用同样的方法,完成其他 10 以上带圈字符的输入,如右图所示。

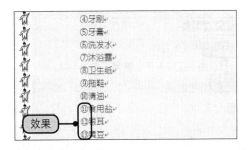

生存技巧:输入数学公式

　　数学公式在 Word 中直接输入是无法实现的,特别是有根号的复杂公式等,好在 Word 2016 专为用户提供了公式编辑渠道,用户只需切换至"插入"选项卡,单击"公式"下三角按钮,在展开的下拉列表中单击需要的公式模板选项,或者单击"插入公式"选项,此时会出现"公式工具—设计"选项卡,用户在此即可自定义数学公式。

▎▎▎ 2.2　文档的编辑操作

　　在文档中输入文本内容后,可以对这些内容进行编辑,文档的编辑操作包括选择文本、剪切和复制文本、删除和移动文本、查找和替换文本以及对一个操作步骤的撤销或重复同样的操作步骤。

2.2.1　选择文本

　　要对 Word 文档中的内容进行操作,首先需要学会怎样正确地选择这些内容。选择文本的方式有很多种,用户可以选择一个词组、一个整句、一行或者是整个文档内容。

原始文件: 下载资源 \ 实例文件 \02\ 原始文件 \ 考勤管理制度 .docx
最终文件: 无

 生存技巧：选择不连续的文本

在实际工作中，我们常常都是使用拖动鼠标的方式来选择文本的，但是当用户想要选择多个不连续的文本时，光凭鼠标来拖动选择是不能实现的，此时还需使用【Ctrl】键。即首先拖动鼠标选中一个文本，然后按住【Ctrl】键，继续在文档中拖动鼠标选中其他需要选择的文本内容即可。

步骤01 选择一个词组

打开"下载资源 \ 实例文件 \02\ 原始文件 \ 考勤管理制度 .docx"，将鼠标指针定位在词组"工作时间"的第一个字的左侧，双击鼠标选择该词组，如下图所示。

步骤02 选择一个整句

按住【Ctrl】键不放，单击要选择句子所在的位置，即可选择一个整句，如下图所示。

步骤03 选择一行

将鼠标指针指向一行的左侧，当指针呈现箭头形状时，单击鼠标，即可选择指针右侧的一行文本，如下图所示。

步骤04 选择任意的连续文本

将鼠标指针定位在要选择的文本的最左侧，拖动鼠标，即可选择任意连续的文本内容，如下图所示。

步骤05　纵向选择文本

按住【Alt】键不放，纵向拖动鼠标，可选择任意需要的纵向连续文本，如下图所示。

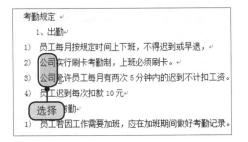

步骤06　选择所有的文本

将鼠标指针指向整个文档的左侧，当指针呈现箭头形，三击鼠标，即可选择整个文档的文本内容，如下图所示。

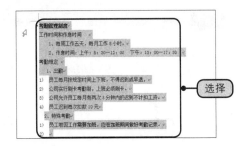

 提示

如果文档中存在大量文字的段落，可双击段落左侧，选择整个段落。

 生存技巧：快速获得整篇文章的相关统计数值

用户通常可以在状态栏中查看文档的页数和字数统计，若要查看更多的统计数值包括字符数（不计空格）、字符数（计空格）、段落数、行数、非中文单词以及中文字符和朝鲜语单词，用户可以在"字数统计"对话框中查看，只需要在"审阅"选项卡中单击"字数统计"按钮，即可在弹出的对话框中查看详细的数据信息。

2.2.2　剪切和复制文本

剪切和复制文本，都可以将文本放入到剪贴板中，不同的是剪切文本后可以删除文本，而复制文本则是生成另一个一样的文本。

原始文件： 下载资源 \ 实例文件 \02\ 原始文件 \ 考勤管理制度 .docx
最终文件： 下载资源 \ 实例文件 \02\ 最终文件 \ 剪切和复制文本 .docx

步骤01　剪切文本

打开"下载资源 \ 实例文件 \02\ 原始文件 \ 考勤管理制度 .docx"，❶选择暂时不用的内容，❷在"开始"选项卡下，单击"剪贴板"组中的"剪切"按钮，如下图所示。

步骤02　剪切文本后的效果

此时可以看见，文档中所选择的内容被剪切了，不再显示，如下图所示。

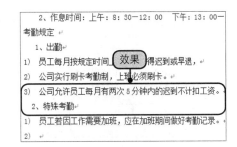

最新 Office 2016 高效办公三合一

步骤03　单击对话框启动器

如果要查看被剪切的内容，可以单击"剪贴板"组中的对话框启动器，如下图所示。

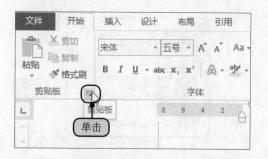

步骤04　查看剪切的内容

此时打开了"剪贴板"窗格，在窗格中可以看见剪切的内容，如果要重复使用这些内容，可以重新将内容粘贴到文档中去，如下图所示。

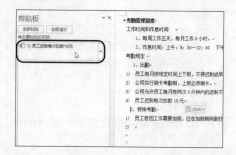

生存技巧：快速复制、移动、粘贴文本

若要想快速复制、粘贴文本，可以分别使用复制快捷键【Ctrl+C】和粘贴快捷键【Ctrl+V】，而移动文本可以使用剪切快捷键【Ctrl+X】配合粘贴快捷键【Ctrl+V】。但是需注意的是，使用这些快捷键复制和移动后，粘贴的不仅是文本的内容，文本的格式也有可能会被粘贴，如果只想粘贴文本内容，则还需使用选择性粘贴功能。

步骤05　复制文本

❶选择需要复制的内容，❷在"剪贴板"组中单击"复制"按钮，如下图所示。

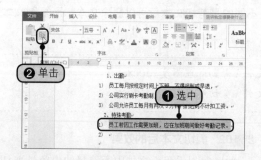

步骤06　粘贴文本

将光标定位在需要粘贴内容的位置处，❶在"剪贴板"组中单击"粘贴"按钮，❷在展开的下拉列表中单击"只保留文本"选项，如下图所示。

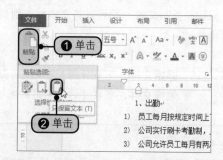

步骤07　复制文本后的效果

此时可以看见，在光标定位的位置出现了和所选文本一样的文本内容，如下图所示。

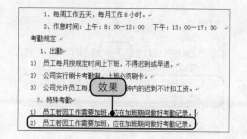

步骤08　修改文本

此时用户可以在复制粘贴后的文本中稍做修改，快速完成文档的输入，如下图所示。

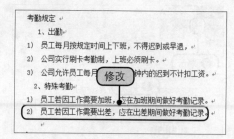

生存技巧：强大的选择性粘贴功能

　　Word 2016 具有强大的选择性粘贴功能，当用户复制了文本内容后，在"剪贴板"组中单击"粘贴"下三角按钮，在展开的下拉列表中单击"选择性粘贴"选项，在弹出的"选择性粘贴"对话框中，单击选中"粘贴"单选按钮，在右侧"形式"列表框中即可看到多种供用户选择的粘贴项。既可以带格式粘贴，也可以清除格式粘贴，如右图所示。

2.2.3　删除和修改文本

　　删除文本内容是指将文本从文档中清除掉。修改文本内容是指选择文本后，在原文本的位置上输入新的文本内容。

原始文件： 下载资源 \ 实例文件 \02\ 原始文件 \ 剪切和复制文本 .docx
最终文件： 下载资源 \ 实例文件 \02\ 最终文件 \ 删除和修改文本 .docx

步骤 01　选择要删除的文本

　　打开"下载资源 \ 实例文件 \02\ 原始文件 \ 剪切和复制文本 .docx"，选择需要删除的文本内容，如下图所示。

步骤 02　删除文本效果

　　按【Delete】键后，可以看见删除了文本，如下图所示。

步骤 03　选择要修改的文本

　　选择需要修改的文本内容，如下图所示。

步骤 04　修改文本的效果

　　直接输入正确的文本内容，完成修改，如下图所示。

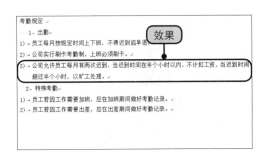

2.2.4 查找和替换文本

对于一个内容较多的文档，用户如果需要快速地查看某项内容，可输入内容中包含的一个词组或一句话，进行快速查找。当在文档中发现错误后，如果要修改多处相同内容的错误，可以使用替换文本的功能。

原始文件: 下载资源 \ 实例文件 \02\ 原始文件 \ 删除和修改文本 .docx
最终文件: 下载资源 \ 实例文件 \02\ 最终文件 \ 查找和替换文本 .docx

生存技巧: 使用通配符查找和替换

Word 中的查找和替换功能非常强大，除了正文介绍的方法外，还可以通过通配符进行相关操作，如可使用星号"*"通配符搜索字符串，使用问号"?"通配符搜索任意单个字符。

步骤01 单击"替换"按钮

打开"下载资源\实例文件\02\原始文件\删除和修改文本.docx"，在"开始"选项卡下，单击"编辑"组中的"替换"按钮，如下图所示。

步骤02 查找文本

弹出"查找和替换"对话框，❶切换到"查找"选项卡，❷在"查找内容"文本框中输入需要查找的内容"每月"，❸单击"查找下一处"按钮，如下图所示。

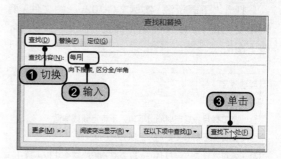

步骤03 查找文本的效果

此时可以看见，查找到了第一个"每月"文本内容，用户继续单击"查找下一处"按钮，可查找其他的"每月"文本内容，如下图所示。

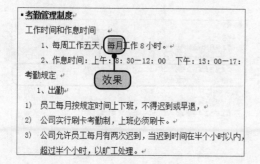

步骤04 突出显示文本

为了方便用户查看文档中的所有"每月"文本内容，可以将内容突出显示。在"查找和替换"对话框中单击"阅读突出显示"按钮，在展开的下拉列表中单击"全部突出显示"选项，如下图所示。

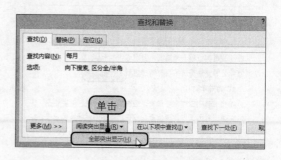

步骤05　突出显示文本的效果

此时，所有"每月"文本内容都加上黄色背景突出显示了出来，如下图所示。

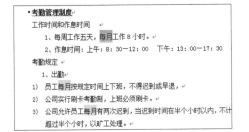

步骤06　输入替换内容

如果查找时只是发现部分内容有误。❶可切换到"替换"选项卡，❷在"替换为"文本框输入替换内容，如输入"每天"，❸单击"查找下一处"按钮，如下图所示。

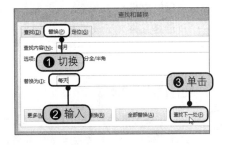

步骤07　查找需要替换的文本

此时系统自动选中第一处"每月"文本内容，根据段落的内容判断出此处有误，如下图所示。

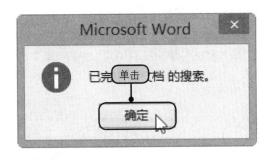

步骤08　单击"替换"按钮

在"查找和替换"对话框中单击"替换"按钮，如下图所示。

步骤09　单击"确定"按钮

继续替换其他有错的文本，完成替换后弹出提示框，提示用户已完成对文档的搜索，单击"确定"按钮，如下图所示。

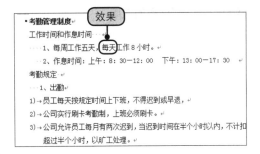

步骤10　替换文本后的效果

返回文档中，可以看见错误的文本内容已经替换成正确的文本内容了，如下图所示。

生存技巧：查找对话框关闭也能查找

在 Word 中，除了使用"查找和替换"对话框来查找文本外，还可以使用"导航"任务窗格来查找，只需要在"视图"选项卡勾选"导航窗格"复选框，在文档左侧展开的"导航"任务窗格文本框中输入需要查找的文本内容，即可在文档中看到被突出显示的文本内容。

2.2.5 撤销与重复操作

　　如果某一步出现操作错误，要恢复到操作之前的效果，可以使用撤销功能。而如果要对多个对象应用同一个操作，可以使用重复操作的功能。

　　原始文件： 下载资源＼实例文件＼02＼原始文件＼鞋子的种类.docx
　　最终文件： 下载资源＼实例文件＼02＼最终文件＼撤销与重复操作.docx

 生存技巧：快速撤销

　　直接按下键盘中的【Ctrl+Z】组合键能够快速撤销上一步的错误操作。如果要撤销多步错误操作，则多次按下该组合键，直到恢复到正确的操作位置。

步骤 01 改变图表大小

　　打开"下载资源＼实例文件＼02＼原始文件＼鞋子的种类.docx"，拖动图片四周对角线的控点调整图片的大小，如下图所示。

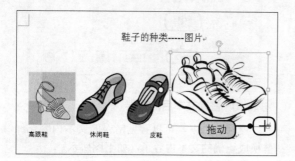

步骤 02 撤销操作

　　释放鼠标后，图片的大小发生改变，使图片自动换行到了下一行，反而不利于文档的排版，此时单击快速工具栏中的"撤销"按钮，如下图所示。

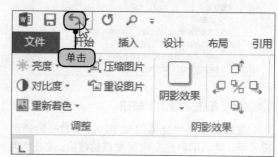

步骤 03 撤销操作后的效果

　　随即撤销了上一步的操作，使文档恢复到最初的样子，如下图所示。

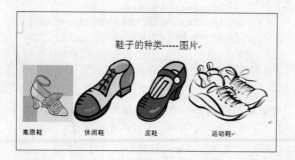

步骤 04 应用图表样式

　　根据需要切换到"图片工具－格式"选项卡，在"图片样式"组中选择样式库中的"简单框架白色"样式，就为第一张图片应用了一个样式，如下图所示。

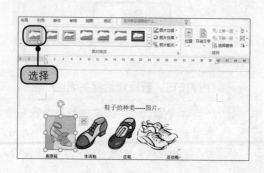

步骤05 **重复操作**

❶选中第二张图片，❷在快速访问工具栏中单击"重复"按钮，如下图所示。

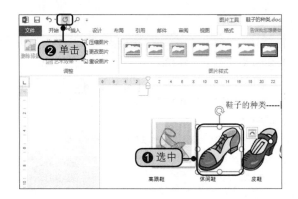

步骤06 **重复操作后的效果**

此时重复了上一步的操作，为第二张图片应用了相同的样式，用户可以再次单击"重复"按钮，为文档中的其他图片应用该样式，如下图所示。

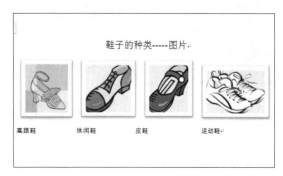

 提示

当撤销了一个或多个操作后，如果需要恢复，可以在快速工具栏中单击"恢复"按钮。

生存技巧：一次撤销多个操作

在使用撤销功能时，如果想快速撤销至某一个操作步骤，仅仅使用连续单击功能不仅浪费时间，还不一定能够得到相应的操作结果，此时可以单击"撤销键入"下三角按钮，在展开的下拉列表中选择要撤销的操作即可，如右图所示。

▍▍▍ 2.3 快速查错

在文档中快速查找错误包括使用"拼写和语法"检查错误、使用"批注"标注有错误的地方，最后可以使用修订来修改文档中的错误。

2.3.1 检查拼写和语法错误

当在文档中输入了大量的内容后，为了增强文档的正确率，用户可以利用"拼写和语法"按钮来检查文档中是否存在错误。

 原始文件： 下载资源 \ 实例文件 \02\ 原始文件 \ 工资制定方案 .docx
最终文件： 下载资源 \ 实例文件 \02\ 最终文件 \ 检查拼写和语法错误 .docx

步骤 01 拼写和语法

打开"下载资源\实例文件\02\原始文件\工资制定方案.docx",切换到"审阅"选项卡,单击"校对"组中的"拼写和语法"按钮,如下图所示。

步骤 02 查看错误

弹出"语法"对话框,此时可以查看到错误的内容,若确实有误,在文档中对应修改即可,如下图所示。

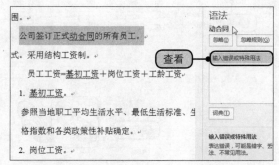

步骤 03 查看其他错误

继续查看下一处错误,在文中单击下一处有蓝色波浪线的地方,可以查看到文档中其他错误或特殊用法的文本内容,如下图所示。

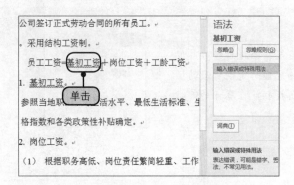

步骤 04 完成检查

当检查完后,单击"关闭"按钮,会弹出提示框,提示用户拼写和语法检查已完成,单击"确定"按钮,如下图所示。

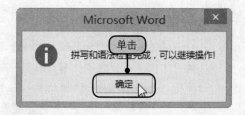

提示

在检查的过程中,如果显示的错误内容为特殊用法而并非错误的时候,可以在"拼写和语法:中文(中国)"对话框中单击"忽略一次"按钮,忽略此处的内容。

2.3.2 使用批注

当检查到文档中有错误的时候,用户可以在错误的位置插入批注,以便说明错误的原因。

 生存技巧:光标快速定位法

在"查找和替换"功能中,用户可以使用"定位"功能快速将光标定位至指定位置,例如将光标快速定位至"批注"中。具体方法是打开"查找和替换"对话框,切换至"定位"选项卡,在"定位目标"列表框中单击"批注"选项,在右侧"请输入审阅者姓名"下拉列表中选择需要的选项,再单击"下一处"按钮即可将光标定位到该审阅者的批注上。

原始文件： 下载资源 \ 实例文件 \02\ 原始文件 \ 检查拼写和语法错误 .docx
最终文件： 下载资源 \ 实例文件 \02\ 最终文件 \ 使用批注 .docx

步骤01 新建批注

打开"下载资源 \ 实例文件 \02\ 原始文件 \ 检查拼写和语法错误 .docx"，将光标定位在要插入批注的位置处，切换到"审阅"选项卡，单击"批注"组中的"新建批注"按钮，如下图所示。

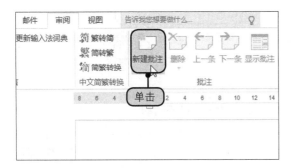

步骤02 输入批注的内容

此时在文档中插入了一个批注，在批注文本框中输入错误的原因或修改建议，如下图所示。

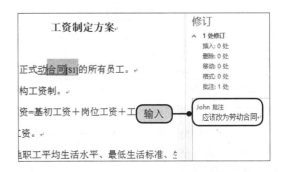

步骤03 插入批注后的效果

利用同样的方法，在文档中其他位置处插入批注，并输入批注的内容，如右图所示。

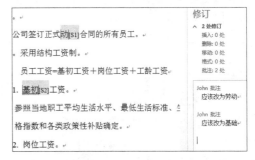

生存技巧：批注的完成、删除和答复

在 Word 2016 中，若插入在文档中的批注已经达到了目的，此时为了不让插入在文档中的批注影响正常的文档查看与浏览，用户可以选择将批注标记为完成。具体的操作方法是：右击需要标记为完成的批注，在弹出的快捷菜单中单击"将批注标记为完成"命令。如果用户想要删除该批注，则在弹出的快捷菜单中单击"删除批注"命令即可。如果用户想要答复批注者所批注的问题，则可以在弹出的快捷菜单中单击"答复批注"。

2.3.3 修订文档

如果要跟踪对文档的所有修改，了解修改的过程，可启用修订功能来修订文档。

原始文件： 下载资源 \ 实例文件 \02\ 原始文件 \ 使用批注 .docx
最终文件： 下载资源 \ 实例文件 \02\ 最终文件 \ 修订文档 .docx

步骤 01 修订文本

打开"下载资源\实例文件\02\原始文件\使用批注.docx"，❶单击"修订"组中的"修订"按钮，❷在下拉列表中单击"修订"选项，如下图所示。

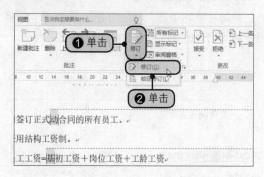

步骤 03 打开审阅窗格

如果要查看修订的内容，❶可在"修订"组中单击"审阅窗格"按钮，❷在展开的下拉列表中选择审阅窗格样式，如单击"垂直审阅窗格"选项，如下图所示。

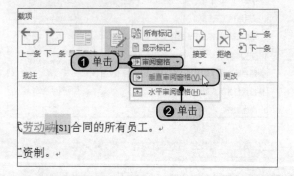

步骤 05 接受修订

如果确认文中的修订均正确，❶在"更改"组中单击"接受"按钮，❷在展开的下拉列表中单击"接受所有修订"选项，如下图所示。

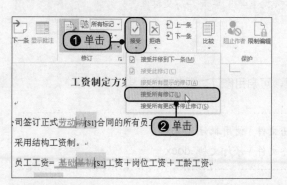

步骤 02 修订文本的效果

此时进入修订状态，用户可以参照批注对文档进行修订，删除的文本以单删除线标记，而新插入的内容则以双下画线标记，如下图所示。

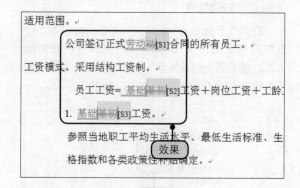

步骤 04 查看修订的明细

此时，在文档的左侧显示了垂直审阅窗格，在窗格中用户可以查看到所有的批注内容和修订内容，如下图所示。

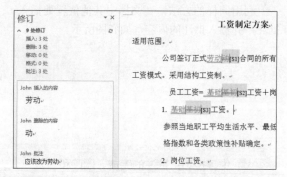

步骤 06 接受修订的效果

此时，接受了所有的修订，修订的标记被清除了，如下图所示。

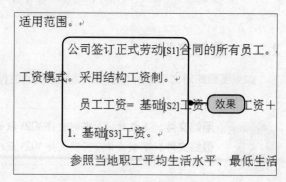

生存技巧：将多位审阅者的修订合并到一个文档中

有时我们的文档可能会被多个审阅者修订，若要进行文档修改就比较麻烦，此时可以使用"合并"文档功能将多个修订合并到一个文档中。只需要在"审阅"选项卡下单击"比较"按钮，在展开的下拉列表中单击"合并"选项，弹出"合并文档"对话框，设置原文档和修订的文档后，单击"确定"按钮即可。

步骤07　删除批注

当完成了修订后，文档中的批注就没有作用了，❶可在"批注"组中单击"删除"按钮，❷在展开的下拉列表中单击"删除文档中的所有批注"选项，如下图所示。

步骤08　完成文档的改错

此时文档中的所有批注删除。最后在"修订"组中单击"修订"按钮，结束文档的修订状态，如下图所示。

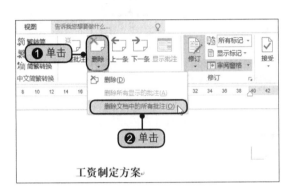

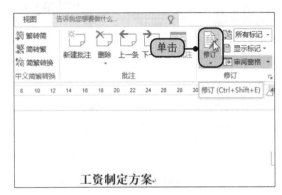

生存技巧：更改修订选项

在 Word 2016 中，默认的修订格式也是可以更改的，包括插入的内容文本颜色、删除的标记颜色、批注框格式、跟踪格式等，只需要在"审阅"选项卡单击"修订"下三角按钮，在展开的下拉列表中单击"修订选项"选项，在弹出的对话框中进行设置即可。

▌▌▌ 2.4　加密文档

为了保护文档，可以设置文档的访问权限，防止其他无关人访问文档，也可以设置文档的修改权限，防止文档被恶意修改。

2.4.1　设置文档访问权限

在日常工作中，很多文档都需要保密，并不是任何人都能查看，此时可为文档设置密码保护文档。

原始文件： 下载资源 \ 实例文件 \02\ 原始文件 \ 修订文档 .docx
最终文件： 下载资源 \ 实例文件 \02\ 最终文件 \ 设置文档访问权限 .docx

步骤01 用密码进行加密

打开"下载资源\实例文件\02\原始文件\修订文档.docx",在"文件"菜单中单击"信息"命令,❶在右侧的面板中单击"保护文档"选项,❷在展开的下拉列表中单击"用密码进行加密"选项,如下图所示。

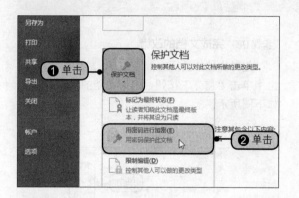

步骤02 输入密码

弹出"加密文档"对话框,❶在"密码"文本框中输入"123456",❷单击"确定"按钮,如下图所示。

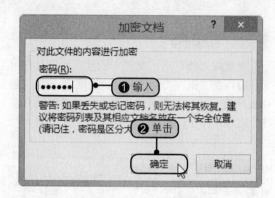

步骤03 确认密码

弹出"确认密码"对话框,❶在"重新输入密码"文本框中输入"123456",❷单击"确定"按钮,如下图所示。

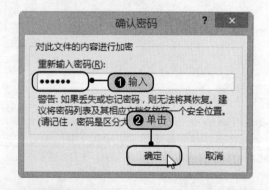

步骤04 查看权限

此时,在"保护文档"下方可以看见设置的权限内容,即必须通过密码才能打开此文档,如下图所示。

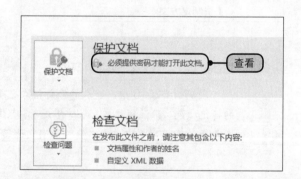

 生存技巧:删除文档的访问权限

对于设置了访问权限的文档,只有输入正确的密码才能打开。如果用户想要删除文档的访问权限,则需要在打开文档后,单击"文件>信息",在右侧的面板中单击"保护文档>用密码进行加密"选项,如右图所示,在弹出的"加密文档"对话框中删除设置的密码,单击"确定"按钮,最后保存文档,即可删除文档的访问权限。

2.4.2 设置文档的修改权限

当文档被其他用户查看的时候,为了防止他人在文档中做出修改,可以将文档设置为只读状态,防止其他人修改编辑文档。

原始文件： 下载资源 \ 实例文件 \02\ 原始文件 \ 修订文档 .docx
最终文件： 下载资源 \ 实例文件 \02\ 最终文件 \ 设置文档的修改权限 .docx

步骤01 限制编辑

打开"下载资源 \ 实例文件 \02\ 原始文件 \ 修订文档 .docx"，切换到"审阅"选项卡，单击"保护"组中的"限制编辑"按钮，如下图所示。

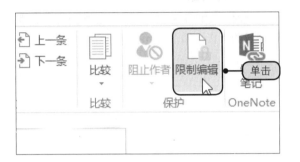

步骤02 启动强制保护

此时打开了"限制编辑"窗格，在"编辑限制"选项组下，❶勾选"仅允许在文档中进行此类型的编辑"复选框，❷设置编辑限制为"不允许任何更改（只读）"，❸单击"是，启动强制保护"按钮，如下图所示。

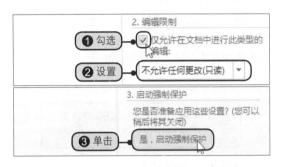

步骤03 选择密码

弹出"启动强制保护"对话框，❶在"新密码"文本框中输入"123"，在"确认新密码"文本框中再次输入"123"，❷单击"确定"按钮，如下图所示。

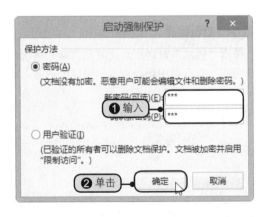

步骤04 设置权限后的效果

此时在"限制编辑"窗格中，可以看见设置好的权限内容，当用户试图编辑文档时，可发现编辑文档无效，如下图所示。

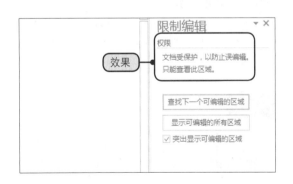

生存技巧：将文档标记为最终状态

在 Word 2016 中，为了让其他人了解此文档是已完成的最终版本，可应用"标记为最终状态"命令。该命令还可防止审阅者或读者无意中更改文档。单击"文件"按钮，在弹出的菜单中单击"信息"命令，在右侧选项面板中单击"保护文档"按钮，在展开的下拉列表中单击"标记为最终状态"选项即可。

▌▌▌ 2.5 实战演练——制作繁体邀请函

邀请函是邀请亲朋好友或知名人士、专家等参加某项活动时所发的请约性书信。它是现实生活中常用的一种日常应用写作文种。在实际应用中，有时候需要将简体的邀请函制作为繁体文本。在 Word 2016 中可快速转换。

原始文件： 无

最终文件： 下载资源 \ 实例文件 \02\ 最终文件 \ 繁体邀请函 .docx

步骤 01 选择输入法

新建空白 Word 文档，单击"语言栏"中的"中文（简体）－美式键盘"按钮，在展开的下拉列表中选择合适的输入法，如下图所示。

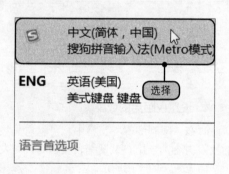

步骤 02 输入文本内容

此时在文档中输入邀请函的文字内容，完成邀请函的制作，如下图所示。

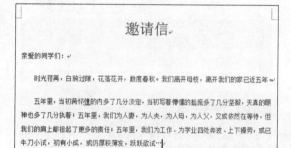

步骤 03 检查文本

为了保证邀请函的正确，切换到"审阅"选项卡，单击"校对"组中的"拼写和语法"按钮，如下图所示。

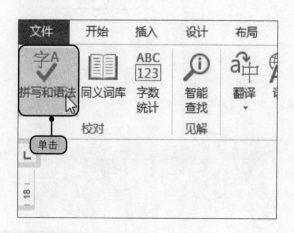

步骤 04 查看错误

弹出"语法"对话框，此时在"输入错误或特殊用法"列表框中可以查看到错误的内容，如下图所示。

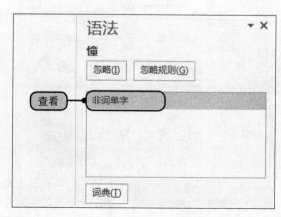

步骤05 **更改错误**

　　将光标定位在文档中有错误的地方，将输入错误的内容修改正确，如下图所示。

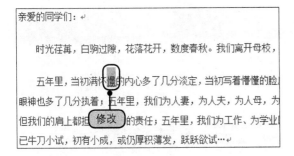

步骤06 **完成检查**

　　弹出提示框，提示拼写和语法检查已完成，此时单击"确定"按钮，如下图所示。

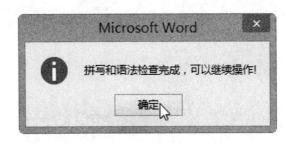

步骤07 **单击"简转繁"按钮**

　　按【Ctrl+A】组合键全选文字，切换至"审阅"选项卡下，单击"中文简繁转换"组中的"简转繁"按钮，如下图所示。

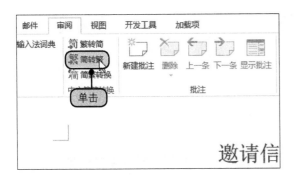

步骤08 **完成繁体邀请函的制作**

　　返回文档中，可以看到将文本全部转换为繁体后的效果，完成繁体邀请函的制作，如下图所示。

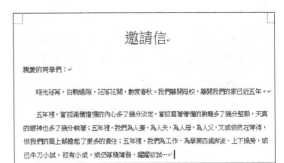

第3章

文档的排版与美化

一个精美的文档必然有合理的排版方式和美化设置效果。要对文档进行排版和美化，应该从设置文档的页面布局、设置文档中字体格式、设置段落格式、添加页眉页脚等方面入手。用户对文档的各方面进行设置后，自然会使整个文档效果看起来更加整洁、精致、美观。

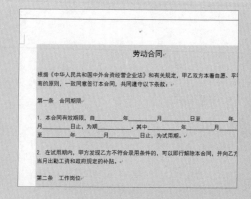

知识点

1. 设置纸张大小和方向
2. 设置字体和段落格式
3. 设置分栏排版和字体的特殊格式
4. 设置页眉和页脚

3.1 页面背景格式设置

设置文档的页面背景格式主要是为了美化文档，包括设置纸张的大小和方向、文档的页边距，以及为文档添加页面背景。

3.1.1 设置纸张大小和方向

当文档中的文本内容没有刚好占满一页的时候，用户可以对文档纸张的大小和方向稍做修改，使整个文档看起来更加饱满，也可以节约打印的成本。

 原始文件： 下载资源 \ 实例文件 \03\ 原始文件 \ 年薪制定方案 .docx
最终文件： 下载资源 \ 实例文件 \03\ 最终文件 \ 设置纸张大小和方向 .docx

步骤01 单击"其他页面大小"选项

打开"下载资源 \ 实例文件 \03\ 原始文件 \ 年薪制定方案 .docx"，切换到"布局"选项卡，❶单击"页面设置"组中的"纸张大小"按钮，❷在展开的下拉列表中单击"其他页面大小"选项，如下图所示。

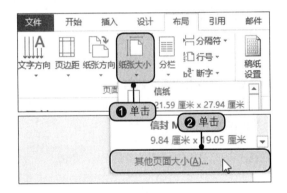

步骤02 设置纸张大小

弹出"页面设置"对话框，在"纸张大小"选项组中单击微调按钮设置纸张的宽度为"14厘米"，设置纸张的高度为"15厘米"，如下图所示。

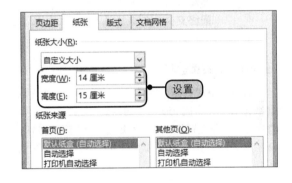

步骤03 设置纸张大小的效果

单击"确定"按钮，返回到文档中，可以看见设置了纸张大小的效果，如下图所示。

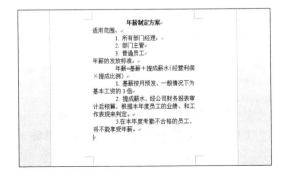

步骤04 设置纸张方向

❶在"页面设置"组中单击"纸张方向"按钮，❷在展开的下拉列表中单击"横向"选项，如下图所示。

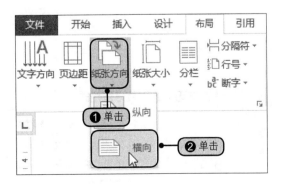

步骤05 设置纸张方向的效果

　　将纸张的方向由纵向改成了横向，使段落的每行尽可能地包含更多的文字，如右图所示。

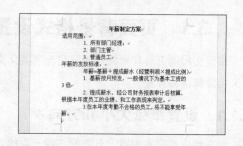

 生存技巧：快速设置文字方向

　　在 Word 2016 中，除了能更改纸张方向外，用户还可以更改文字方向，只需要选中需要更改的文本，在"布局"选项卡单击"文字方向"按钮，在展开的下拉列表中单击需要的选项即可，包括设置为"水平""垂直""将所有文字旋转90°""将所有文字旋转270°""将中文字符旋转270°"以及自定义文字方向。

3.1.2　设置页边距

　　页边距就是指页面四周空白的位置，设置页边距的大小就是控制这个空白位置的宽窄。默认的页边距上下距离为"2.54 厘米"，左右距离为"3.18 厘米"。

 原始文件： 下载资源 \ 实例文件 \03\ 原始文件 \ 设置纸张大小和方向 .docx
　　　　最终文件： 下载资源 \ 实例文件 \03\ 最终文件 \ 设置页边距 .docx

步骤01 设置页边距

　　打开"下载资源 \ 实例文件 \03\ 原始文件 \ 设置纸张大小和方向 .docx"，切换到"布局"选项卡，❶单击"页面设置"组中的"页边距"下三角按钮，❷在展开的下拉列表中单击"窄"选项，如下图所示。

步骤02 设置页边距的效果

　　设置了纸张的页边距后，可以看见此时的显示效果，如下图所示。

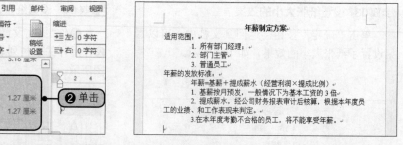

 生存技巧：更改装订线格式

　　默认情况下，装订线是在文档的左侧，用户可以在"布局"选项卡单击"页面设置"对话框启动器，在弹出的"页面设置"对话框中设置"装订线位置"在"上"，并在"装订线"数值框中调整装订线距离。

3.1.3 设置页面背景

设置文档的页面背景，主要是用于创建一些更有趣味的 Word 文档。设置页面背景包括给页面添加水印、设置页面的颜色和设置页面的边框等。

原始文件： 下载资源 \ 实例文件 \03\ 原始文件 \ 设置页边距 .docx
最终文件： 下载资源 \ 实例文件 \03\ 最终文件 \ 设置页面背景 .docx

步骤01 选择水印样式

打开"下载资源 \ 实例文件 \03\ 原始文件 \ 设置页边距 .docx"，❶在"设计"选项卡下的"页面背景"组中单击"水印"按钮，❷在展开的库中选择"样本 1"样式，如下图所示。

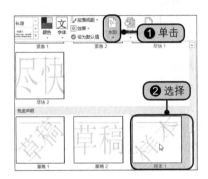

步骤02 选择页面颜色

❶在"页面背景"组中单击"页面颜色"按钮，❷在展开的颜色库中选择页面颜色为"白色，背景 1，深色 5%"，如下图所示。

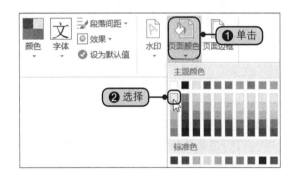

步骤03 单击"页面边框"按钮

设置了页面背景中的水印和颜色后，也可以对页面的边框进行设置。在"页面背景"组中单击"页面边框"按钮，如下图所示。

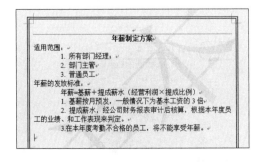

步骤04 设置边框

弹出"边框和底纹"对话框，❶在"页面边框"选项卡的"设置"选项组中单击"三维"选项，❷在"样式"下的列表框中选择双线样式，❸设置边框的颜色为"深蓝"，如下图所示。

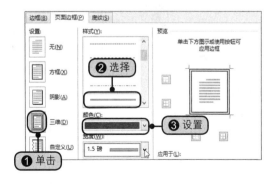

步骤05 设置页面背景的效果

单击"确定"按钮后，返回到文档中。可以看到为文档的页面添加了水印、颜色和边框后的显示效果，如左图所示。

生存技巧：为页面应用图片背景

如果要添加电脑中的图片作为页面背景，只需要在"页面布局"选项卡单击"页面颜色"按钮，在展开的下拉列表中单击"填充效果"选项，在弹出的对话框中切换至"图片"选项卡，单击"选择图片"按钮，在"选择图片"对话框中选择并插入图片，单击"确定"按钮即可。

3.2 设置字体格式

字体格式包含的内容是相当广泛的，在 Word 中，为了使文字有不一样的显示效果，用户可以对文本的字体格式进行设置，包括设置字体的大小、字形、颜色、边框、底纹等，用户可以根据需要选择其中的一部分内容来操作。

3.2.1 设置字体、字号和颜色

在文档中输入文字的时候，默认的字体为宋体，默认的字号为五号，而字体颜色都以黑色来显示，当然，这些都不是固定不变的，也可以根据用户的喜好来改变。

原始文件： 下载资源 \ 实例文件 \03\ 原始文件 \ 计算机使用规定 .docx
最终文件： 下载资源 \ 实例文件 \03\ 最终文件 \ 设置字体、字号和颜色 .docx

步骤01 设置字体

打开"下载资源 \ 实例文件 \03\ 原始文件 \ 计算机使用规定 .docx"，选中文档的标题，❶在"开始"选项卡下，单击"字体"组中的"字体"右侧的下三角按钮，❷在展开的下拉列表中单击"方正姚体"选项，如下图所示。

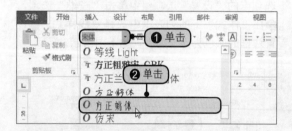

步骤03 设置字体颜色

❶在"字体"组中单击"字体颜色"按钮，❷在展开的颜色库中选择字体的颜色为"深蓝"，如下图所示。

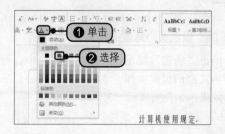

步骤02 选择字号

❶在"字体"组中单击字号右侧的下三角按钮，❷在展开的下拉列表中单击"小二"选项，如下图所示。

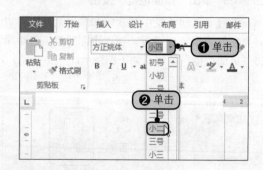

步骤04 设置字体格式后的效果

为标题设置了字体、字号和颜色后，标题看起来更美观并和文本内容区别开来，如下图所示。

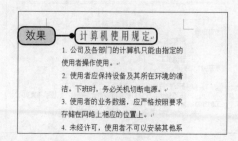

生存技巧：设置艺术性页面边框

在 Word 2016 中，用户可以为文档添加漂亮的边框，除了基本的线条边框外，还有艺术性的图形边框供用户选择，大家可以在"边框和底纹"对话框的"页面边框"选项卡的"艺术性"下拉列表中选择可爱的内置边框样式并应用，如右图所示。

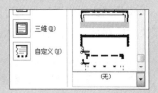

3.2.2 设置字形

为了让文档中的某些内容突出显示，可以为这些文本内容设置不同的字形，例如将字体加粗或为字体添加下画线等。

原始文件： 下载资源 \ 实例文件 \03\ 原始文件 \ 设置字体、字号和颜色 .docx
最终文件： 下载资源 \ 实例文件 \03\ 最终文件 \ 设置字形 .docx

步骤 01 加粗字体

打开"下载资源 \ 实例文件 \03\ 原始文件 \ 设置字体、字号和颜色 .docx"，❶选中"指定的使用者"文本内容，❷在"开始"选项卡下，单击"字体"组中的"加粗"按钮，如下图所示。

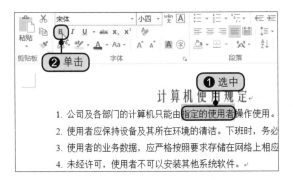

步骤 02 添加下画线

将字体加粗后，在"字体"组中单击"下画线"按钮，如下图所示。

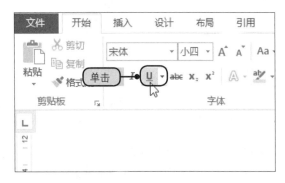

步骤 03 设置字形后的效果

为所选文本设置好了字形后，可以看见此时的显示效果，如下图所示。

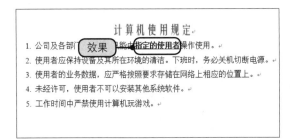

生存技巧：添加新的字体

虽然在 Word 中已经有大量的字体供大家选择了，但对于部分用户而言，还喜欢在 Word 中应用自己从网上下载的字体，此时就需要添加新的字体到 Windows 8 系统中，其方法很简单，打开磁盘 C:\Windows\Fonts，将字体文件复制到该路径下，完毕后重新启动 Word 2016，即可在"字体"下拉列表中找到添加的字体了。

3.2.3 设置文本效果

使用"文本效果"功能可以为文本添加映像、阴影等效果，也可以选择现有的文本效果样式。添加了文本效果后，可以美化文本并突出显示文本。

原始文件： 下载资源 \ 实例文件 \03\ 原始文件 \ 设置字形 .docx
最终文件： 下载资源 \ 实例文件 \03\ 最终文件 \ 设置文本效果 .docx

步骤 01　选择映像样式

打开"下载资源 \ 实例文件 \03\ 原始文件 \ 设置字形 .docx"，选中文档的标题，❶在"字体"组中单击"文本效果和版式"按钮，❷在展开的下拉列表中单击"映像 > 半映像，4pt 偏移量"选项，如下图所示。

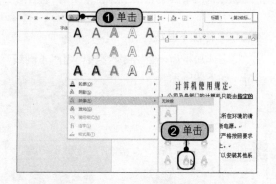

步骤 02　设置映像样式后的效果

❶此时为文档的标题设置了映像文本效果，❷选中另一个需要设置文本效果的文本内容，如下图所示。

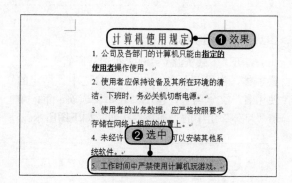

> 📷 **提示**
>
> 设置文本效果也可以单击"字体"组中的"以不同颜色突出显示文本"按钮，为文本添加颜色。

步骤 03　选择文本效果样式

❶在"字体"组中，单击"文本效果和版式"按钮，❷在展开的文本效果样式库中选择"渐变填充，紫色"样式，如下图所示。

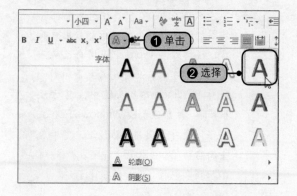

步骤 04　设置文本效果后的效果

可以看到所选文本应用指定文本效果样式的显示效果，如下图所示。

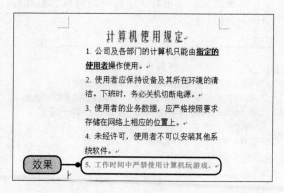

生存技巧：设置特大字号和特小字号

　　使用"字号"下拉列表设置字体，最大的字号是"初号"，最小的字号是"5"，那么怎样设置更大或更小的字号呢？只需要在"字体"组中单击"增大字号"按钮或"减小字号"按钮，即可将字号放大到"1638"或缩小到"1"。

3.2.4　设置字符间距、文字缩放和位置

　　设置字符间距，可以改变两个文字之间的距离，使文字变得更紧凑或更稀松；设置文字缩放，可以在保持文字高度不变的情况下改变文字的大小；而设置字符的位置，可以将文字显示在同行的上方或下方等。

 原始文件： 下载资源 \ 实例文件 \03\ 原始文件 \ 设置文本效果 .docx
最终文件： 下载资源 \ 实例文件 \03\ 最终文件 \ 设置字符间距、文字缩放和位置 .docx

步骤01　单击"字体"组中的对话框启动器

　　打开"下载资源 \ 实例文件 \03\ 原始文件 \ 设置文本效果 .docx"，❶选中"切断电源"文本内容，❷在"字体"组中单击对话框启动器，如下图所示。

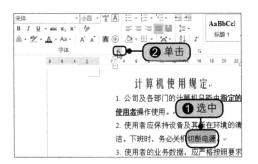

步骤03　查看设置效果

　　单击"确定"按钮后，此时为文本内容设置好了字符缩放、间距和字符放置的位置，使文本内容突出显示了，如下图所示。

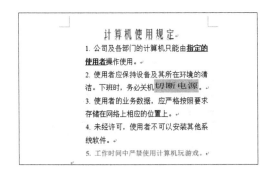

步骤02　设置选项

　　弹出"字体"对话框，切换到"高级"选项卡，在"字符间距"选项组中设置字体的缩放为"150%"、间距为"加宽"、磅值为"0.5磅"，单击"位置"右侧的下三角按钮，在展开的下拉列表中单击"提升"选项，如下图所示。

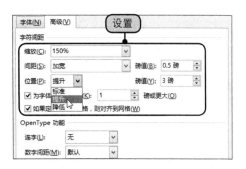

 **生存技巧：自行设置字符缩放大小**

　　除了可以在"字体"对话框的"高级"选项卡下选择已有的缩放大小以外，还可以直接在"缩放"后的文本框中输入要设置的大小，如"120%"。除此之外，用户也可以直接单击"开始"选项卡下"段落"组中的"中文版式"按钮，然后在展开的列表中单击"字符缩放"，在展开的列表中选择要设置的字符缩放大小即可。

3.2.5 设置字符边框

说起添加边框，一般都会让用户想到为文档页面添加边框或为表格添加表框，其实文档中的字符也是可以添加边框的。

原始文件： 下载资源 \ 实例文件 \03\ 原始文件 \ 设置字符间距、文字缩放和位置 .docx
最终文件： 下载资源 \ 实例文件 \03\ 最终文件 \ 设置字符边框 .docx

步骤01 添加字符边框

打开"下载资源 \ 实例文件 \03\ 原始文件 \ 设置字符间距、文字缩放和位置 .docx"，❶选中"网络"文本内容，❷在"字体"组中单击"字符边框"按钮，如下图所示。

步骤02 添加字符边框的效果

此时为文本内容添加了字符边框，如下图所示。

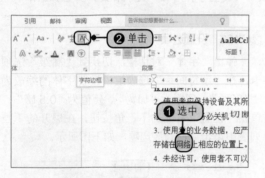

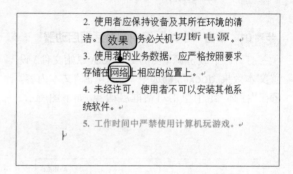

3.2.6 设置字符底纹

给字符添加了底纹后，可以突出显示字符。字符的底纹颜色只有一种，即灰色。用户目前并不能自行定义字符底纹的颜色，这一点是比较遗憾的。

原始文件： 下载资源 \ 实例文件 \03\ 原始文件 \ 设置字符边框 .docx
最终文件： 下载资源 \ 实例文件 \03\ 最终文件 \ 设置字符底纹 .docx

步骤01 添加字符底纹

打开"下载资源 \ 实例文件 \03\ 原始文件 \ 设置字符边框 .docx"，❶选中要添加底纹的文本内容，❷在"字体"组中单击"字符底纹"按钮，如下图所示。

步骤02 添加字符底纹的效果

此时，为文本内容添加了默认的灰色字符底纹，如下图所示。

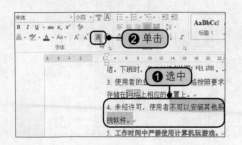

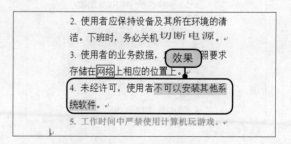

生存技巧：任意调整下画线与文字之间的距离

在默认情况下，下画线是紧靠字符下方的，这里介绍一个技巧，可以调整字符和下画线之间的距离。输入文本"计算机使用规定"，将文本"机使用规"应用下画线，将"机"和"规"应用下画线颜色为"白色"，再选中文本"使用"，打开"字体"对话框，切换至"高级"选项卡，设置"字符间距"的"位置"为"提升"，在右侧文本框中输入一定的磅值。这时，文本"使用"与下画线之间便会间隔一定距离了，如右图所示。

计算机<u>使用</u>规定

3.3 设置段落格式

设置段落格式包括设置段落的对齐方式、段落缩进和段落间距、为段落添加项目符号、应用编号和为段落应用多级列表等内容。

3.3.1 设置段落对齐方式

段落对齐的方式分为 5 种，分别为左对齐、居中、右对齐、两端对齐和分散对齐。

原始文件： 下载资源 \ 实例文件 \03\ 原始文件 \ 物资采购管理 .docx
最终文件： 下载资源 \ 实例文件 \03\ 最终文件 \ 设置段落对齐方式 .docx

步骤 01 选择对齐方式

打开"下载资源 \ 实例文件 \03\ 原始文件 \ 物资采购管理 .docx"，❶选中文档的标题，❷在"段落"组中单击"居中"按钮，如下图所示。

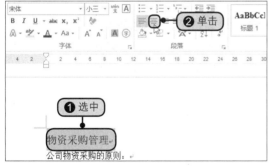

步骤 02 设置居中的效果

此时，将文档的标题放置在文档的居中位置上，如下图所示。

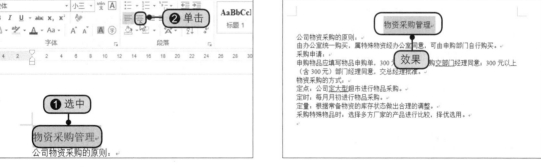

生存技巧：其他方式设置对齐方式

用户还可以单击"段落"组中的对话框启动器，在弹出的"段落"对话框的"缩进和间距"选项卡下，单击"对齐方式"右侧的下三角按钮，在展开的列表中选择需要的对齐方式即可。

3.3.2　设置段落缩进格式与段落间距

段落缩进可以改变段落左侧和右侧距离页边距的距离，而设置段落间距是设置段与段之间的行距大小。

原始文件： 下载资源 \ 实例文件 \03\ 原始文件 \ 设置段落对齐方式 .docx
最终文件： 下载资源 \ 实例文件 \03\ 最终文件 \ 设置段落缩进格式与段落间距 .docx

步骤01 单击"段落"组中的对话框启动器

打开"下载资源 \ 实例文件 \03\ 原始文件 \ 设置段落对齐方式 .docx"，选中所有的正文内容，在"开始"选项卡下，单击"段落"组中的对话框启动器，如下图所示。

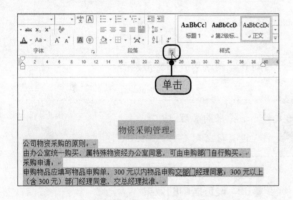

步骤02 设置段落格式

弹出"段落"对话框，在"缩进"选项组中设置段落的特殊格式为"首行缩进"，在"间距"选项组中设置段落的行距为"1.5 倍行距"，如下图所示。

步骤03 设置段落格式的效果

单击"确定"按钮后，可以看见为段落设置了缩进和间距的显示效果，如左图所示。

3.3.3　为段落应用项目符号

项目符号可以用于标记段落，用户在为段落添加项目符号的时候，可以选择已有的符号，也可以自定义项目符号，例如使用文件中的图片，将图片作为一个项目符号，添加到需要的段落之前。

原始文件： 下载资源 \ 实例文件 \03\ 原始文件 \ 设置段落缩进格式与段落间距 .docx
最终文件： 下载资源 \ 实例文件 \03\ 最终文件 \ 为段落应用项目符号 .docx

生存技巧：取消回车后自动产生编号

用户在使用项目编号的过程中会发现，当按【Enter】键后，会在下一行自动产生编号，如果下一行的编号是用户不需要的，也可以将此功能取消，只需要打开"Word选项"对话框，在"校对"选项界面单击"自动更正选项"按钮，在弹出的对话框中切换至"键入时自动套用格式"选项卡，取消勾选"自动项目符号列表"和"自动编号列表"复选框，单击"确定"按钮即可。

步骤 01　选择项目符号

打开"下载资源\实例文件\03\原始文件\设置段落缩进格式与段落间距.docx"，选中需要应用项目符号的段落，❶在"段落"组中单击"项目符号"按钮，❷在展开的样式库中选择"菱形"，如下图所示。

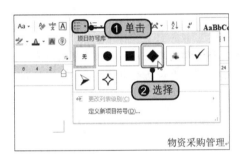

步骤 02　添加项目符号的效果

此时就为选定段落添加了项目符号，如下图所示。

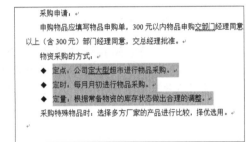

步骤 03　定义新项目符号

将光标定位在标题前，❶单击"项目符号"按钮，❷在展开的下拉列表中单击"定义新项目符号"选项，如下图所示。

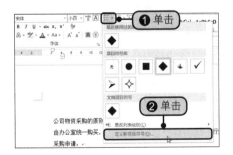

步骤 04　单击"图片"按钮

弹出"定义新项目符号"对话框，单击"图片"按钮，如下图所示。

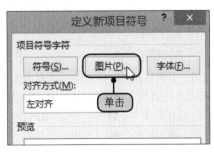

步骤 05　选择图片

弹出"插入图片"对话框，❶在"必应图像搜索"文本框中输入"文具"，❷单击"搜索"按钮，❸在列表框中选择需要的图片，❹单击"插入"按钮，如右图所示。

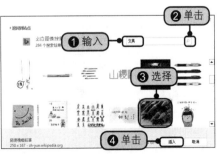

步骤06 预览效果并确认设置

返回到"定义新项目符号"对话框中，可以预览添加项目符号的效果，单击"确定"按钮，如下图所示。

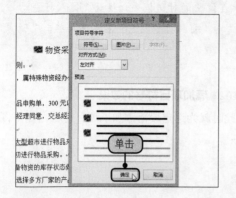

步骤07 定义新项目符号的效果

此时为文档的标题添加了一个图片形式的项目符号，如下图所示。

生存技巧：自定义项目符号格式

默认情况下除了图片项目符号外，添加的项目符号都是黑色的，那么这样的格式效果是否可以调整呢？当然可以，只需要在"定义新项目符号"对话框中单击"字体"按钮，即可在弹出的对话框中设置符号的字形、字号、颜色等格式。

3.3.4 为段落应用编号

当段落中存在并列或延续性的内容时，可以选择需要的编号样式为段落添加编号，添加了编号后，可以增强段落之间的逻辑性。

 原始文件： 下载资源 \ 实例文件 \03\ 原始文件 \ 设置段落缩进格式与段落间距 .docx
最终文件： 下载资源 \ 实例文件 \03\ 最终文件 \ 为段落应用编号 .docx

步骤01 选择编号样式

打开"下载资源\ 实例文件\03\ 原始文件 \ 设置段落缩进格式与段落间距 .docx"，选中需要应用段落编号的文本，❶在"段落"组中单击"编号"按钮，❷在展开的编号库中选择第二种编号，如下图所示。

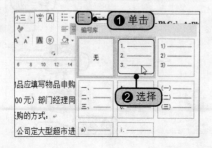

步骤02 添加编号样式的效果

此时，为选定段落应用了编号，可以看出物资的采购方式分为定点、定时、定量三方面，如下图所示。

生存技巧：调整编号与文字的距离

　　默认插入的编号都与文字距离较远，不过这个距离也是可以调整的。用户可以将编号选中并右击，在弹出的快捷菜单中单击"调整列表缩进"命令，在打开的"调整列表缩进量"对话框设置编号位置和文本缩进距离，并设置"编号之后"为"不特别标注"，确定应用即可。

3.3.5　为段落应用多级列表

　　为了显示文档的段落层次，多级列表就派上用场了。添加了多级列表后，用户可以通过设置增加缩进量和减少缩进量来调整多级列表的显示。

　　原始文件： 下载资源 \ 实例文件 \03\ 原始文件 \ 设置段落缩进格式与段落间距 .docx
　　最终文件： 下载资源 \ 实例文件 \03\ 最终文件 \ 为段落应用多级列表 .docx

步骤01　选择多级列表样式

　　打开"下载资源 \ 实例文件 \03\ 原始文件 \ 设置段落缩进格式与段落间距 .docx"，选中所有正文内容，在"开始"选项卡下，❶单击"段落"组中的"多级列表"按钮，❷在展开的库中选择第三种多级列表样式，如下图所示。

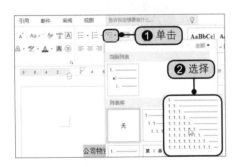

步骤02　添加多级列表的效果

　　此时为文档的正文内容自动添加了多级列表。凡是文档段落前均根据大纲等级添加了多层编号，如下图所示。

步骤03　增加缩进量

　　❶将光标定位在需要调整列表级数的段落前，❷在"段落"组中单击"增加缩进量"按钮，如下图所示。

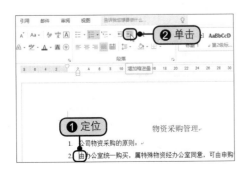

步骤04　增加缩进量的效果

　　改变了段落的缩进量后，可以看到列表编号由"2"改变为了"1.1"，其他的编号也相应改变了，如下图所示。

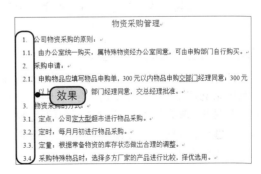

为了直接成功添加一个多级列表，在添加多级列表之前，可以利用空格的方式来设置段落确定多级列表的级数，例如段落的左边分别为无空格，空两格，空四格，空六格……，那么添加的多级列表即为"1." "1.1" "1.1.1" "1.1.1.1"。

步骤05 减少缩进量

❶将光标定位在最后一个段落之前，❷在"段落"组中单击"减少缩进量"按钮，如下图所示。

步骤06 减少缩进量的效果

此时段落的编号也发生了改变，采用同样的方法，调整好整个文档中的列表编号，如下图所示。

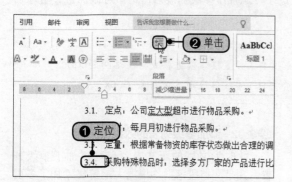

 生存技巧：自定义英文编号样式

除了数字层级的编号外，大家还可以自定义英文编号，只需单击"编号"下三角按钮，单击"定义新编号格式"选项，弹出"定义新编号格式"对话框，在"编号样式"下拉列表中单击"One、Two、Three..."选项，完毕后单击"确定"按钮即可。

▌▌▌ 3.4 分栏排版

将文字拆分为两栏或多栏，即为分栏排版。这样的排版方式类似杂志中的一个页面分两三列。

3.4.1 设置分栏

在设置文档分栏的时候，可以选择分栏的栏数和在栏与栏之间添加分隔线。

 原始文件： 下载资源 \ 实例文件 \03\ 原始文件 \ 办公秩序 .docx
最终文件： 下载资源 \ 实例文件 \03\ 最终文件 \ 设置分栏 .docx

步骤01 单击"更多分栏"选项

打开"下载资源 \ 实例文件 \03\ 原始文件 \ 办公秩序 .docx"，选中整个文档内容，切换到"布局"选项卡，❶单击"页面设置"组中的"分栏"按钮，❷在展开的下拉列表中单击"更多分栏"选项，如右图所示。

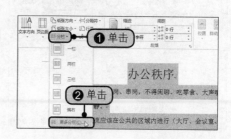

设置分栏

弹出"分栏"对话框，❶选择"预设"选项组下的"两栏"图标，❷勾选"分隔线"复选框，❸单击"确定"按钮，如下图所示。

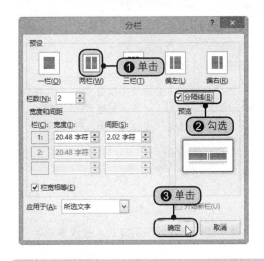

步骤 03 **分栏的效果**

此时文档的内容以两栏的形式显示，并且在栏与栏的中间出现了一条分割线，如下图所示。

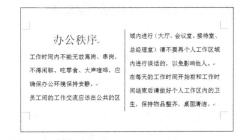

提示

将光标定位在指定的位置后，在"分栏"对话框中选择"插入点之后"选项，即可在指定的位置处进行分栏。

生存技巧：自定义分栏

如果"分栏"对话框中的"预设"分栏项不能完全满足要求，还可以在"分栏"对话框中的"栏数"后，单击数字调节按钮，或者是直接输入要设置的栏数来自定义分栏数，如右图所示。

3.4.2 设置通栏标题

设置通栏标题就是指不管正文的内容以多少栏显示，标题行总显示在文档的居中位置。

原始文件： 下载资源 \ 实例文件 \03\ 原始文件 \ 设置分栏 .docx
最终文件： 下载资源 \ 实例文件 \03\ 最终文件 \ 设置通栏标题 .docx

步骤 01 **设置分栏**

打开"下载资源 \ 实例文件 \ 03 \ 原始文件 \ 设置分栏 .docx"，选中文档标题，切换到"布局"选项卡，❶单击"页面设置"组中"分栏"按钮，❷在展开的下拉列表中单击"一栏"选项，如下图所示。

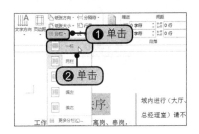

步骤 02 **设置通栏标题的效果**

此时可以看到文档的标题位于两栏的中间，即为通栏标题，如下图所示。

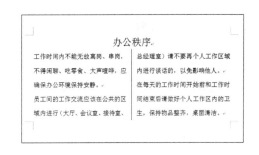

3.5 设置特殊版式

设置文档段落的特殊版式，包括设置文档中的首字下沉和为段落设置中文版式两种。

生存技巧：使用制表符精确排版

通常用户在不想使用表格但又想获得表格的排版格式时，可以使用制表位进行排版。在标尺中单击左侧制表符按钮至"左对齐式制表符" L，在标尺中单击需要定位制表符的位置，输入文本内容后，将鼠标定位至分割文本处，例如"姓名"，按【Alt】键，此时后面的文本会移动到设置的下一个制表符位置，按照此方法继续设置其他文本即可，如右图所示。

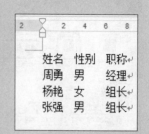

3.5.1 首字下沉

首字下沉的方式分为下沉和悬挂，用户可以根据不同的需求选择不同的下沉方式。在设置首字下沉的时候，也可以设置下沉文字的字体和下沉行数等。

原始文件： 下载资源 \ 实例文件 \03\ 原始文件 \ 成功第一步骤 .docx
最终文件： 下载资源 \ 实例文件 \03\ 最终文件 \ 首字下沉 .docx

步骤01 单击"首字下沉选项"选项

打开"下载资源 \ 实例文件 \03\ 原始文件 \ 成功第一步骤 .docx"，选中需要设置首字下沉的文本内容，切换到"插入"选项卡，❶单击"文本"组中的"首字下沉"按钮，❷在展开的下拉列表中单击"首字下沉选项"选项，如下图所示。

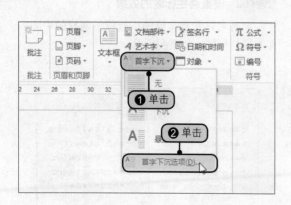

步骤02 设置首字下沉

弹出"首字下沉"对话框，❶在"位置"选项组单击"下沉"选项，❷在"选项"选项组设置字体为"楷体"、下沉行数为"2"、距正文"0.5厘米"，❸单击"确定"按钮，如下图所示。

步骤03 设置首字下沉效果

此时可以看见段落的"成功"二字字体变大，并且下沉2行，段落的其他部分则保持原样，如右图所示。

3.5.2 中文版式

中文版式是一种自定义中文或混合文字的版式，包含了设置字符缩放、调整字符宽度和合并字符、双行合一等内容。

原始文件： 下载资源 \ 实例文件 \03\ 原始文件 \ 首字下沉 .docx
最终文件： 下载资源 \ 实例文件 \03\ 最终文件 \ 中文版式 .docx

步骤01 设置字符缩放

打开"下载资源 \ 实例文件 \03\ 原始文件 \ 首字下沉 .docx"，选中要设置的文本，❶在"开始"选项卡下，单击"段落"组中的"中文版式"按钮，❷在下拉列表中单击"字符缩放 >150%"选项，如下图所示。

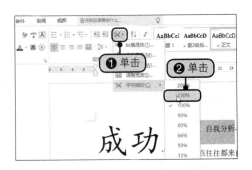

步骤02 设置字符缩放的效果

此时即为文本内容设置了中文版式中的字符缩放样式的效果，如下图所示。

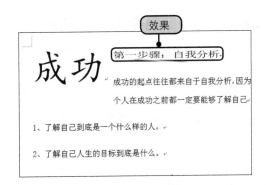

步骤03 单击"调整宽度"选项

选中下一处需要设置的文本内容，❶单击"中文版式"按钮，❷在展开的下拉列表中单击"调整宽度"选项，如下图所示。

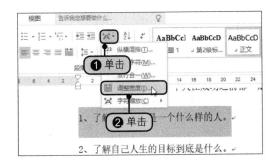

步骤04 设置文字宽度

弹出"调整宽度"对话框，❶设置新文字宽度为"25 字符"，❷单击"确定"按钮，如下图所示。

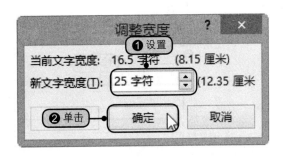

步骤 05　设置文字宽度的效果

此时可以看见设置了字符宽度的效果，根据同样的方法，可对文档中的其他内容设置中文版式，如右图所示。

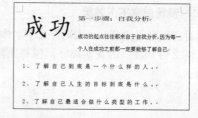

 生存技巧：制作联合公文头

制作联合公文头的方法有很多，Word 的"双行合一"功能是其中的一种制作方式。只需要输入文本，如"××省人民政府文件"，将光标定位至"文件"前，在"段落"组中单击"中文版式"按钮，在展开的下拉列表中单击"双行合一"选项，在打开的"双行合一"对话框的"文字"文本框中输入"教育厅财政厅"，再单击"确定"按钮，"教育厅财政厅"便自动以联合公文头的形式表现，如右图所示。

XX省人民政府教育厅财政厅文件

3.6　为文档添加页眉和页脚

页眉和页脚通常显示文档的附加信息，可以用来插入日期、页码、单位名称等。其中，页眉显示在页面的顶部，而页脚显示在页面的底部。

3.6.1　选择要使用的页眉样式

Word 为用户提供了多种页眉的样式，用户可以在"页眉"下拉列表中选择喜欢的样式插入到文档中生成页眉。

原始文件： 下载资源 \ 实例文件 \03\ 原始文件 \ 中文版式 .docx
最终文件： 下载资源 \ 实例文件 \03\ 最终文件 \ 选择要使用的页眉样式 .docx

步骤 01　选择页眉样式

打开"下载资源 \ 实例文件 \03\ 原始文件 \ 中文版式 .docx"，切换到"插入"选项卡，❶单击"页眉和页脚"组中的"页眉"按钮，❷在展开的下拉列表中单击"奥斯汀"选项，如下图所示。

步骤 02　添加页眉的效果

此时可以看见在文档的顶端添加了页眉，并在页眉区域显示"文档标题"的文本提示框，如下图所示。

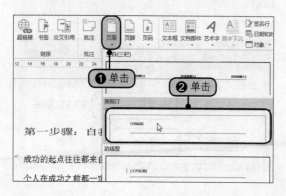

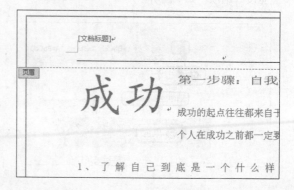

提示

　　添加页脚的时候，可以在"页眉和页脚"组中单击"页脚"按钮，在展开的下拉列表中选择页脚的样式，此时也可以为文档添加含有样式的页脚。

 生存技巧：如何删除页眉中的横线

　　当用户插入了页眉后，会发现页眉处有一条横线，当删除页眉内容后，该条横线也没有消失，若是确实不希望显示这条横线、想要删除它该怎么操作呢？此时可以将光标定位至段落标记前，按【Delete】键，当删除全部内容后，再关闭页眉页脚视图，页眉的横线就消失了。

3.6.2 编辑页眉和页脚内容

　　在一个已经添加了页眉和页脚的文档中，如果要编辑页眉和页脚，需要先将页眉和页脚切换到编辑状态中。

　　原始文件： 下载资源 \ 实例文件 \03\ 原始文件 \ 选择要使用的页眉样式 .docx
　　最终文件： 下载资源 \ 实例文件 \03\ 最终文件 \ 编辑页眉和页脚内容 .docx

步骤 01 编辑页眉

　　打开"下载资源 \ 实例文件 \03\ 原始文件 \ 选择要使用的页眉样式 .docx"，切换到"插入"选项卡，❶单击"页眉和页脚"组中的"页眉"按钮，❷在展开的下拉列表中单击"编辑页眉"选项，如下图所示。

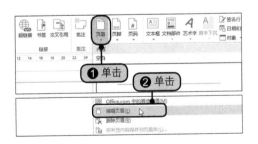

步骤 02 输入页眉文本

　　此时页眉呈现编辑状态，在页眉的提示框中输入页眉的内容为"成功人士心理学"，如下图所示。

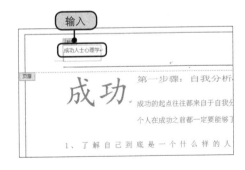

步骤 03 输入页脚

　　按键盘上的向下方向键，切换至页脚区域，输入页脚的内容为"2014 年 3 月培训课题"，此时就为文档添加了页眉和页脚，如右图所示。

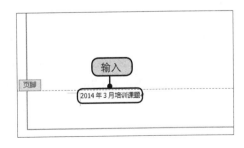

生存技巧：设置奇数页和偶数页的页眉页脚不同

奇数页和偶数页的页眉页脚不同在长文档中经常能见到，比如制作企业宣传册，假使需要奇数页显示公司名、偶数页显示宣传册标题，这样的效果是否能实现呢？其实只需要在"页面布局"选项卡单击"页面设置"对话框启动器，打开"页面设置"对话框，在"版式"选项卡下勾选"奇偶页不同"复选框，单击"确定"按钮，接着再分别对奇数页和偶数页的页眉页脚进行设置就行了。

3.6.3 为文档插入页码

页码是每一个页面上用于标明次序的数字，如果用户要查看文档的页数，就可以插入页码。

原始文件： 下载资源 \ 实例文件 \03\ 原始文件 \ 编辑页眉和页脚内容 .docx
最终文件： 下载资源 \ 实例文件 \03\ 最终文件 \ 插入页码 .docx

步骤01 选择页码样式

打开"下载资源 \ 实例文件 \03\ 原始文件 \ 编辑页眉和页脚内容 .docx"，将光标定位在页码的位置，切换到"插入"选项卡，❶单击"页眉和页脚"组中的"页码"按钮，❷在展开的下拉列表中单击"当前位置"选项，❸在下级列表中选择页码的样式为"双线条"选项，如下图所示。

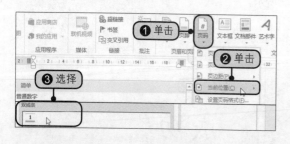

步骤02 添加页码的效果

此时在光标定位的位置上添加了样式为双线条的页码，默认数值以"1"开始，如下图所示。

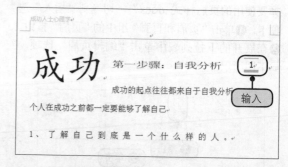

生存技巧：为文档设置不同格式的页码

在 Word 中，要想在一个文档中应用不同格式的页码，可以使用"分节符"来设置。假使第 1 页与之后的页码格式不同，将光标定位至第 1 页最后一个字符后，在"页面设置"组单击"分隔符"按钮，从列表中选择"下一页"，在"页眉和页脚"组中单击"页码"按钮，在弹出的库中选择适合的页码样式，切换至"页眉和页脚工具—设计"选项卡，单击取消"链接到前一条页眉"按钮，再重新设置其他页的页码即可。

3.7 使用分隔符划分文档内容

分隔符可以用来标识文字分隔的位置，在文档中一般常用的分隔符分为分页符和分节符，即将文档分成多页，或将段落分成多节。

3.7.1 使用分页符分页

在指定的位置上插入分页符，表示此位置是当前页的终点，而此位置后的内容将是下一页的起点。

原始文件： 下载资源 \ 实例文件 \03\ 原始文件 \ 请假规定 .docx
最终文件： 下载资源 \ 实例文件 \03\ 最终文件 \ 使用分页符分页 .docx

步骤 01 使用分页符

打开"下载资源 \ 实例文件 \03\ 原始文件 \ 请假规定 .docx"，将光标定位在需要分页的位置处，切换到"布局"选项卡，❶单击"页面设置"组中的"分隔符"按钮，❷在展开的下拉列表中单击"分页符"选项，如下图所示。

步骤 02 使用分页符的效果

此时可以将光标后的文本分到下一页中显示，如下图所示。

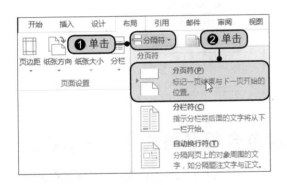

生存技巧：分页符和分节符的区别

分页符和分节符都能插入一个新页面，区别在于分页符只是分页，前后还是同一节；分节符是将一整篇文档拆分为不同节，各节可以单独编排页码和单独分栏，可以将同一页中的内容分成不同节，也可以在分节的同时开始新的一页。

3.7.2 使用分节符划分小节

所谓分节符，它的作用自然就是把文档分成几个节。可以在同一页中插入节，并开始新节，也可以在当前页插入分节符后在下一页中开始新节。

原始文件： 下载资源 \ 实例文件 \03\ 原始文件 \ 使用分页符分页 .docx
最终文件： 下载资源 \ 实例文件 \03\ 最终文件 \ 使用分节符划分小节 .docx

步骤01 选择分节符类型

打开"下载资源 \ 实例文件 \03\ 原始文件 \ 使用分页符分页 .docx",将光标定位在第一段末尾,切换到"布局"选项卡,❶单击"页面设置"组中的"分隔符"按钮,❷在展开的下拉列表中单击"分节符"选项组中的"连续"选项,如下图所示。

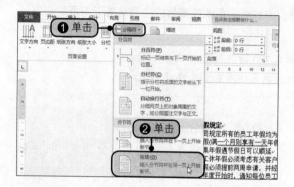

步骤02 使用分节符的效果

此时可以看见,❶使用分节符后出现了一个新的空白段落,使段落与段落之间分离开来,❷将光标定位在"主管同意"文本内容之后,如下图所示。

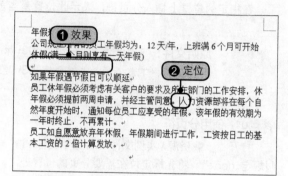

步骤03 使用分节符的效果

再次单击"分隔符"下拉列表中的"连续"选项,此时可以看到,光标后的文本分离到了下一个段落中。使用同样的方法可继续对文档中的其他内容做出适当的分节,如右图所示。

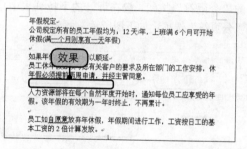

3.8 实战演练——设置并规范合同书格式

劳动合同是劳动者与用工单位之间确立劳动关系、明确双方权利和义务的协议,几乎所有的企业都会用到劳动合同,所以在制作好劳动合同的内容后,一定要对合同文档的版式进行调整,使其看起来更整洁美观。

生存技巧:双面打印

使用 Word 排版后,可以轻松地完成打印操作,例如手动双面打印,Word 可以提示在打印第二面时重新放入纸张,具体操作为单击"文件"按钮,在弹出的菜单中单击"打印"命令,在右侧"选项面板"的"设置"选项组中,单击"单面打印"按钮,在展开的下拉列表中单击"手动双面打印"选项即可。

 原始文件: 下载资源 \ 实例文件 \03\ 原始文件 \ 劳动合同 .docx
最终文件: 下载资源 \ 实例文件 \03\ 最终文件 \ 劳动合同 .docx

步骤01　设置字体

打开"下载资源\实例文件\03\原始文件\劳动合同.docx"，选中所有文本内容，在"开始"选项卡下，❶单击"字体"组中的字体右侧的下三角按钮，❷在展开的下拉列表中单击"黑体"选项，如下图所示。

步骤02　设置字号

设置好整个文档内容的字体后，选中文档的标题，❶在"字体"组中单击字号右侧的下三角按钮，❷在展开的下拉列表中单击"四号"选项，如下图所示。

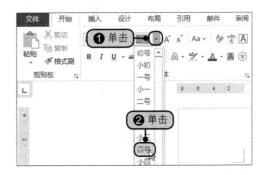

步骤03　设置段落对齐

改变了文档标题的字号后，在"段落"组中单击"居中"按钮，如下图所示。

步骤04　单击"段落"组中的对话框启动器

将文档标题放置在居中的位置上，选中所有的正文内容，单击"段落"组中的对话框启动器，如下图所示。

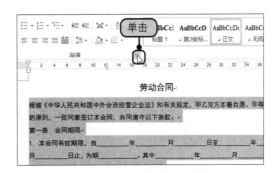

步骤05　设置段落格式

弹出"段落"对话框，在"缩进"选项组中设置左侧为"2字符"，在"间距"选项组中设置段前为"1行"、段后为"1行"，如下图所示。

步骤06　设置字体和段落的效果

单击"确定"按钮后，可以看见设置段落格式后的效果，如下图所示。

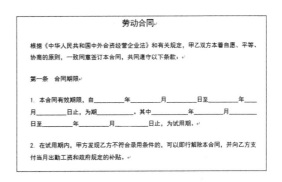

步骤07 单击"边框和底纹"选项

选中所有文本内容，❶单击"段落"组中的"边框"按钮，❷在展开的下拉列表中单击"边框和底纹"选项，如下图所示。

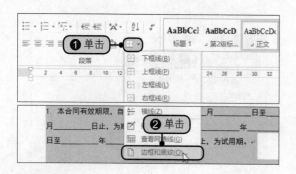

步骤09 设置底纹

切换到"底纹"选项卡，设置边框的底纹为"茶色，背景2，深色10%"，如下图所示。

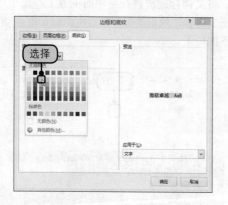

步骤08 设置边框

弹出"边框和底纹"对话框，切换到"页面边框"选项卡，❶在"设置"选项组中单击"阴影"图标，❷选择边框的样式，如下图所示。

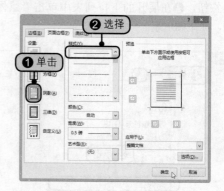

步骤10 设置页边距

单击"确定"按钮后，返回到文档中，切换到"页面布局"选项卡，❶在"页面设置"组中单击"页边距"按钮，❷在展开的下拉列表中单击"镜像"选项，如下图所示。

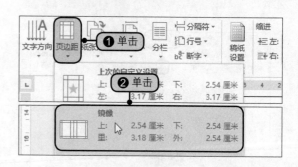

步骤11 设置后的效果

为文档设置了边框、底纹和页边距后，可看见其显示效果，如右图所示。

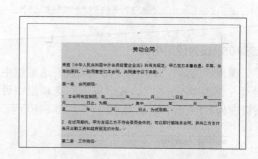

第4章

制作图文并茂的文档

要制作一个精美的 Word 文档，需要将文字和图片相结合，让图片来辅助说明文字或者美化文档。在 Word 文档中添加各种图片和插入艺术字以及添加数据图表，都是为了让文档的内容更加丰富。

知识点

1. 文本框的插入
2. 添加图片
3. 插入艺术字和 SmartArt 图形
4. 添加数据图表

4.1 插入文本框

如果想要让输入文档中的文字可以随时移动或调节大小，可以在文档中插入文本框，文本框可以容纳文字和图形。插入文本框的时候，可以选择预设的文本框样式插入，也可以手动在任意地方绘制文本框。

原始文件： 无
最终文件： 下载资源 \ 实例文件 \04\ 最终文件 \ 插入文本框 .docx

步骤 01 选择文本框样式

新建一个空白的文档，切换到"插入"选项卡，❶单击"文本"组中的"文本框"按钮，❷在展开的样式库中选择"奥斯汀引言"，如下图所示。

提示

如果用户不需要含有样式的文本框，可以手动绘制出自己需要的文本框。在"文本"组中，单击"文本框"按钮，在展开的下拉列表中单击"绘制文本框"或"绘制竖排文本框"选项，即可在文档的任意地方绘制出一个横排或竖排的文本框。在横排文本框中输入文字时，文字的排列方向是从左到右的；在竖排文本框中输入文字时，文字的排列方向是从上到下的。

步骤 02 插入文本框效果

此时在文档的最上方插入了一个样式为"奥斯汀引言"的文本框，文本框自动被选中，如下图所示。

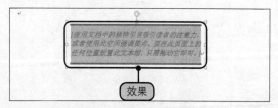

步骤 03 输入文本内容

直接在文本框中输入文本内容"春天……去赏花吧！"，此时文本框的大小自动和内容相匹配，如下图所示。

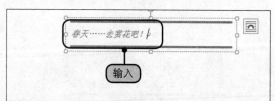

步骤 04 选择字体样式

切换到"绘图工具－格式"选项卡，在"艺术字样式"组中单击快速样式按钮，在展开的样式库中选择"填充－白色，轮廓－着色2，清晰阴影－着色2"样式，如下图所示。

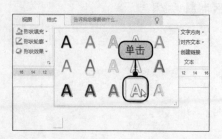

步骤 05 设置字体样式后的效果

此时为文本框中的文字应用了预设的样式，将标题文字居中显示，可以看到整个文档的标题栏的效果，如下图所示。

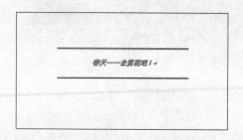

生存技巧：自行设置文本框样式

　　除了可以为文本框中的字体设置"艺术字样式"以外，还可以为绘制的文本框设置"形状样式"。切换到"绘图工具 - 格式"选项卡，在"形状样式"组中单击快翻按钮，然后在展开的库中选择需要设置的形状样式即可。如果对已有的形状样式不满意，也可以在"形状样式"组中自行设置文本框的形状填充、形状轮廓和形状效果。

生存技巧：巧妙组合多个文本框

　　若要将文档中的多个文本框对象变成一个对象、方便对文本框进行格式设置，只需要按住【Ctrl】键不放，依次选中多个文本框，并右击鼠标，在弹出的快捷菜单中单击"组合"命令即可。

4.2　添加图片

为了使文档的内容更加丰富多彩，用户可以为文档插入一些相应的图片，特别是在制作一些简报或宣传文档时，图片的插入将起到很好的装饰作用。

4.2.1　插入与编辑图片

通常来说，插入图片是指插入计算机中已经包含的图片，即来自于文件中的图片。这些插入的图片也许并不能完全满足用户的需求，所以可对图片做出适当的调整。

原始文件： 下载资源 \ 实例文件 \04\ 原始文件 \ 插入文本框 .docx
最终文件： 下载资源 \ 实例文件 \04\ 最终文件 \ 插入图片与编辑图片 .docx

步骤01　插入图片

　　打开"下载资源 \ 实例文件 \04\ 原始文件 \ 插入文本框 .docx"，将光标定位在要插入图片的位置，切换到"插入"选项卡，单击"插图"组中的"图片"按钮，如下图所示。

步骤02　选择图片

　　弹出"插入图片"对话框，❶找到图片保存的路径后，选中图片，❷单击"插入"按钮，如下图所示。

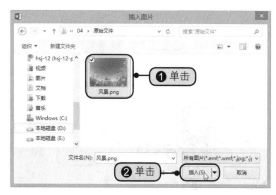

步骤03 插入图片后的效果

此时，即在文档中插入了一个来自于文件中的图片，如下图所示。

步骤04 更改图片颜色

根据需要可对图片进行编辑，切换到"图片工具—格式"选项卡，单击"调整"组中的"颜色"按钮，在展开的颜色样式库中选择"饱和度400%"，如下图所示。

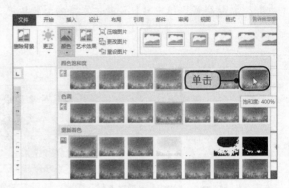

步骤05 更改图片样式

在"图片样式"组中单击快翻按钮，在展开的图片样式库中选择"映像圆角矩形"，如下图所示。

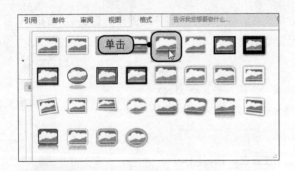

步骤06 更改图片后效果

更改了图片的颜色和样式后，图片看起来更亮丽、美观，如下图所示。

步骤07 柔化图片的边缘

❶在"图片样式"组中单击"图片效果"按钮，❷在展开的下拉列表中单击"柔化边缘 >10 磅"选项，如下图所示。

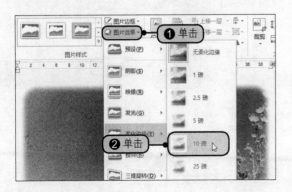

步骤08 柔化边缘后的效果

此时图片的边缘加入了柔化效果，使图片和文档背景更相容，如下图所示。

提 示

在调整图片的时候，除了可以调整图片的颜色、样式和边缘柔化度外，还可以设置图片的艺术效果、设置图片的边框、更改图片的大小等。用户可以在"图片工具—格式"选项卡下，在不同的功能组中找到所有调整图片的功能按钮。

 生存技巧：在图片中输入文字

有时用户需要在图片上输入一些文字，那么在 Word 中如何实现呢？只需要选中插入的图片，切换至"图片工具—格式"选项卡，在"排列"组中单击"环绕文字"按钮，在展开的下拉列表中单击"衬于文字下方"选项，操作完毕后，便可以在图片上任意输入文字了，输入文字后再调整图片位置即可。

4.2.2 插入与编辑联机图片

联机图片和一般的图片有所不同，它是一种特殊的画，文件体积通常很小，而且内容一般都富有趣味或寓意。联机图片一般是系统本身自带或来源于必应搜索网站。

原始文件：下载资源 \ 实例文件 \04\ 原始文件 \ 插入图片与编辑图片 .docx
最终文件：下载资源 \ 实例文件 \04\ 最终文件 \ 插入图片与编辑图片 .docx

 生存技巧：设置环绕文字的位置

通常用户在设置了图片"紧密型环绕"格式后，该图片的四周会有文本内容，如果只需要在图片左侧保留文字而图片右侧为空白，该怎么办呢？只需要选中插入的图片，在"图片工具—格式"选项卡单击"环绕文字"按钮，在展开的下拉列表中单击"其他布局选项"选项，在"布局"对话框单击"紧密型"环绕方式，在"环绕文字"选项组中单击选中"只在左侧"单选按钮，完毕后单击"确定"按钮即可。

步骤 01 插入图像

打开"下载资源 \ 实例文件 \04\ 原始文件 \ 插入图片与编辑图片 .docx"，切换到"插入"选项卡，单击"插图"组中的"联机图片"按钮，如下图所示。

步骤 02 搜索图像

弹出"插入图片"对话框，❶在"必应图像搜索"后的文本框中输入"人物"，❷单击"搜索"按钮，如下图所示。

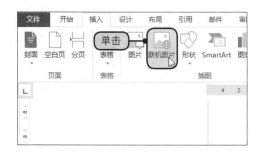

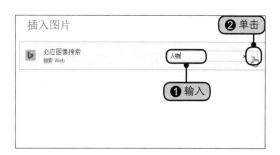

步骤 03　选择并插入图像

此时，搜索出了一系列关于"人物"的图像，❶选择需要的图片，❷单击"插入"按钮，如下图所示。

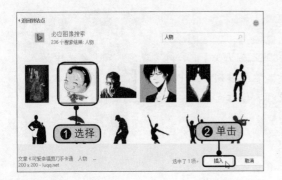

步骤 05　拖动图片

将鼠标指向图像，此时鼠标指针呈现十字箭头形，拖动图片至适当的位置，如下图所示。

步骤 07　旋转图像

为了让图像与画面更契合，再将其进行旋转。在排列组中单击"旋转"按钮，在下拉菜单中选择"水平翻转"选项，如下图所示。

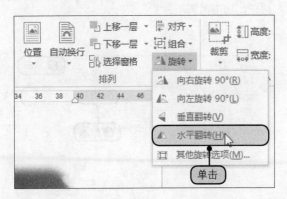

步骤 04　设置环绕文字类型

此时在文档中可以看到插入的图像。为了方便放置图像的位置，右击图像，在弹出的快捷菜单中单击"环绕文字 > 浮于文字上方"选项，如下图所示。

步骤 06　更改图片的亮度和对比度

切换到"图片工具－格式"选项卡，❶单击"调整"组中的"更正"按钮，❷在展开的样式库中选择"亮度：+40% 对比度 –20%"，如下图所示。

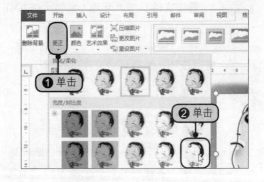

步骤 08　缩小图片

将鼠标指针放在图像边缘位置，拖动鼠标，将剪贴画调整为合适的大小，如下图所示。

步骤 09　缩小图片后的效果

此时可以看到图像的最终效果，如下图所示。

生存技巧：拆散联机图片

在 Word 中插入联机图片非常方便，但是，有时候我们不一定喜欢联机图片中的对象组合或颜色搭配，但是作为图片格式的联机图片似乎不能分散编辑，这时该怎么办？其实，Office 中的联机图片是可以打散的。右击需要编辑的图片，在弹出的快捷菜单中单击"组合 > 取消组合"命令，在弹出的提示框中确定转换为图形对象，联机图片即能转换为图形供你随意编辑。

4.2.3　插入与编辑自选图形

自选图形的种类分为很多，包括基础图形，例如圆形、长方形、菱形等，还包括线条、标注图形、箭头图形等。用户在文档中插入了图形后，可在图形中编辑文字。

原始文件： 下载资源 \ 实例文件 \04\ 原始文件 \ 插入与编辑剪贴画 .docx
最终文件： 下载资源 \ 实例文件 \04\ 最终文件 \ 插入与编辑自选图形 .docx

生存技巧：编辑自选图形的顶点

当用户插入了自选图形后，若对图形的整体外观不满意，可以对其顶点进行编辑。只需右击图形，在弹出的快捷菜单中单击"编辑顶点"命令，所选图形的转折点就会出现黑色方块，这便是图形的顶点，按住鼠标左键不放，可以调整顶点位置，图形也随之更改，如右图所示。

步骤 01　插入形状

打开"下载资源 \ 实例文件 \04\ 原始文件 \ 插入与编辑剪贴画 .docx"，❶单击"插图"组中的"形状"按钮，❷在形状库中选择"云形标注"图标，如下图所示。

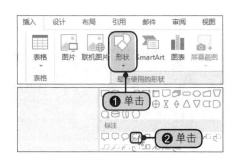

步骤 02　绘制形状

此时鼠标指针呈现十字形，拖动鼠标绘制形状到适合的大小，如下图所示。

步骤03 单击对话框启动器

释放鼠标后就在文档中插入了一个自选图形。此时可以编辑调整图形。切换到"绘图工具—格式"选项卡，单击"形状样式"组中的对话框启动器，如下图所示。

步骤05 设置形状的线条

❶继续在"文本边框"选项面板中单击"实线"单选按钮，❷设置线条的颜色为"白色，背景1"，如下图所示。

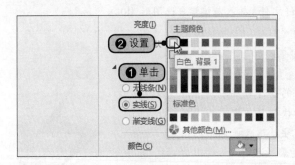

步骤07 输入文本内容

释放鼠标后，在形状中输入文本内容"快乐地赏花吧"，为了使文字排列在一行中，将鼠标指向形状右下角，拖动鼠标改变形状的大小，如下图所示。

步骤04 设置形状的填充效果

弹出"设置形状格式"面板，❶在"文本填充"选项面板中单击选中"渐变填充"单选按钮，❷设置颜色为"绿色"，❸设置渐变光圈位置为"60%"，如下图所示。

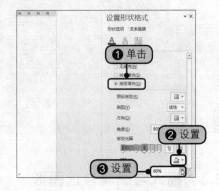

步骤06 拖动调节标注

返回到文档中，可以看见设置了格式后的形状效果。单击形状下方的标注指向按钮，拖动至需要的位置处，如下图所示。

步骤08 设置形状后的最终效果

释放鼠标后，就完成了对形状的调整和编辑，此时用户可以看到整个形状的效果。当公司组织春游时，此文档即可作为一个很活泼的宣传简报，如下图所示。

提示

除了在文档中的任意地方绘制不同的形状外，用户还可以新建一个画布，在指定的画布上绘制形状。在"插图"组中单击"形状"按钮，在展开的下拉列表中单击"新建绘图画布"选项，此时将在文档中插入一个画布，此画布中不能输入文字。

生存技巧：设置自选图形的默认格式

如果用户需要绘制一组格式相同的自选图形，一个一个绘制然后再调格式很耗时，是否有办法能一次搞定呢？Word考虑到了这点，用户只需要把一个自选图形的格式设置为想要的格式，然后右击它，在弹出的快捷菜单中选择"设置为默认形状"，之后再绘制其他自选图形，那么之后绘制的图形就将直接采用这个默认的格式。

4.2.4 插入屏幕剪辑

当打开一个窗口后，发现窗口或窗口中有某些部分适合于插入文档的时候，就可以使用屏幕剪辑功能截取整个窗口或窗口的某部分插入到文档中。

原始文件： 下载资源 \ 实例文件 \04\ 原始文件 \ 插入与编辑自选图形 .docx
最终文件： 下载资源 \ 实例文件 \04\ 最终文件 \ 插入屏幕截图 .docx

 生存技巧：图片的替换与删除

对于插入的图片不满意，不需要用户执行删除再插入的操作，只需要选中需要替换的图片，在"图片工具-格式"选项卡单击"更改图片"按钮，在弹出的"插入图片"对话框重新选择需要的图片所在路径，并将其选中，再单击"插入"按钮即可。该功能对于已经设置了图片格式的图片替换非常实用。

步骤01 插入屏幕截图

打开"下载资源\实例文件\04\原始文件\插入与编辑自选图形 .docx"，❶单击"插图"组中的"屏幕截图"按钮，❷在下拉列表中单击"屏幕剪辑"选项，如下图所示。

步骤02 截取图像

此时，当前打开的窗口将进入被剪辑的状态中，拖动鼠标，框选窗口中需要剪辑的部分，如下图所示。

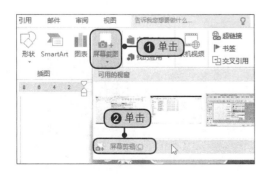

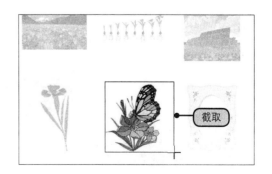

步骤03 调整图片

释放鼠标后，即为文档插入了一个屏幕剪辑的图片，右击图片，在弹出的快捷菜单中单击"环绕文字 > 浮于文字上方"选项，如下图所示。

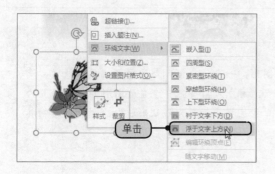

步骤04 拖动图片

拖动图片至文档中适当的位置，如下图所示。

步骤05 插入图片后效果

释放鼠标后，将图片放置在了指定的位置，此时图片包含一个白色的背景，看起来并不美观，如下图所示。

步骤06 删除背景

切换到"图片工具－格式"选项卡，单击"调整"组中的"删除背景"按钮，如下图所示。

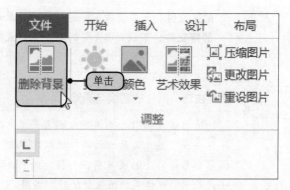

步骤07 确定背景的删除

此时图片中紫色的部分表示需要删除背景的区域，可以看见标注的部分正是需要删除的部分，所以在"背景消除"选项卡下，单击"关闭"组中的"保留更改"按钮，确定背景的删除，如下图所示。

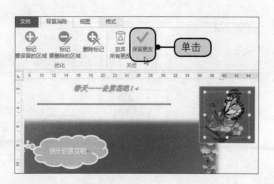

步骤08 删除背景后的效果

此时可见图片的背景被删除了，只保留了图片中的图像，一个精美的简报就完成了。综上所述，在文档中插入图片都需要适当地做出调整，图片的调整和编辑包括了很多方面，用户只需要根据实际情况选择调整的部分即可，如下图所示。

提示

　　如果标注的部分不是需要删除的背景区域，用户可以在"背景消除"选项卡下，单击"优化"组中的"标记要删除的区域"按钮，然后拖动鼠标绘制要删除的区域即可。

生存技巧：让文档的图片更"瘦"一些

　　在 Word 2016 中，插入的图片越多、图片尺寸越大，文档的大小也会随之增加。若要把这些大容量的文档发给其他人，是需要花费一定时间的，此时可以对文档中的图片进行压缩，只需要在"图片工具—格式"选项卡单击"压缩图片"按钮，在弹出的"压缩图片"对话框设置"压缩选项"和"目标输出"即可。

4.3 插入艺术字

　　艺术字是一种富于创意性、美观性和修饰性的特殊文字，一般用于文档的标题或文档中需要修饰内容的部分。艺术字通常都是包含在一个文本框中的。

　　原始文件： 下载资源 \ 实例文件 \04\ 原始文件 \ 组织结构图 .docx
　　最终文件： 下载资源 \ 实例文件 \04\ 最终文件 \ 插入艺术字 .docx

生存技巧：快速分层叠放艺术字

　　如果用户在一个文档中插入了多个艺术字，不要担心它们的排列问题，因为 Word 2016 为大家准备了多种排列艺术字的方式，只需要在"绘图工具—格式"选项卡下单击"选择窗格"按钮，即可在文档右侧出现的"选择和可见性"任务窗格中选择需要排列的艺术字，在"排列"组中单击"上移一层"和"下移一层"按钮进行层叠排放。

步骤01　选择艺术字类型

　　打开"下载资源 \ 实例文件 \04\ 原始文件 \ 组织结构图 .docx"，切换到"插入"选项卡，❶单击"文本"组中的"艺术字"按钮，❷在展开的艺术字样式库中选择"填充—黑色，文本1，轮廓—背景1，清晰阴影—背景1"样式，如下图所示。

步骤02　插入艺术字效果

　　此时在文档中插入了一个艺术字文本框，在文本框中包含提示用户"请在此放置您的文字"的字样，如下图所示。

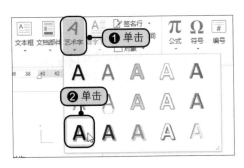

步骤03 输入文本

根据需要在文本框中输入文本内容"公司人员组织结构图",如下图所示。

步骤04 应用样式

切换到"绘图工具—格式"选项卡,单击"形状样式"组中的快翻按钮,在展开的样式库中选择"细微效果—橄榄色"样式,如下图所示。

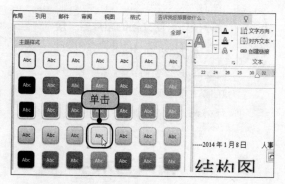

步骤05 更改形状

❶在"插入形状"组中单击"编辑形状"按钮,❷在展开的下拉列表中单击"更改形状"选项,在展开的形状库中选择"棱台",如下图所示。

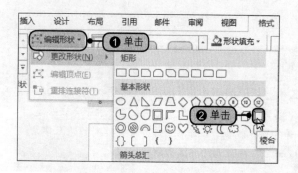

步骤06 更改形状后的效果

更改文本框的样式和形状类型后,可以看见文本框的显示效果。为了让文本框和文档中的文字更匹配,可以调整文本框的大小,如下图所示。

步骤07 调整形状大小

在"大小"组中单击微调按钮,调整形状的高度为"3厘米"、宽度为"15厘米",如下图所示。

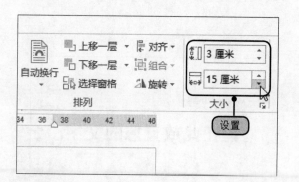

步骤08 调整形状后的效果

调整好文本框的大小后,可以看见文本框的显示效果,此时文本框的外形和文档中的文字更加匹配,如下图所示。

提示

如果要调整文本框中艺术字的字体，可以先选中需要调整的字体，切换到"开始"选项卡下，在"字体"组中即可设置艺术字的字体类型、字体大小等内容。

生存技巧：用艺术字为自选图形添加倾斜标注

有时需要给插入的自选图形添加标注，某些情况下还需要使标注文字以一定角度倾斜显示，直接旋转文本框或形状，其中的文字是不会跟着旋转的，那怎么使 Word 中的文字倾斜呢？这就要用到艺术字了。插入艺术字后，将鼠标定位于艺术字上方的绿色控点，旋转适当的角度至合适，然后拖动到图形中的标注位置就可以了。

生存技巧：转换艺术字效果

对于插入的艺术字，用户还可以通过转换艺术字的外形使其达到更好的显示效果，例如将艺术字设置为"桥形"，只需要选中艺术字，在"绘图工具—格式"选项卡单击"文字效果"按钮，在展开的下拉列表中单击"转换"选项，在展开的库中选择"桥形"样式即可，如右图所示。

4.4 插入 SmartArt 图形

SmartArt 图形是一种文字和形状相结合的图形，它不仅能表示出文字的信息，还能直观地以视觉的方式表达出信息之间的关系。在日常工作中，SmartArt 图形主要用于制作流程图、组织结构图等。

原始文件： 下载资源 \ 实例文件 \04\ 原始文件 \ 插入艺术字 .docx
最终文件： 下载资源 \ 实例文件 \04\ 最终文件 \ 插入 SmartArt 图形 .docx

步骤01 选择 SmartArt 图形

打开"下载资源 \ 实例文件 \04\ 原始文件 \ 插入艺术字 .docx"，切换到"插入"选项卡，单击"插图"组中的"SmartArt"按钮，如下图所示。

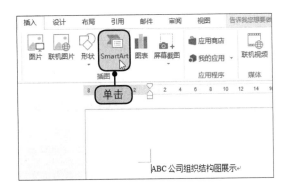

步骤02 选择图形类型

弹出"选择 SmartArt 图形"对话框，❶单击"层次结构"选项，❷在右侧的面板中单击"组织结构图"，如下图所示。

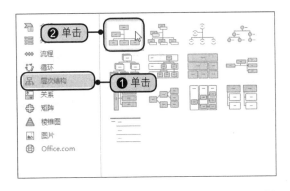

步骤03 插入图形后的效果

单击"确定"按钮后，在文档中插入了一个组织结构图图形，如下图所示。

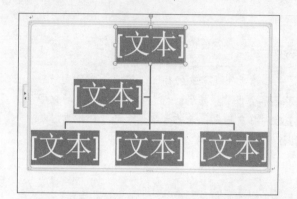

步骤04 输入文本内容

分别选中 SmartArt 图形中的形状，输入相应的文字内容，如下图所示。

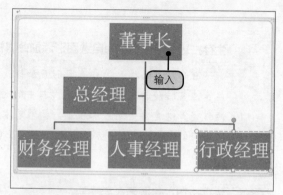

步骤05 添加形状

选中包含有"行政经理"的形状，右击鼠标，在弹出的快捷菜单中单击"添加形状"命令，在展开的下级菜单中单击"在后面添加形状"命令，如下图所示。

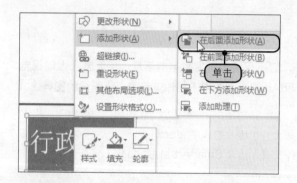

步骤06 添加形状后的效果

此时在所选形状的后面添加了一个形状，并输入相应的文字，如下图所示。

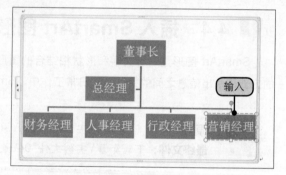

📌 提示

添加形状还可以借助文本窗格。单击 SmartArt 图形左侧文本窗格展开按钮，会打开文本窗格，在窗格中每个符号占位符即代表了一个形状，定位添加形状的位置，并按【Enter】键后，会自动添加形状。

 生存技巧：单独更改 SmartArt 图形形状

当用户插入了 SmartArt 图形后，可以随意更改任意一个形状的样式。只需要选中该形状，在"SmartArt 工具－格式"选项卡单击"更改形状"按钮，在展开的形状库中选择其他形状样式，即可单独将该形状应用所选的样式。

步骤 07　添加其他形状

根据需要在相应的形状的上下左右添加好需要的形状，并输入文本，如下图所示。

步骤 08　更改图形颜色

为了让 SmartArt 图形看起来更具有美感，可以对 SmartArt 图形稍做调整。切换到"SmartArt 工具－设计"选项卡，❶单击"SmartArt 样式"组中的"更改颜色"按钮，❷在展开的颜色库中选择"渐变循环－强调文字颜色 3"样式，如下图所示。

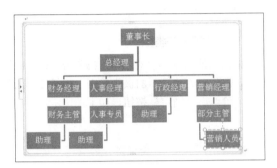

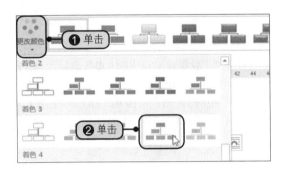

步骤 09　更改图形样式

在"SmartArt 样式"组中单击快翻按钮，在展开的 SmartArt 样式库中选择"细微效果"样式，如下图所示。

步骤 10　美化图形后的效果

为 SmartArt 图形设置了颜色和样式后，图形和整个文档更相符，如下图所示。

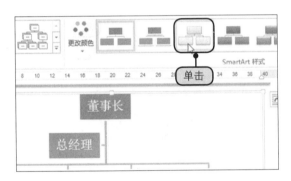

生存技巧：更改 SmartArt 图形布局

除了能更改单独的形状外，用户还可以更改 SmartArt 图形的整体布局，只需要在"SmartArt 工具－设计"选项卡单击"更改布局"按钮，在展开的布局库中重新选择 SmartArt 布局样式即可。应用不同的布局可以从不同角度诠释信息与观点，从而更有效地传达信息。

4.5　添加数据图表

图表的功能是为了辅助分析说明数据。在文档中添加数据图表包括插入图表和编辑图表的数据源两个部分。如果想让图表看起来更美观，还可以对编辑好的图表的布局、样式、颜色和边框等做出调整。

4.5.1 插入图表

插入图表的时候应该根据分析数据的需要来选择适合的图表类型。图表的类型包括了很多种，其中常用的有柱形图、折线图和饼图等。

原始文件：下载资源 \ 实例文件 \04\ 原始文件 \ 各部门交际费比较 .docx
最终文件：下载资源 \ 实例文件 \04\ 最终文件 \ 插入图表 .docx

步骤 01 插入图表

打开"下载资源 \ 实例文件 \04\ 原始文件 \ 各部门交际费比较 .docx"，为文档添加一个图表，来分析文档中的数据。切换到"插入"选项卡，单击"插图"组中的"图表"按钮，如下图所示。

步骤 02 选择图表类型

弹出"插入图表"对话框，❶单击"柱形图"选项，❷在右侧的选项面板中单击"簇状柱形图"选项，❸单击"确定"按钮，如下图所示。

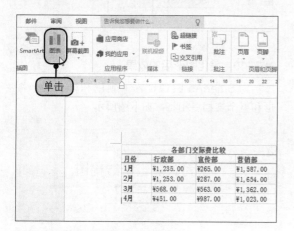

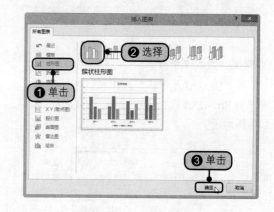

步骤 03 插入图表后的效果

此时为文档插入了一个"簇状柱形图"图表，并自动打开了一个 Excel 工作簿，如右图所示。

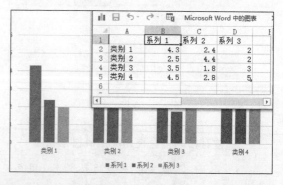

生存技巧：如何进入 Excel 编辑数据

通过文档中的数据表格建立了图表后，可看到文档中同时打开了一个 Excel 工作簿，此时的工作簿仅仅只是一个简单的表格效果，无法对表格中的数据内容进行设置，所以如果想要其和 Excel 工作簿一样能够对数据进行操作，则需单击"在 Microsoft Excel 中编辑数据"按钮，如右图所示。

4.5.2　编辑与美化图表

直接插入的图表只是一个空白的图表模板，用户可以根据需要在工作簿中添加图表的数据信息，添加好了数据后，数据信息将会在图表中显示出来，此时就可以进行数据的分析。为了让图表和文档样式相符合，通常对于插入的图表都需要做一些美化工作。

原始文件： 下载资源\实例文件\04\原始文件\插入图表.docx
最终文件： 下载资源\实例文件\04\最终文件\编辑与美化图表.docx

步骤01　编辑数据源

打开"下载资源\实例文件\04\原始文件\插入图表.docx"，选中文档中的图表，打开"Microsoft Word中的图表"工作簿，在工作簿的引用区域中输入相关的数据内容。如果数据区域的大小不够，可拖动区域的右下角调整区域，如下图所示。

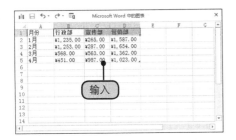

步骤02　编辑图表后的效果

对数据源区域进行编辑后，可见此时图表的效果，如下图所示。

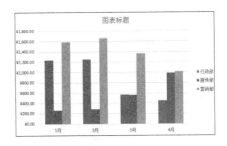

步骤03　选择图表布局

切换到"图表工具－设计"选项卡，单击"图表布局"组中的"快速布局"，在展开的样式库中选择"布局3"样式，如下图所示。

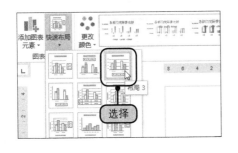

步骤04　输入图表标题

更改了图表布局后，在图表上方出现一个图表标题文本框，在文本框中输入图表标题，如下图所示。

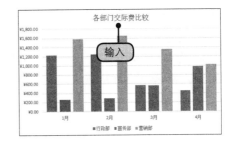

生存技巧： 将Excel现有图表复制到Word

如果要插入到Word中的图表已经在Excel中做好，就可以直接在Excel中选中图表，然后复制粘贴到Word中。这时粘贴的图表右下角会出现一个粘贴按钮，单击该按钮，可以看到多种粘贴方式供选择：使用目标主题和嵌入工作簿即按使用的文档主题来设置图表格式，并将Excel工作簿作为对象保存到Word；使用目标主题和链接数据即使用文档主题设置图表格式，同时将Word图表链接到原工作簿图表数据中，原工作簿数据更新，Word中的图表同步改变；粘贴为图片即将图表作为图片插入到Word。

步骤05 选择图表样式

选中图表中的数据系列，在"图表样式"组中单击快翻按钮，在展开的样式库中选择"样式14"，如下图所示。

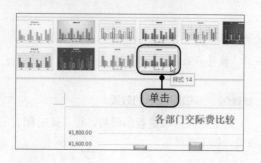

步骤07 更改颜色

切换到"图表工具—格式"选项卡，单击"图表样式"组中的"更改颜色"按钮，在展开的样式库中选择"颜色9"，如下图所示。

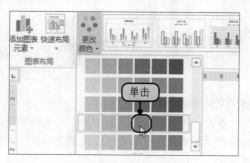

步骤09 调整图表大小

将鼠标指针放在图表的边缘，拖动鼠标，将图表调到合适的大小后，释放鼠标，此时可以看到图表的最终效果，如右图所示。

步骤06 更改图表样式后的效果

此时，图表应用了预设样式，因更改了数据系列的样式，使图表标题看起来太花哨，所以需要对图表的颜色进行一定的更改，如下图所示。

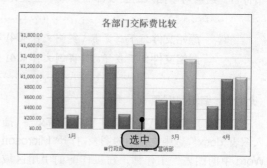

步骤08 更改颜色后的效果

此时为图表应用了新的颜色样式，为了使图表适合文档，需要将其调小，如下图所示。

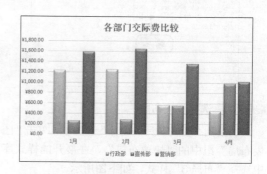

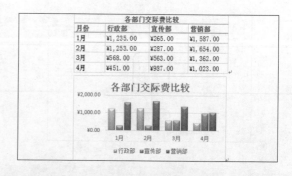

生存技巧：重新编辑图表数据

用户在Word中插入了图表后，若需要重新编辑图表数据，直接在"图表工具—设计"选项卡单击"编辑数据"按钮，即可重新打开"Microsoft Word中的图表"工作簿，在该工作簿中输入新的数据即可。

4.6　实战演练——制作公司简报

传递某方面信息的简短的内部小报称为简报。公司简报的主要作用就是对公司的概括，并宣传公司的一些基本信息，这些信息通常为一些简短、灵活并富有介绍性、回报性、交流性的信息。在日常工作表中常常需要制作公司简报，用户可以利用插入文本框、插入图片和形状的方法来制作。

生存技巧：巧妙插入自带的封面

用户可以很方便地在 Word 2016 中为文档设置好看的封面，只需要在"插入"选项卡中单击"封面"按钮，在展开的封面库中选择需要的封面，即可在当前文档的第一页前插入新的封面页。

原始文件： 无
最终文件： 下载资源 \ 实例文件 \04\ 最终文件 \ 公司简报 .docx

步骤 01　插入图片

要制作一个精美的公司简报，首先可以为简报设计一个背景，新建一个空白的 Word 文档，将光标定位在要插入图片的位置处，切换到"插入"选项卡，单击"插图"组中的"图片"按钮，如下图所示。

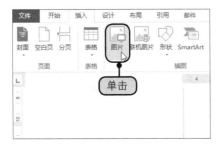

步骤 02　选择图片

弹出"插入图片"对话框，❶找到图片保存的路径后，选中图片，❷单击"插入"按钮，如下图所示。

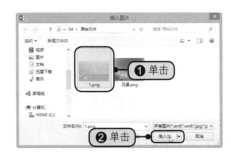

步骤 03　设置图片的文字环绕方式

此时在文档中插入了一张图片，改变图片的环绕方式，将图片设置为文档的背景，切换到"图片工具-格式"选项卡，❶单击"排列"组中的"环绕文字"按钮，❷在展开的下拉列表中单击"衬于文字下方"选项，如下图所示。

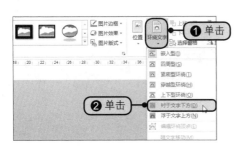

步骤 04　插入文本框

通过设置使图片显示为文档的背景图后，拖动鼠标调整图片的大小。制作好简报的背景后，可以在背景图片上插入文本框，来设置简报的标题。切换到"插入"选项卡，❶单击"文本"组中的"文本框"按钮，❷在展开的下拉列表中单击"绘制文本框"选项，如下图所示。

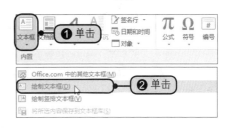

步骤05 绘制文本框

此时鼠标指针呈现十字形，拖动鼠标在合适的位置处绘制一个大小适当的文本框，如下图所示。

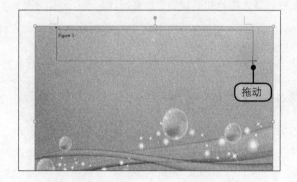

步骤07 设置透明度

按住【Ctrl】键，同时选中两个文本框后，打开"设置形状格式"窗格，❶在"填充"选项面板中单击"纯色填充"单选按钮，❷设置填充颜色的透明度为"100%"，如下图所示。

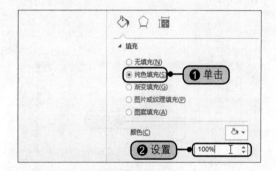

步骤09 设置字体样式

对文本框进行设置后，再对文本框中的字体进行设置。同时选中两个文本框后，在"艺术字样式"组中单击快翻按钮，在展开的样式库中选择"渐变填充－蓝色，着色1，反射"样式，如下图所示。

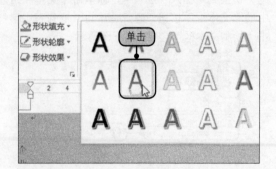

步骤06 绘制竖排文本框并输入文字

释放鼠标后，就绘制好了一个文本框。利用同样的方法绘制出一个竖排文本框，并在文本框中输入相应的文字，如下图所示。

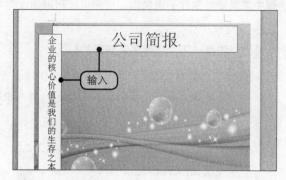

步骤08 设置边框

单击窗格的"关闭"按钮后，❶在"形状样式"组中单击"形状轮廓"按钮，❷在展开的下拉列表中单击"无轮廓"选项，即可删除文本框的轮廓线条，如下图所示。

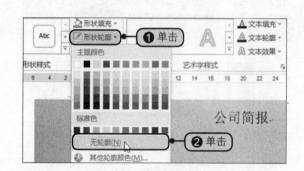

步骤10 设置文本框后的效果

设置文本框的填充颜色透明度、轮廓样式和文本框中的字体样式后，可以看见此时的显示效果，如下图所示。

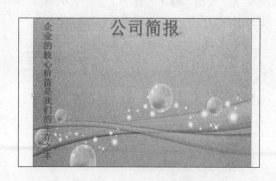

步骤 11 插入 SmartArt 图形

切换到"插入"选项卡，在"插图"组中单击"SmartArt"按钮，如下图所示。

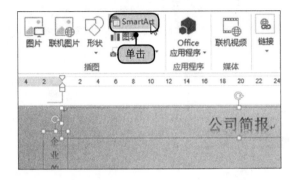

步骤 12 选择图形

弹出"选择 SmartArt 图形"对话框，❶单击"列表"选项，❷在右侧的面板中单击"垂直重点列表"选项，如下图所示。

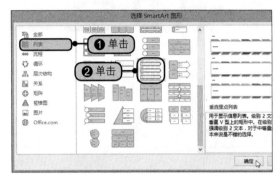

步骤 13 输入文字

此时在文档中插入了一个 SmartArt 图形，设置图形的环绕方式为"浮于文字之上"，并拖动 SmartArt 图形放置到适合的位置，为 SmartArt 图形添加相应的文字，如下图所示。

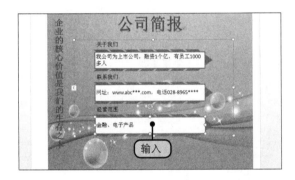

步骤 14 更改形状

同时选中 SmartArt 图形中需要更改的形状，切换到"SmartArt 工具－格式"选项卡，❶单击"形状"组中的"更改形状"按钮，❷在展开的形状类型库中选择"双波形"，如下图所示。

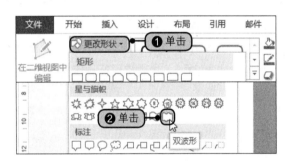

步骤 15 简报的最终效果

更改 SmartArt 图形中形状的类型后，简报被赋予一定的视觉动感，此时就完成了整个简报的制作，如右图所示。

第5章

在文档中合理使用表格

表格是用于表达文本内容的一种方式，相对于纯文字内容，其表达效果更简单、更直观。在 Word 文档中，用户不仅可以使用多种方法来插入表格，还可以随意调整表格中的单元格。为了让整个文档看起来更美观，也需要对插入的表格进行一定程度的美化。

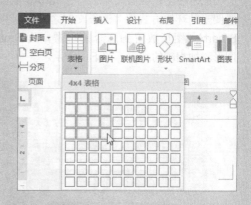

知识点

1. 插入和绘制表格
2. 合并和拆分单元格
3. 调整表格的行高和列宽
4. 调整表格和表格内容的对齐方式
5. 设置表格边框和底纹
6. 表格中的数据处理

5.1 创建表格

要使用表格来表达内容，首先就需要学会创建表格。在文档中创建表格的方法有三种，分别为利用表格模板插入表格、手动绘制表格和利用对话框快速插入表格。

5.1.1 插入表格

利用表格模板来插入表格可以说是一种最常用的方法，但是，这种方法却存在一定的局限性，因为表格模板中只为用户提供了 8 行 10 列单元格，无法创建更多行列的表格。

原始文件：下载资源 \ 实例文件 \05\ 原始文件 \ 销售统计表 .docx
最终文件：下载资源 \ 实例文件 \05\ 最终文件 \ 插入表格 .docx

步骤 01　插入表格

打开"下载资源 \ 实例文件 \05\ 原始文件 \ 销售统计表 .docx"，将光标定位在插入表格的位置上，切换到"插入"选项卡，❶单击"表格"组中的"表格"按钮，❷在展开的表格库中选择表格的行列为"4*4"，如下图所示。

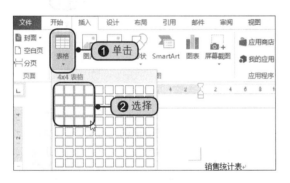

步骤 02　插入表格后的效果

此时，在文档中插入了一个表格，表格中包括了行数和列数都是 4 的表格，如下图所示。

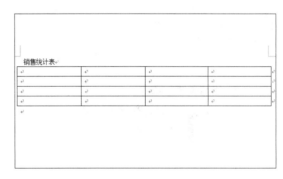

步骤 03　输入内容

根据需要在表格中添加相应的文本，即完成了整个表格的创建，如右图所示。

生存技巧：快速插入 Excel 电子表格

用户可以插入一张拥有全部数据处理功能的 Excel 电子表格，从而间接增强 Word 2016 的数据处理能力，只需要单击"表格"组中的"表格"按钮，在展开的下拉列表中单击"Excel 电子表格"选项，就可以在文档中出现 Excel 的功能区和工作表。

5.1.2 手动绘制表格

如果要随心所欲地创建特有格式的表格，就需要用户手动绘制表格。

原始文件： 下载资源 \ 实例文件 \05\ 原始文件 \ 通讯簿 .docx
最终文件： 下载资源 \ 实例文件 \05\ 最终文件 \ 手动绘制表格 .docx

步骤 01 单击"绘制表格"选项

打开"下载资源 \ 实例文件 \05\ 原始文件 \ 通讯簿 .docx"，❶单击"表格"组中的"表格"按钮，❷在展开的下拉列表中单击"绘制表格"选项，如下图所示。

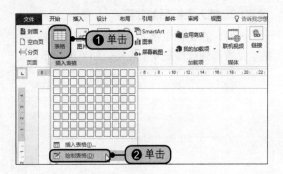

步骤 02 绘制表格

此时，鼠标指针呈铅笔形，拖动鼠标在适当的位置处绘制表格，如下图所示。

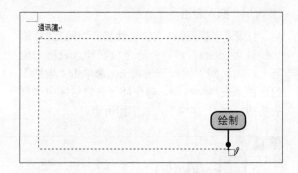

步骤 03 绘制表格的效果

释放鼠标后，继续绘制表格的行和列线。完成整个表格的绘制，如下图所示。

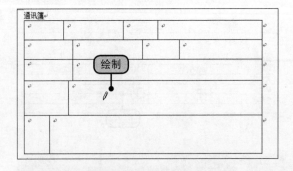

步骤 04 输入内容

按【Esc】键，结束绘制表格，鼠标指针由铅笔形恢复为箭头状，表示可以进行文档的编辑。此时可在绘制的表格中添加相应文字，如下图所示。

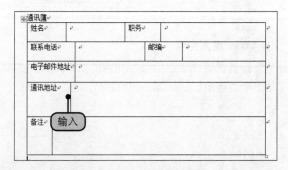

 生存技巧：全选表格的方法

在 Word 2016 里插入的表格，可以使用以下 2 种方式快速选中整个表格。方式一：将鼠标指针指向表格左上方，此时会出现 ⊞ 按钮，单击该按钮即可选中表格。方式二：将鼠标定位至表格中，在"表格工具─布局"选项卡中单击"选择"按钮，在展开的下拉列表中单击"选择表格"选项，也能将整个表格选中。

5.1.3　快速插入表格

利用对话框可以在创建表格之前调整好表格的尺寸、列宽等，达到快速创建表格的效果。

原始文件： 下载资源 \ 实例文件 \05\ 原始文件 \ 考勤表 .docx
最终文件： 下载资源 \ 实例文件 \05\ 最终文件 \ 快速插入表格 .docx

步骤 01　单击"插入表格"选项

打开"下载资源 \ 实例文件 \05\ 原始文件 \ 考勤表 .docx"，❶单击"表格"组中的"表格"按钮，❷在展开的下拉列表中单击"插入表格"选项，如下图所示。

步骤 02　设置表格的尺寸

弹出"插入表格"对话框，❶设置表格的列数为"15"、行数为"6"，❷单击"根据内容调整表格"单选按钮，❸单击"确定"按钮，如下图所示。

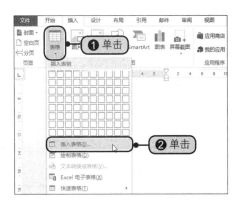

步骤 03　插入表格的效果

此时，在文档中插入了列数为 15、行数为 6 的表格，如下图所示。

步骤 04　输入内容后的效果

根据需要在表格中输入文字，可以看见表格中的单元格大小自动和文本内容的大小相匹配，如下图所示。

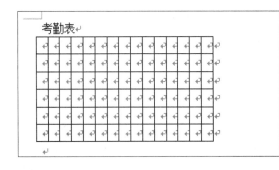

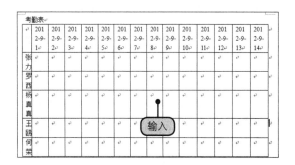

生存技巧：巧用【Enter】键增加表格行

插入表格的行若是不够，要继续在表格下方添加，有一种最直接和快捷的方式，那就是将鼠标定位至要插入位置前表格最后一行末尾的"段落标记"处，再按【Enter】键，即可在下方插入表格行。

5.1.4 绘制斜线表头

制作工作表时，有时候标题栏需要用上斜线来区分两个标题的指向，但是，创建的单元格中是不会自动创建出一条斜线的，这时候就需要用户利用手动绘制表格的功能绘制一条斜线，以便做出斜线表头。

 原始文件： 下载资源 \ 实例文件 \05\ 原始文件 \ 快速插入表格 .docx
最终文件： 下载资源 \ 实例文件 \05\ 最终文件 \ 绘制斜线表头 .docx

步骤01 单击"插入表格"选项

打开"下载资源 \ 实例文件 \05\ 原始文件 \ 快速插入表格 .docx"，❶单击"表格"组中的"表格"按钮，❷在展开的下拉列表中单击"绘制表格"选项，如下图所示。

步骤02 绘制斜线

在需要绘制斜线的单元格中，斜向下拖动鼠标，绘制斜线。释放鼠标后，可以查看绘制的效果，如下图所示。

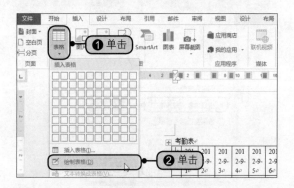

5.2 编辑表格

在文档中创建一个表格后，为了让表格满足文本内容的需要，就可以对表格进行编辑。编辑表格一般分为在表格中插入行和列、对单元格进行合并和拆分、调整行高和列宽、调整表格的对齐方式这几方面。

5.2.1 在表格中插入行和列

在插入表格的时候，也许无法预估需要多少行和列，那么在表格中添加文本内容的时候，如果发现表格中的行和列无法满足需求，就可以在表格中直接插入一个新单元格行或列。

 生存技巧：一次性插入多行或多列

对于已经插入的表格，若需要再添加多行或多列，例如再添加 5 列，可以按照下面的方法快速添加：在表格中选择 5 列单元格，并右击鼠标，在弹出的菜单中单击"插入 > 在右侧插入列"命令即可。选中几列单元格，在右侧添加时就会一次性增加几列。插入多行单元格同理。

 原始文件： 下载资源 \ 实例文件 \05\ 原始文件 \ 人力需求规划表 .docx
最终文件： 下载资源 \ 实例文件 \05\ 最终文件 \ 在表格中插入行和列 .docx

步骤01 插入单元格行

打开"下载资源 \ 实例文件 \05\ 原始文件 \ 人力需求规划表 .docx"，❶将光标定位在插入行位置的上方单元格中，切换到"表格工具－布局"选项卡，❷单击"行和列"组中的"在下方插入"按钮，如下图所示。

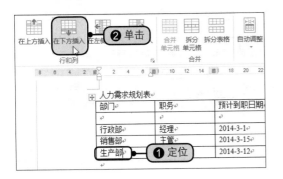

步骤02 插入单元格行的效果

此时，在光标定位的下方插入了一行单元格，如下图所示。

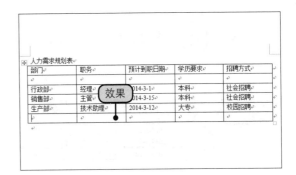

步骤03 插入单元格列

❶将光标定位在需要插入列的左方单元格中，❷在"行和列"组中单击"在右侧插入"按钮，如下图所示。

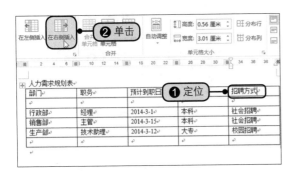

步骤04 插入单元格列的效果

此时插入了一个新的列。根据需要在新插入的行和列中添加文本内容，如下图所示。

提示

可以为表格插入新的行和列，也可以删除表格中不需要的行或列，将光标定位在需要删除的行或列包含的任意单元格中，在"行和列"组中单击"删除"按钮，在展开的下拉列表中选择要执行命令的相应选项即可。

5.2.2　合并和拆分单元格

在调节表格的格式时，一般都会用上合并和拆分单元格，合并单元格即将多个相邻的单元格合并成一个单元格，而拆分单元格是将一个单元格拆分成多个单元格。

原始文件： 下载资源 \ 实例文件 \05\ 原始文件 \ 在表格中插入行和列 .docx

最终文件： 下载资源 \ 实例文件 \05\ 最终文件 \ 合并和拆分单元格 .docx

步骤 01　合并单元格

打开"下载资源\实例文件\05\原始文件\在表格中插入行和列.docx"，❶选中要合并的单元格区域，切换到"表格工具—布局"选项卡，❷单击"合并"组中的"合并单元格"按钮，如下图所示。

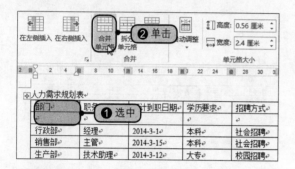

步骤 02　合并单元格的效果

此时可以看见单元格区域被合并了，采用同样的方法可对表格中的其他单元格区域进行合并，如下图所示。

步骤 03　拆分单元格

❶将光标定位在需要拆分的单元格中，❷单击"合并"组中的"拆分单元格"按钮，如下图所示。

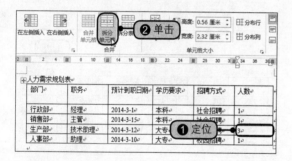

步骤 04　设置拆分的列数和行数

弹出"拆分单元格"对话框，❶设置列数为"1"、行数为"2"，❷单击"确定"按钮，如下图所示。

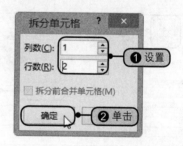

步骤 05　拆分后的效果

此时将一个单元格拆分成了两个单元格，在单元格中输入需要的内容，如右图所示。

职务	预计到职日期	学历要求	招聘方式	人数
经理	2014-3-1	本科	社会招聘	1
主管	2014-3-15	本科	社会招聘	1
技术助理	2014-3-12	大专	校园招聘	一部：1 人 二部：2 人
助理	2014-3-10	大专	校园招聘	1

 生存技巧：快速将表格一分为二

若要将整个表格分割成两个，例如将表格前3行分割为一个表格，剩余的分割为另一个表格，可以将光标定位至表格的第4行任意单元格，在"表格工具—布局"选项卡中单击"拆分表格"按钮即可，如右图所示。

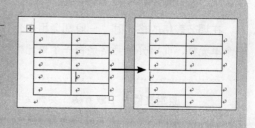

生存技巧：表格跨页时标题行自动重复

在使用 Word 编辑表格时，难免会出现跨页表格的情况，由于下一页的内容缺少标题行，查看起来很不方便，手工添加标题又觉得很麻烦。其实 Word 2016 为用户设计了"重复标题行"功能，只需要将光标定位至表格中，在"表格工具—布局"选项卡单击"重复标题行"按钮，即可在第二页表格首行显示标题。

5.2.3　调整行高与列宽

添加在表格中的文本内容的字体可能有大有小，或许还包含有多行文字或是一行较长的文字，这时候就需要调整单元格的行高和列宽，让单元格与文本内容相匹配。

原始文件： 下载资源 \ 实例文件 \05\ 原始文件 \ 合并和拆分单元格 .docx
最终文件： 下载资源 \ 实例文件 \05\ 最终文件 \ 调整行高和列宽 .docx

步骤 01　调整表格

打开"下载资源 \ 实例文件 \05\ 原始文件 \ 合并和拆分单元格 .docx"，将光标定位在表格中，切换到"表格工具—布局"选项卡，❶单击"单元格大小"组中的"自动调整"按钮，❷在展开的下拉列表中单击"根据内容自动调整表格"选项，如下图所示。

步骤 02　调整表格后的效果

此时可以看见表格的行高和列宽自动和表格中的文本内容相符合，如下图所示。

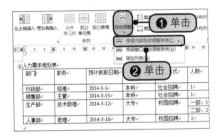

提示

除了利用系统中自动调整行高和列宽的方法来调整表格，用户还可以根据自己的需要对表格的行高和列宽做出精确的设置，将光标定位在要调整行高和列宽的单元格中，在"单元格大小"组中，单击"表格行高"和"表格列宽"微调按钮，即可对行高和列宽做任意调整。

生存技巧：三线表的制作

在日常编辑文档过程中，很多时候会用到三线表，Word 2016 可以轻松地制作出来。如首先插入 10 列 5 行表格，选中表格后，在"表格工具—设计"选项卡单击"边框"下三角按钮，在展开的下拉列表中单击"边框和底纹"选项，弹出"边框和底纹"对话框，在"边框"选项卡单击"无"，再设置"宽度"为"1.5 磅"，在右侧"预览"选项组中单击 和 按钮，完成后，单击"绘制表格"按钮，然后在表格第二行从左到右绘制一条线，粗细根据自己的需求来调整，如右图所示。

5.2.4 调整表格的对齐方式

要让表格位于文档中的最左边、文档的中间、文档的最右边等位置，就可以使用表格不同的对齐方式功能来实现表格放置的位置。

原始文件： 下载资源 \ 实例文件 \05\ 原始文件 \ 调整行高和列宽 .docx
最终文件： 下载资源 \ 实例文件 \05\ 最终文件 \ 调整表格的对齐方式 .docx

步骤 01 单击"单元格大小"组对话框启动器

打开"下载资源 \ 实例文件 \05\ 原始文件 \ 调整行高和列宽 .docx"，将光标定位在表格中任意位置，切换到"表格工具－布局"选项卡，单击"单元格大小"组中的对话框启动器，如下图所示。

步骤 02 设置对齐方式

弹出"表格属性"对话框，❶在"表格"选项卡下，单击"对齐方式"组中的"居中"图标，❷单击"确定"按钮，如下图所示。

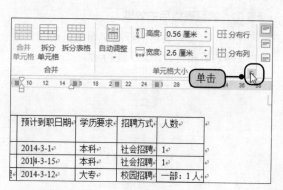

步骤 03 对齐后的效果

此时可以将表格放置在文档中的居中位置，如右图所示。

5.2.5 调整表格内容的对齐方式

当在表格中添加了内容后，文本内容都是默认显示在表格的最左边的，为了满足表格布局的需要，往往要适当地调整这些内容在表格中的对齐方式，例如将内容居中或靠上右对齐等。

原始文件： 下载资源 \ 实例文件 \05\ 原始文件 \ 调整表格的对齐方式 .docx
最终文件： 下载资源 \ 实例文件 \05\ 最终文件 \ 调整表格内容的对齐方式 .docx

步骤01 选择对齐方式

打开"下载资源\实例文件\05\原始文件\调整表格的对齐方式.docx"，❶选中整个表格，切换到"表格工具—布局"选项卡，❷单击"对齐方式"组中的"水平居中"按钮，如下图所示。

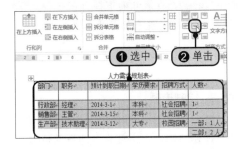

步骤02 居中对齐的效果

此时表格中的内容全部显示在水平居中的位置，如下图所示。

		人力需求规划表			
部门	职务	预计到职日期	学历要求	招聘方式	人数
行政部	经理	2014-3-1	本科	社会招聘	1
销售部	主管	2014-3-15	本科	社会招聘	1
生产部	技术助理	2014-3-12	大专	校园招聘	一部：1人 二部：2人
人事部	助理	2014-3-10	大专	校园招聘	1

生存技巧：精确设置单元格大小与边距

Word除了能根据表格内容来调整单元格的宽度和高度外，用户还可以精确设置单元格宽度和高度，只需要切换至"表格工具—布局"选项卡，在"单元格大小"组中，输入"高度"和"宽度"值即可。对于单元格中文字距离单元格边框的距离，在Word中也能精确调整。在"对齐方式"组单击"单元格边距"按钮，在弹出的对话框中可以自定义上下左右边距。

5.3 美化表格

为了制作一个相对专业、美观的表格，仅仅是对表格行列或单元格大小进行编辑是远远不够的，还需要设置表格的边框和底纹来美化表格。当然，要达到快速美化表格的目的，可以直接套用系统中现有的表格样式。

5.3.1 设置表格边框与底纹

在设置表格边框的时候可以选择不同的线条样式，还可以为线条设置不同的颜色和粗细度。给表格增加底纹时，也可以在多种颜色中随心所欲地选择需要的颜色。

原始文件： 下载资源\实例文件\05\原始文件\各部门名额编制计划表.docx
最终文件： 下载资源\实例文件\05\最终文件\给表格增加边框与底纹.docx

步骤01 选择边框样式

打开"下载资源\实例文件\05\原始文件\各部门名额编制计划表.docx"，将光标定位在表格中的任意位置，切换到"表格工具—设计"选项卡，❶单击"边框"组中的"笔样式"右侧下三角按钮，❷在展开的样式库中选择"▬▬▬"，如右图所示。

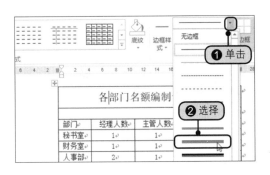

生存技巧：文本和表格之间的转换

　　在Word中，文本与表格是可以快速完成转换的。由表格转换为文本，使用"表格工具—布局"选项卡中的"转换为文本"按钮，在弹出的对话框中选择文字分隔符，单击"确定"按钮即可；由文本转换为表格，插入分隔符将文本分成列，使用段落标记表示要开始新行的位置，选中所有文本，在"插入"组中单击"表格"按钮，在展开的下拉列表中单击"文本转换成表格"选项，弹出"将文字转换成表格"对话框，设置表格尺寸、"自动调整"操作以及文字分隔符位置，确定即可。

步骤02　选择笔颜色

　　❶在"绘图边框"组单击"笔颜色"按钮，❷在展开的颜色库中选择"红色"，如下图所示。

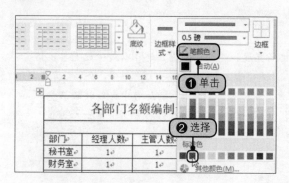

步骤03　绘制边框

　　设置好边框的样式和笔的颜色后，可见鼠标指针呈现铅笔形，单击要设置边框的位置，如下图所示。

步骤04　绘制边框的效果

　　释放鼠标后即绘制出了一条设置好样式的边框，如下图所示。

步骤05　绘制完所有边框的效果

　　采用同样的方法给表格绘制不同的边框，如下图所示。

步骤06　选择底纹颜色

　　选择要添加底纹的单元格区域，❶在"表格样式"组中单击"底纹"按钮，❷在展开的颜色库中选择"橙色，着色6，淡色80%"，如右图所示。

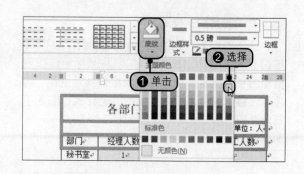

步骤07 添加底纹后的效果

此时为单元格区域添加好了底纹，使标题和内容之间区分开来，如右图所示。

 提示

除了通过绘制边框的方法为表格设置边框样式外，还可以在"表格样式"组中单击"边框"按钮，在展开的下拉列表中选择要添加的边框类型。

生存技巧：隐藏表格线

若要将表格的所有线条都隐藏掉，可以单击表格左上角的全选按钮，在弹出的浮动工具栏中单击"边框"下三角按钮，在展开的列表中单击"无框线"选项，即可将所有表格线隐藏，如右图所示。

5.3.2 套用表格样式

Excel 2016 为用户提供了许多种非常漂亮的表格样式，用户可以根据需求任意地选择不同的样式套用到表格中。

 原始文件： 下载资源 \ 实例文件 \05\ 原始文件 \ 各部门名额编制计划表 .docx
最终文件： 下载资源 \ 实例文件 \05\ 最终文件 \ 套用表格样式 .docx

步骤01 选择表样式

打开"下载资源 \ 实例文件 \05\ 原始文件 \ 各部门名额编制计划表 .docx"，选中表格，切换到"表格工具－设计"选项卡，单击"表格样式"组中的快翻按钮，在展开的样式库中选择"清单表1，浅色，颜色2"样式，如下图所示。

步骤02 套用表样式后的效果

为表格套用了现有的表格样式后，快速地美化了表格，如下图所示。

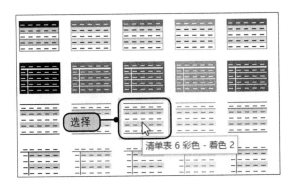

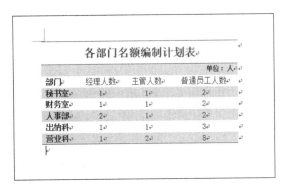

5.4　处理表格中的数据

在文档中插入的表格也可以像 Excel 工作表一样进行数据的处理，当然，处理 Word 文档中的表格数据时能使用的公式是相当有限的。例如在求和公式中只能使用 LEFT、ABOVE 来对公式所在单元格的左侧连续单元格或上方连续单元格进行求和运算，而不能更自由地指定求和区域。

原始文件： 下载资源 \ 实例文件 \05\ 原始文件 \ 套用表格样式 .docx
最终文件： 下载资源 \ 实例文件 \05\ 最终文件 \ 处理表格中的数据 .docx

 生存技巧：更改表格中的文字方向

　　表格中的文字方向一般是固定横排的，若想改变，则可将鼠标指针定位在要改变文字方向的表格中右击，在弹出的快捷菜单中单击"文字方向"命令，随后在弹出的"文字方向 - 表格单元格"对话框中进行设置，如右图所示。

步骤01　单击"公式"按钮

打开"下载资源 \ 实例文件 \05\ 原始文件 \ 套用表格样式 .docx"，❶将光标定位在要显示结果的单元格中，切换到"表格工具－布局"选项卡，❷单击"数据"组中的"公式"按钮，如下图所示。

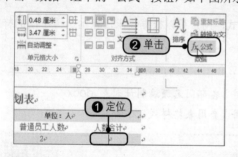

步骤02　输入公式

弹出"公式"对话框，❶在"公式"文本框中输入"=SUM(LEFT)"，表示计算单元格左侧数据的和，❷单击"确定"按钮，如下图所示。

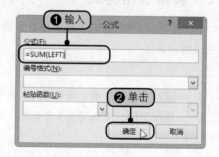

步骤03　计算结果

此时计算出了秘书室的名额总数为 4 人，如下图所示。

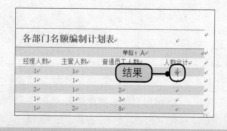

步骤04　完成全部计算

采用同样的方法可以计算出其他部门的名额总人数，如下图所示。

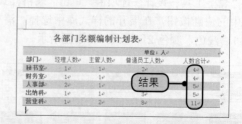

 生存技巧：设置表格中的编号格式

　　在处理数据时，除了可以对表格中的数据进行公式方面的操作，为表格中的求得结果设置编号格式，即在"公式"对话框中设置好公式后，单击"编号格式"下三角按钮，在展开的列表中选择需要应用的编号格式，求得的结果会显示相同的格式。

5.5 实战演练——个人简历

个人简历是大家找工作时都会用到的一种文件，美观、得体的简历在找工作时将起到非常重要的作用，它将很大程度上提高应聘者被录用的概率，所以简历的正式感与规范性显得很重要。通过表格样式和内容的对齐等设置，能完成一份比较规范的简历表格。

原始文件： 下载资源 \ 实例文件 \05\ 原始文件 \ 个人简历 .docx
最终文件： 下载资源 \ 实例文件 \05\ 最终文件 \ 个人简历 .docx

步骤 01 单击"绘制表格"选项

打开"下载资源 \ 实例文件 \05\ 原始文件 \ 个人简历 .docx"，❶单击"表格"组中的"表格"按钮，❷在展开的下拉列表中单击"绘制表格"选项，如下图所示。

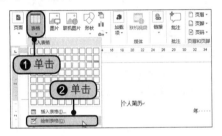

步骤 03 绘制整个简历表

释放鼠标后，根据需要继续绘制表格的行和列线，完成整个表格的绘制，如下图所示。

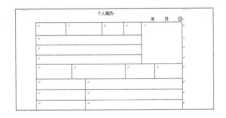

步骤 05 改变对齐方式

此时表格中的文本内容全部处于水平居中位置上。❶选中要设置其他对齐方式的单元格区域，❷在"对齐方式"组中单击"中部两端对齐"按钮，如下图所示。

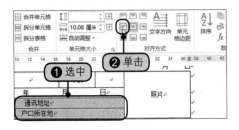

步骤 02 绘制表格

此时鼠标指针呈铅笔形，拖动鼠标在适当的位置处绘制表格，如下图所示。

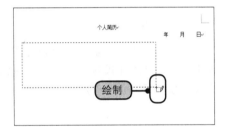

步骤 04 选择对齐方式

在表格中加入文字后，选中整个表格，切换到"表格工具－布局"选项卡，单击"对齐方式"组中的"水平居中"按钮，如下图所示。

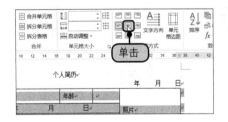

步骤 06 设置行高

改变了单元格区域中内容的对齐方式后，❶选择要设置行高的单元格区域，❷在"单元格大小"组中单击"高度"微调按钮，设置表格的行高为"0.9 厘米"，如下图所示。

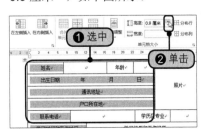

步骤 07　调整表格后的效果

设置好所选单元格区域的行高后，根据需要可对其他单元格的行高或列宽进行设置，如下图所示。

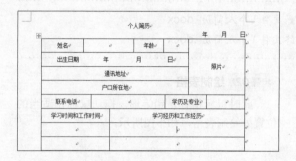

步骤 08　单击"边框和底纹"选项

切换到"表格工具－设计"选项卡，选中整个表格，❶在"表格样式"组中单击"边框"按钮，❷在展开的下拉列表中单击"边框和底纹"选项，如下图所示。

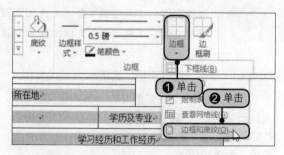

步骤 09　设置边框

弹出"边框和底纹"对话框，❶在"样式"列表框中选择边框的样式为"＝＝＝＝"，❷设置边框的宽度为"2.25 磅"，❸单击"虚框"图标，如下图所示。

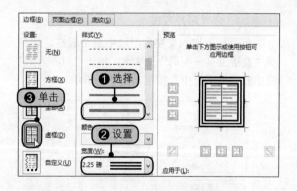

步骤 10　设置底纹

切换到"底纹"选项卡，❶单击"填充"下的下三角按钮，❷在展开的颜色库中选择"白色，背景 1，深色 15%"，如下图所示。

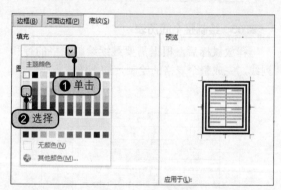

步骤 11　简历表制作完成的效果

单击"确定"按钮后，为表格设置好边框和底纹后，完成了整个简历表的制作，如右图所示。

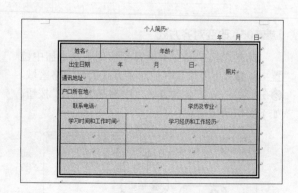

第6章

文档高级编辑技术

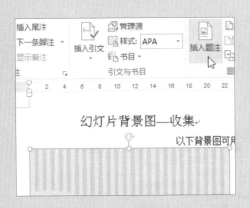

简单的文档制作并不能满足日常工作的需求，所以 Word 2016 提供了许多文档的高级编辑技术。用户可以使用各种样式来快速格式化段落，可以为文档添加书签，快速找到要查阅的位置，还可以为文档生成相应的目录，或为文档中的某些内容添加脚注、尾注等来解释文本内容。

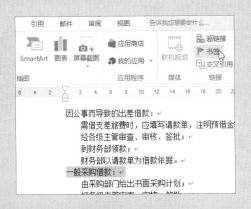

知识点

1. 为文档快速设置样式
2. 添加书签标记查阅位置
3. 设置文档大纲级别
4. 插入和更新目录
5. 使用脚注和尾注标出引文出处
6. 使用题注为图片添加自动编号

6.1 为文档快速设置样式

要制作专业的文档，为文档段落设置样式是必不可少的操作。为文档快速设置样式的方法包括为文档套用现有的样式和使用格式刷快速复制已有的样式。

6.1.1 使用样式快速格式化段落

现有的样式库中包含许多样式，例如有专门用于文档标题的样式——标题 1、标题 2 和标题 3，也有专用于正文的样式——要点、引用、明显参与等。

原始文件： 下载资源 \ 实例文件 \06\ 原始文件 \ 借款管理办法 .docx
最终文件： 下载资源 \ 实例文件 \06\ 最终文件 \ 使用样式快速格式化段落 .docx

步骤 01 选择样式

打开"下载资源 \ 实例文件 \06\ 原始文件 \ 借款管理办法 .docx"，选中要设置格式的内容，在"开始"选项卡下单击"样式"组中的快翻按钮，在展开的样式库中选择"明显参考"样式，如下图所示。

步骤 02 使用样式后的效果

此时为所选内容套用了现有的样式，如下图所示。

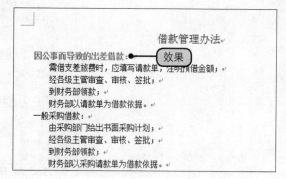

生存技巧：去掉标题前的符号

当用户应用了"标题"样式后，在标题前都会出现一个黑色小方框符号，若要将其去掉，只需按照下面的方法进行操作。这里以取消"标题1"前的符号为例，在样式库中右击"标题1"样式，在弹出的快捷菜单中单击"修改"命令，弹出"修改样式"对话框，单击"格式"按钮，在展开的下拉列表中单击"段落"选项，在弹出的对话框中切换至"换行和分页"选项卡，取消勾选"与下段同页"和"段中不分页"复选框，完毕后再单击"确定"按钮即可。

6.1.2 使用格式刷快速复制格式

如果文档中已经有了一个非常合适的样式，并且需要将这个样式应用到其他段落中，使用格式刷是一个便捷的办法。

原始文件： 下载资源 \ 实例文件 \06\ 原始文件 \ 使用样式快速格式化段落 .docx
最终文件： 下载资源 \ 实例文件 \06\ 最终文件 \ 使用格式刷快速复制格式 .docx

步骤 01 双击"格式刷"按钮

打开"下载资源 \ 实例文件 \06\ 原始文件 \ 使用样式快速格式化段落 .docx"，❶选中设置了样式的文本内容，❷在"开始"选项卡下，双击"剪贴板"组中的"格式刷"按钮，如下图所示。

步骤 02 使用格式刷

此时鼠标指针呈现刷子形，选中需要复制样式的文本内容，如下图所示。

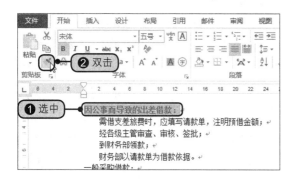

步骤 03 重复使用格式刷

释放鼠标后即复制了样式，继续选中下一个需要套用样式的文本内容，如下图所示。

步骤 04 复制格式后的效果

释放鼠标后就完成了样式的复制，如下图所示。

> **提示**
>
> 单击"格式刷"按钮，则不能重复复制样式，而只能对一处的文本内容应用相同的样式，当需要复制样式应用到另一处内容时，需要再次选中设置了样式的段落，重新单击"格式刷"按钮。

生存技巧：格式刷的快捷键妙用

要使用格式刷，除了可以直接单击或双击"格式刷"按钮以外，还可以使用 Word 格式刷的快捷键，即【Ctrl+Shift+C】和【Ctrl+Shift+V】组合键。首先选中已设置好格式的文本，然后按下【Ctrl+Shift+C】组合键，再选中要设置的文本，按下【Ctrl+Shift+V】组合键即可。

6.2 添加书签标记查阅位置

书签就是在文档中的某个位置做一个标记，并创建出能够自动跳转到这个位置的超链接。对于一个包含内容较多的文档来说，书签显得尤为重要。

 原始文件： 下载资源 \ 实例文件 \06\ 原始文件 \ 借款管理办法 .docx
最终文件： 下载资源 \ 实例文件 \06\ 最终文件 \ 添加书签 .docx

步骤 01　添加书签

打开"下载资源 \ 实例文件 \06\ 原始文件 \ 借款管理办法 .docx"，❶选中要设置书签的文本内容，切换到"插入"选项卡，❷单击"链接"组中的"书签"按钮，如下图所示。

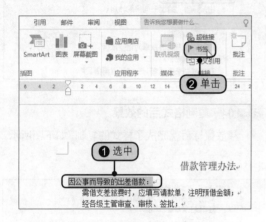

步骤 02　设置书签名称

弹出"书签"对话框，❶在"书签名"文本框中输入书签的名称为"出差借款"，❷单击"位置"单选按钮，❸单击"添加"按钮，如下图所示。

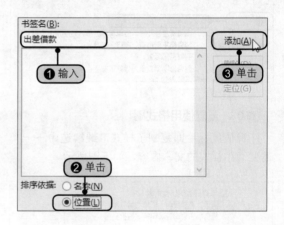

步骤 03　添加第二个书签

❶选中第二处要设置书签的文本内容，❷单击"链接"组中的"书签"按钮，如下图所示。

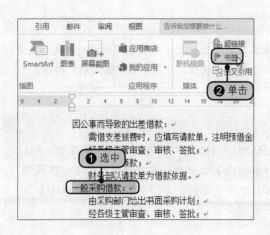

步骤 04　设置书签名称

打开"书签"对话框后，❶在列表框中可以看见设置好的第一个书签，在"书签名"文本框中输入第二个书签的名称"采购借款"，❷单击选中"位置"单选按钮，❸单击"添加"按钮，如下图所示。

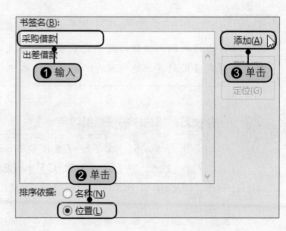

步骤05 查看书签

采用同样的方法添加第三个书签。如果需要查阅采购借款的具体内容，❶在列表框中单击"采购借款"选项，❷单击"定位"按钮，如下图所示。

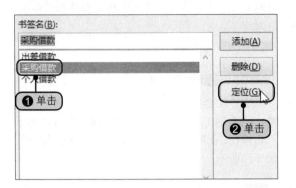

步骤06 使用书签后的效果

此时系统将自动定位在此书签处，用户可很快找到需要查看的内容，如下图所示。

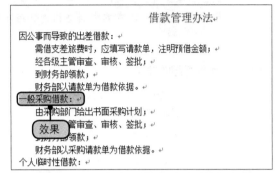

生存技巧：删除书签

如果用户对添加的书签不满意，则可将其删除。打开"书签"对话框，在"书签名"下的列表框中选中要删除的书签，然后单击"删除"按钮即可，如右图所示。

■■■ 6.3 自动生成文档目录

当文档中存在许多标题的时候，用户肯定希望拥有一个目录，能快速查阅这些标题、找到需要查看的内容，此时可以利用自动生成文档目录的方法，为文档创建一个目录，并根据需要更新目录的内容。

6.3.1 设置文档大纲级别

如果并没有为文档的段落创建样式，那么为了区分标题与标题、标题与正文之间的级别，就需要设置大纲级别，设置大纲级别也是创建自动生成目录之前必须要完成的操作。

原始文件： 下载资源 \ 实例文件 \06\ 原始文件 \ 公司的入职培训 .docx
最终文件： 下载资源 \ 实例文件 \06\ 最终文件 \ 设置文档大纲级别 .docx

步骤01 单击"大纲视图"按钮

打开"下载资源\实例文件\06\原始文件\公司的入职培训 .docx"，切换到"视图"选项卡，单击"文档视图"组中的"大纲视图"按钮，如右图所示。

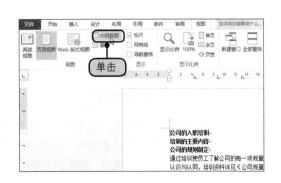

生存技巧：设置文档网格

在 Word 中，用户可以为文档使用网格线并对其进行相关设置，只需要在"视图"选项卡下勾选"网格线"复选框，即可显示文档的网格线效果。若要调整每行输入多少文本数量和每页有多少行，可以单击"页面设置"对话框启动器，在弹出的对话框中切换至"文档网格"选项卡，在其中调整相关数据即可。

步骤02 大纲视图的效果

进入到大纲视图中，此时为段落自动添加了正文文本的大纲级别，如下图所示。

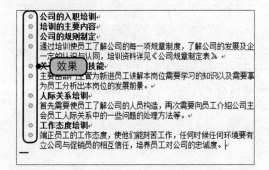

步骤04 设置大纲级别后的效果

设置了主标题的级别后，可以看见段落前的符号改变了，如下图所示。

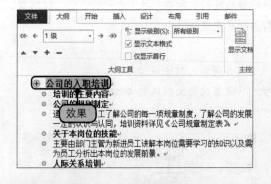

步骤03 设置大纲级别

选中文档的主标题，在"大纲"选项卡下，单击"大纲工具"组中的"大纲级别"右侧的下三角按钮，在展开的下拉列表中单击"1级"选项，如下图所示。

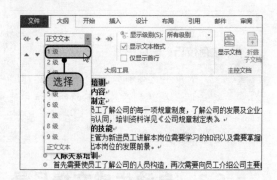

步骤05 继续设置大纲级别

选中"培训的主要内容"文本内容，单击"大纲工具"组中的"大纲级别"右侧的下三角按钮，在展开的下拉列表中单击"2级"选项，如下图所示。

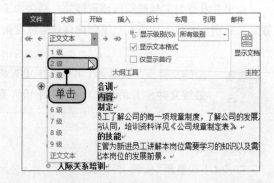

 生存技巧：让页面自动滚动

使用 Word 查看长篇文档时，最常用的方法是用鼠标滑轮进行翻页操作，其实还可以使用鼠标让页面自动滚动，只需要在文档中按鼠标滑轮键，此时会出现 ↕ 符号，向下移动鼠标即可自动向下滚动，若向上移动鼠标则自动向上滚动，再次单击鼠标左键则退出此状态。

步骤06 完成级别设置

设置好内容的级别后，根据需要设置其他小标题的级别为"3级"，如下图所示。

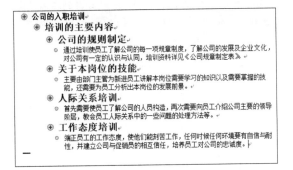

步骤08 折叠内容后的效果

此时"培训的主要内容"之下的正文文本就折叠了起来，只显示了3级的内容，如下图所示。

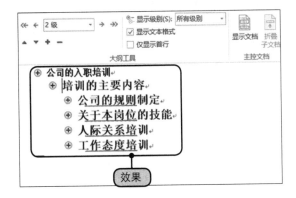

步骤10 展示内容的效果

❶此时将"公司的规则制定"之下的正文文本显示出来了。❷完成了文档大纲级别的设置后，即可单击"关闭"组中的"关闭大纲视图"按钮，如下图所示。

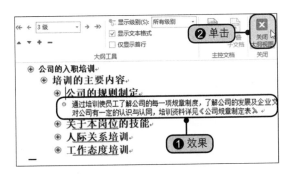

步骤07 折叠内容

设置了级别后，即可按照级别来显示内容，❶将光标定位在"培训的主要内容"之前，❷在"大纲工具"组中单击"折叠"按钮，如下图所示。

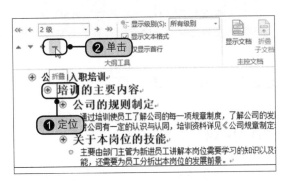

步骤09 展示内容

❶将光标定位在"公司的规则制定"之前，❷在"大纲工具"组中单击"展开"按钮，如下图所示。

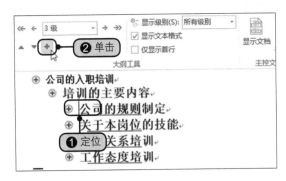

步骤11 普通视图的效果

关闭大纲视图后，返回到普通视图中，可见保留了设置好的段落级别格式，如下图所示。

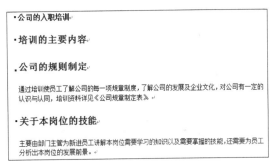

生存技巧：快速调整标题级别

在编辑文档时，若是遇到文档层级结构出现问题，想要批量地将标题的级别往后移动一级，比如一级标题变为二级标题、二级标题变成三级标题……以此类推，使用手动调整的方式太麻烦，此时用户可以尝试切换到大纲视图，显示出各级的标题后，选中各级的标题，然后选择"降级"，这样就能实现级别的批量调整了。

6.3.2 插入目录

在插入目录之前，用户可以利用导航窗格查看目录可能包含的内容是否完整，然后再选择一个适合的目录样式来自动生成目录。

 原始文件： 下载资源\实例文件\06\原始文件\设置文档大纲级别.docx
最终文件： 下载资源\实例文件\06\最终文件\插入目录.docx

步骤01 勾选"导航窗格"复选框

打开"下载资源\实例文件\06\原始文件\设置文档大纲级别.docx"，为了查看文档所有标题的层级结构，可以先打开"导航"窗格，切换到"视图"选项卡，勾选"显示"组中的"导航窗格"复选框，如下图所示。

步骤02 查看"导航"窗格

勾选了"导航窗格"复选框后，打开了"导航"窗格，在"导航"窗格中可以看见文档的所有即将纳入目录的标题，如下图所示。

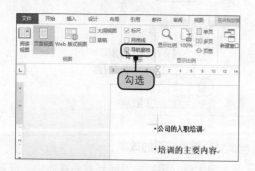

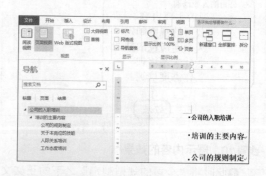

步骤03 选择目录样式

将光标定位在要放置目录的位置，切换到"引用"选项卡，❶单击"目录"组中的"目录"按钮，❷在展开的目录样式库中选择样式为"自动目录1"，如下图所示。

步骤04 插入目录后的效果

此时，根据文档的所有标题内容插入了一个目录，如下图所示。

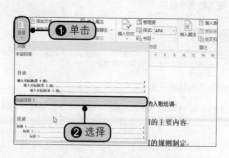

生存技巧：更改文档结构导航窗格中的字体大小

在 Word 2016 中，默认使用导航窗格查看文档结构，该窗格中默认字体格式固定，若要修改字体，可以打开"样式"任务窗格，单击"选项"链接，弹出"样式窗格选项"对话框，在"选择要显示的样式"下拉列表中单击"所有样式"选项，返回"样式"任务窗格，右击"文档结构图"样式，在弹出的菜单中单击"修改"命令，弹出"修改样式"对话框，在其中设置需要的字体大小，单击"确定"按钮即可。

6.3.3 更新目录

当文档中的标题或页数发生了变化时，为了让目录依然能适合这个文档，需要对目录进行更新，让目录随着标题或页数的变化而变化。

 原始文件： 下载资源 \ 实例文件 \06\ 原始文件 \ 插入目录 .docx
最终文件： 下载资源 \ 实例文件 \06\ 最终文件 \ 更新目录 .docx

步骤01 更改内容

打开"下载资源 \ 实例文件 \06\ 原始文件 \ 插入目录 .docx"，选中文档中需要修改的标题内容进行修改，如下图所示。

步骤02 更新目录

选中目录，单击"更新目录"按钮，如下图所示。

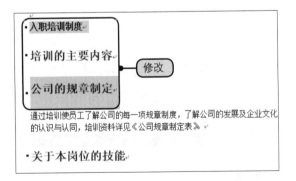

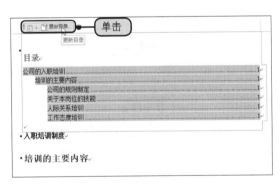

步骤03 更新目录后的效果

此时可以看见目录已按照修改的内容进行了更新，如右图所示。

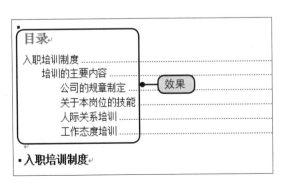

生存技巧：手动对齐目录页码

　　对于手动输入的目录，有时页码没有对齐是很烦恼的事情，用户可以按照下面的方法手动对齐目录页码：按照 ×××Tab*N* 这样的格式输入每一条目录，其中 ××× 是目录文字，例如"第一章、第三章"等，Tab 是【Tab】键，*N* 是页码，输入完毕后选中整个目录，打开"段落"对话框，单击"制表位"按钮，弹出"制表位"对话框，设置"制表位位置"为"35 字符"，再单击"设置"按钮，设置"对齐方式"为"右对齐"，选择需要的前导符样式，完毕后再单击"确定"按钮。

 6.4　使用脚注和尾注标出引文出处

　　脚注和尾注的功能都可以归纳为对文档中的文本内容进行解释、批注或提供内容的出处等，不同的是，脚注位于当前页的底部，而尾注位于整个文档的结尾处。

原始文件： 下载资源 \ 实例文件 \06\ 原始文件 \ 市场部会议规定 .docx
最终文件： 下载资源 \ 实例文件 \06\ 最终文件 \ 使用脚注和尾注 .docx

步骤 01　插入脚注

　　打开"下载资源 \ 实例文件 \06\ 原始文件 \ 市场部会议规定 .docx"，❶将光标定位在"部门"之后，❷切换到"引用"选项卡，❸单击"脚注"组中的"插入脚注"按钮，如下图所示。

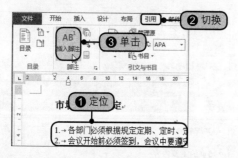

步骤 03　插入第二个脚注

　　在文档内容中可以看见第一个脚注标号，❶将光标定位在"定期"之后，❷单击"脚注"组中的"插入脚注"按钮，如下图所示。

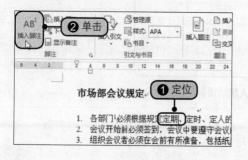

步骤 02　输入文本

　　此时在文档本页的最下方出现脚注 1，输入脚注的内容，如下图所示。

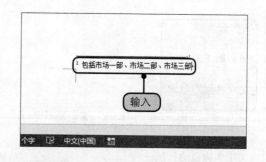

步骤 04　输入文本

　　此时在文档本页的最下方出现脚注 2，输入第二个脚注的内容，如下图所示。

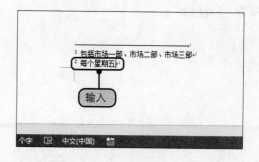

步骤05 插入尾注

在文档内容中可以看见已经插入了两个脚注标号，❶将光标定位在"纪律"之后，❷单击"脚注"组中的"插入尾注"按钮，如下图所示。

步骤06 输入文本

此时在文档的结尾处插入了一个尾注，设置尾注的内容为"详见《公司规章制度》中的'第七条：会议纪律'"，如下图所示。

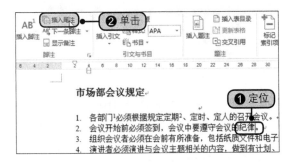

步骤07 显示脚注或尾注内容

插入了脚注和尾注后，将鼠标指向文档中的标号，即可在标号的位置处显示出对应的脚注或尾注内容，如右图所示。

生存技巧：彻底删除脚注

用户如果直接删除脚注文本，是没有办法将脚注的横线删除的，所以若需要全部删除脚注，则可以将鼠标指针定位至文档中的该脚注处，然后选中该脚注标记，再按【Delete】键，即可彻底删除选中的脚注。当然，彻底删除尾注也可使用该方法来进行操作。

6.5 使用题注为图片添加自动编号

题注就是显示在对象下方的一排文字，用于对对象进行说明。如果需要在文档中插入多张图片的时候，可以利用题注对图片进行自动编号。

原始文件： 下载资源 \ 实例文件 \06\ 原始文件\ 幻灯片背景图—收集 .docx
最终文件： 下载资源 \ 实例文件 \06\ 最终文件 \ 添加题注 .docx

最新Office 2016高效办公三合一

步骤01 插入题注

打开"下载资源\实例文件\06\原始文件\幻灯片背景图—收集.docx",选中图片,切换到"引用"选项卡,单击"题注"组中的"插入题注"按钮,如下图所示。

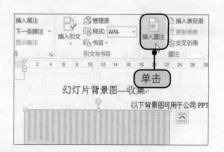

步骤02 创建标签

弹出"题注"对话框,单击"新建标签"按钮,如下图所示。

生存技巧：设置标签的放置位置

一般情况下,标签会自动放置在所选图片的下方,但是有时可能会需要让标签位于图片上方,此时可以在"题注"对话框中单击"位置"后的下三角按钮,然后在展开的列表中选择"所选项目上方"选项即可。

步骤03 输入标签名称

弹出"新建标签"对话框,❶在"标签"文本框中输入"背景图",❷单击"确定"按钮,如下图所示。

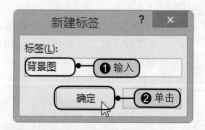

步骤04 单击"确定"按钮

返回到"题注"对话框中,此时可以看见题注自动变成了"背景图1",单击"确定"按钮,如下图所示。

步骤05 插入题注后的效果

返回到文档中后,可以看见在图片的下方显示了题注"背景图1",如下图所示。

步骤06 自动插入题注的效果

继续为文档插入第二张图片,然后打开"题注"对话框,无须任何设置,直接单击"确定"按钮,返回文档中,可以看见插入的图片下方自动显示了题注"背景图2"的效果,如下图所示。

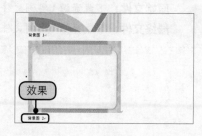

116

生存技巧：删除自定义题注标签

在文档中新建的所有题注标签 Word 都会保留起来，这样有时难免会搞混，因此可以将之前设置的标签删除掉。打开"题注"对话框，在"标签"下拉列表中单击需要删除的选项，再单击"删除标签"按钮，完毕后单击"确定"按钮即可。

6.6　实战演练——公司创业计划书

创业者在创业之前都需要制定一个创业计划，因为创业计划是创业的一块敲门砖，那么当构思了一个创业计划之后，就需要将计划用书面的形式表达出来，创业计划书就产生了。制作一份创业计划书文档应该调整好文档中段落的格式，或是为文档制作一个目录，以方便投资者翻阅。

原始文件：下载资源 \ 实例文件 \06\ 原始文件 \ 公司创业计划书 .docx
最终文件：下载资源 \ 实例文件 \06\ 最终文件 \ 公司创业计划书 .docx

步骤01　新建样式

打开"下载资源 \ 实例文件 \06\ 原始文件 \ 公司创业计划书 .docx"，选中所有的文本内容，❶在"开始"选项卡下，单击"样式"组中的对话框启动器，打开"样式"窗格，❷在"样式"窗格中单击"新建样式"按钮，如下图所示。

步骤02　设置字体格式

弹出"根据格式设置创建新样式"对话框，❶在"名称"文本框中输入"新样式"，❷在"格式"选项组下，设置文字的字体为"黑体"、"字号"为"五号"、颜色为"深蓝 文字 2"，如下图所示。

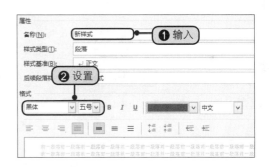

步骤03　单击"段落"选项

❶单击"格式"按钮，❷在展开的下拉列表中单击"段落"选项，如下图所示。

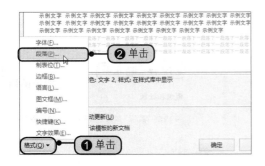

步骤04　设置段落格式

弹出"段落"对话框，在"缩进和间距"选项卡下的"缩进"选项组中，设置特殊格式为"首行缩进"，如下图所示。

步骤 05　应用了新样式后的效果

依次单击"确定"按钮，返回到文档中，此时可以看到为文档内容套用了新建的样式，如下图所示。

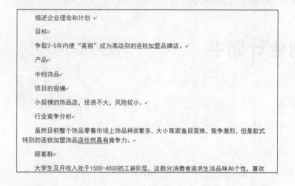

步骤 07　使用格式刷

此时为文本内容应用了现有的样式，❶选中文本内容，❷在"剪贴板"组中单击"格式刷"按钮，如下图所示。

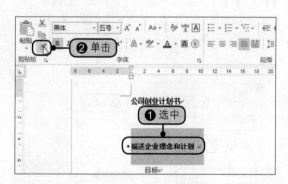

步骤 09　单击"大纲视图"按钮

释放鼠标后，可见复制了样式的效果。切换到"视图"选项卡，单击"文档视图"组中的"大纲视图"按钮，如下图所示。

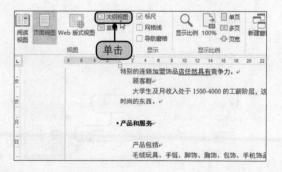

步骤 06　选择现有样式

选中"描述企业理念和计划"文本内容，在"样式"组中单击快翻按钮，在展开的样式库中选择"第2级标题"样式，如下图所示。

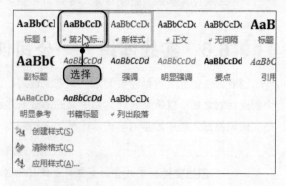

步骤 08　复制样式

此时鼠标指针呈现刷子形，选中要应用样式的文本内容，复制样式，如下图所示。

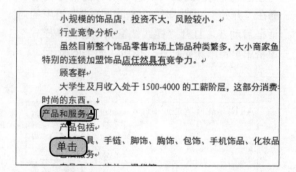

步骤 10　设置大纲级别

切换到"大纲"选项卡，设置了"第2级标题"样式的文本内容自动默认为大纲级别的"2级"，❶选中文档的主标题，在"大纲工具"组中单击"大纲级别"右侧的下三角按钮，❷在展开的下拉列表中单击"1级"选项，如下图所示。

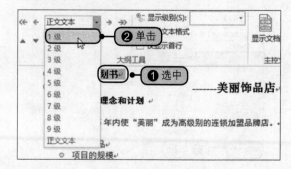

步骤 11 完成大纲级别的设置效果

重复上述方法，为文档中的标题设置不同的大纲级别，如下图所示。

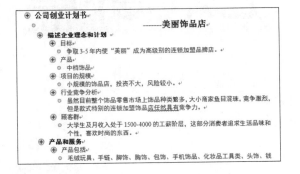

步骤 13 显示级别的效果

此时可见，文档中 3 级以上级别的标题全部显示出来，而正文文本被隐藏了。单击"关闭大纲视图"按钮，如下图所示。

步骤 15 选择目录格式

弹出"目录"对话框，❶在"常规"选项组下，设置目录的格式为"现代"，❷单击"确定"按钮，如下图所示。

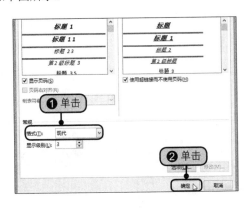

步骤 12 显示级别

在"大纲工具"组中，❶单击"显示级别"右侧的下三角按钮，❷在展开的下拉列表中单击"3 级"选项，如下图所示。

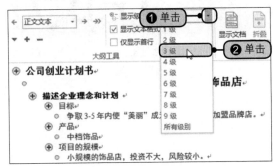

步骤 14 插入目录

将光标定位在插入目录的位置上，切换到"引用"选项卡，❶单击"目录"组中的"目录"按钮，❷在展开的列表中单击"自定义目录"选项，如下图所示。

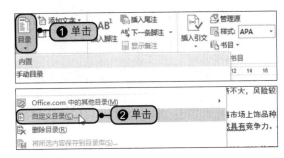

步骤 16 插入目录后的效果

此时插入了一个样式为"现代"的目录，如下图所示。

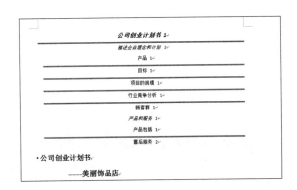

第3部分 Excel篇

员工月度考勤表				
请假日期	员工姓名	请假类型	请假天数	应扣工资
2013/8/3	刘翔云	事假	0.2	$20.00
2013/8/5	张燕	年假	0.5	$50.00
2013/8/6	李强	病假	1	$20.00
2013/8/8	王伟	年假	0.5	$50.00
2013/8/9	叶强	事假	0.2	$30.00
2013/8/11	张毅	事假	0.5	$60.00
2013/8/13	向平	病假	0.5	$20.00
2013/8/15	田晓宇	病假	1	$30.00

第7章

Excel 2016基本操作

和 Word 相比，Excel 在数据处理和分析方面的功能更加强大，并且这些功能对于办公人员的工作来说非常实用。Excel 操作界面由工作簿、工作表和单元格组成，所以对 Excel 的基本操作最主要的就是对工作表和单元格的操作，用户还可以对制作完成的工作表进行美化。

知识点

1. 插入和重命名工作表
2. 更改工作表标签颜色
3. 合并单元格
4. 在单元格中输入数据
5. 设置货币和百分比格式
6. 套用单元格格式

7.1 工作表的基本操作

工作表是用户输入或编辑数据的载体，也是用户的主要操作对象。用户在工作表中存储或处理数据前，应该对工作表的基本操作进行相应的了解，例如：为了便于记忆和查找，对工作表进行重命名或更改工作表标签颜色；当默认的工作表数量不够用时，可在工作簿中插入工作表等。

7.1.1 插入工作表

在默认情况下，一个工作簿包含三张工作表，当用户需要更多的工作表时就可插入新工作表。插入新工作表的方法多样，用户既可利用"插入"对话框来选取不同类型的工作表，也可利用"开始"选项卡下的"插入"按钮，或者利用"新工作表"按钮快速插入空白工作表。

原始文件： 下载资源 \ 实例文件 \07\ 原始文件 \ 员工薪资管理表 .xlsx
最终文件： 下载资源 \ 实例文件 \07\ 最终文件 \ 插入工作表 .xlsx

步骤01 单击"新工作表"按钮

打开"下载资源 \ 实例文件 \07\ 原始文件 \ 员工薪资管理表 .xlsx"，在"员工考勤表"工作表标签右侧单击"新工作表"按钮，如下图所示。

步骤02 插入工作表后的效果

此时在"员工考勤表"工作表右侧插入了一张空白工作表，并且工作表标签自动命名为"Sheet 1"，如下图所示。

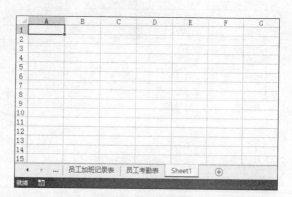

生存技巧：工作表数的默认设置

在 Excel 2016 中，默认新建的工作簿总共包含 3 张工作表，用户可以自定义默认的工作簿包含的工作表数。如果希望默认的工作表数为 1，单击"文件"按钮，在弹出的 Backstage 视图窗口中单击"选项"命令，打开"Excel 选项"对话框，在"常规"选项面板的"新建工作簿时"选项组中，设置默认包含的工作表数为"1"，之后再新建工作簿，默认每个工作簿就只包含 1 张工作表了。

7.1.2 重命名工作表

在插入或新建工作表时，系统会将工作表以"Sheet+n"（n=1，2，3，…）的形式来命名，但在实际工作中，这种命名方式不利于查找和记忆，所以用户可根据工作表的内容重命名工作表标签，使其更加形象。

原始文件： 下载资源 \ 实例文件 \07\ 原始文件 \ 插入工作表 .xlsx
最终文件： 下载资源 \ 实例文件 \07\ 最终文件 \ 重命名工作表 .xlsx

步骤 01　单击"重命名"命令

打开"下载资源 \ 原始文件 \07\ 原始文件 \ 插入工作表 .xlsx"，用户可根据员工业绩工资表、员工加班记录表、员工考勤表，在 Sheet 1 中完成对本月员工工资的结算，❶右击"Sheet 1"工作表标签，❷在弹出的快捷菜单中单击"重命名"命令，如下图所示。

步骤 02　工作表标签处于可编辑状态

此时"Sheet 1"工作簿标签成灰底，处于可编辑状态，如下图所示。

步骤 03　输入工作表名称

将"Sheet 1"工作表标签命名为"本月员工工资结算表"，如右图所示。

7.1.3　删除工作表

在实际工作中，当用户不再使用某一张工作表时，可将其删除。当需要删除多张工作表时，可按住【Ctrl】键，单击需要删除的多张工作表标签，执行"删除"命令。删除工作表的操作既可利用快捷菜单，也可在功能区中完成。

原始文件： 下载资源 \ 实例文件 \07\ 原始文件 \ 重命名工作表 .xlsx
最终文件： 下载资源 \ 实例文件 \07\ 最终文件 \ 删除工作表 .xlsx

生存技巧：利用快捷菜单删除工作表

删除工作表的方法有多种，其中使用快捷菜单删除工作表是最直接简单的。选中要删除的工作表的标签，然后在标签上右击，在弹出的快捷菜单中单击"删除"命令即可，如右图所示。

步骤01 选择需要删除的工作表

打开"下载资源\实例文件\07\原始文件\重命名工作表.xlsx",可将前三张工作表删除,❶按住【Ctrl】键单击前三张工作表标签,❷在"开始"选项卡下的"单元格"组中单击"删除"右侧的下三角按钮,❸在展开的下拉列表中单击"删除工作表"选项,如下图所示。

步骤02 确定删除

弹出提示框,提示"Microsoft Excel 将永久删除此工作表。是否继续?",单击"删除"按钮,如下图所示。

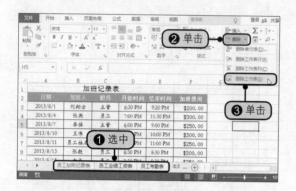

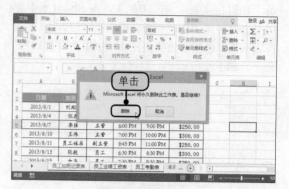

步骤03 删除工作表后的结果

此时员工加班记录表、员工业绩工资表、员工考勤表就被删除了,只剩下本月员工工资结算表,如右图所示。

7.1.4 移动和复制工作表

用户可以任意移动工作表,以调整工作表的次序,但是移动后,以前位置的工作表就没有了,若用户希望在移动工作表后保留以前的工作表,就可复制工作表。移动工作表或复制工作表既可以使用直接拖动法,也可以使用对话框来完成。此外,移动和复制工作表不仅可以在同一工作簿中进行,还可以在工作簿之间进行,并且用对话框完成操作会更方便。

原始文件: 下载资源\实例文件\07\原始文件\删除工作表.xlsx
最终文件: 下载资源\实例文件\07\最终文件\移动和复制工作表.xlsx

生存技巧: 批量移动和复制工作表

一般情况下,用户移动和复制工作表是一个一个地进行的,但是当出现要同时移动和复制多个工作表的情况时,则可按住【Ctrl】键选中多个工作表,然后在打开的"移动或复制工作表"对话框中设置移动的位置即可。

步骤01 单击"移动或复制"命令

打开"下载资源 \ 实例文件 \07\ 原始文件 \ 删除工作表 .xlsx"，❶右击"本月员工工资结算表"工作表标签，❷在弹出的快捷菜单中单击"移动或复制"命令，如下图所示。

步骤02 选择移动或复制工作表的位置

弹出"移动或复制工作表"对话框，❶在"下列选定工作表之前"列表框中选择移动或复制后的位置，这里单击"移至最后"选项，❷勾选"建立副本"复选框复制工作表，❸单击"确定"按钮，如下图所示。

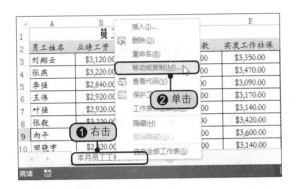

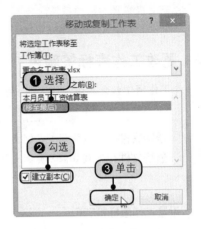

步骤03 复制工作表后的效果

此时系统会将复制后的工作表以"本月员工工资结算表（2）"命名，并且复制后的工作表位于"本月员工工资结算表"之后，如下图所示。

步骤04 重命名工作表并修改数据

将复制后的工作表重命名为"管理人员工资汇总"，并完成对表格的填写，如下图所示。

	A	B	C	D	E
1	员工本月工资统计表				
2	员工姓名	业绩工资	加班工资	考勤扣款	实发工作社保
3	刘翔云	$3,120.00	$250.00	$20.00	$3,350.00
4	张燕	$3,220.00	$300.00	$50.00	$3,470.00
5	李强	$2,840.00	$250.00	$0.00	$3,090.00
6	王伟	$2,920.00	$300.00	$50.00	$3,170.00
7	叶强	$2,920.00	$250.00	$30.00	$3,140.00
8	张敏	$3,220.00	$200.00	$0.00	$3,420.00
9	向平	$3,320.00	$300.00	$20.00	$3,600.00
10	田晓宇	$2,820.00	$350.00	$30.00	$3,140.00

本月员工工资结算表　本月员工工资结算表 (2)

	A	B	C	D	E
1	管理人员工资核算				
2	员工姓名	业绩工资	考勤扣款	管理津贴	实发工资
3	田晓宇	$3,120.00	$20.00	$550.00	$3,690.00
4	王明	$3,220.00	$50.00	$400.00	$3,670.00
5	张东阳	$2,840.00	$0.00	$500.00	$3,340.00
6	叶晓萍	$2,920.00	$50.00	$450.00	$3,420.00
7	黄会	$2,920.00	$30.00	$600.00	$3,550.00
8	谭晓晓	$3,220.00	$50.00	$550.00	$3,770.00
9	杨军	$3,320.00	$20.00	$400.00	$3,740.00
10	刘翔云	$2,820.00	$30.00	$500.00	$3,350.00

本月员工工资结算表　管理人员工资汇总

提示

直接拖动法移动工作表的方法是：在需要移动的工作表上按下鼠标左键并横向拖动，此时标签左端会显示一个黑色三角形，当黑色三角形出现在适当位置时，释放鼠标就可将工作表移动到指定位置。而用直接拖动法复制工作表时，只需按住【Ctrl】键执行同样的操作即可。此外，当在同一工作簿中移动或复制工作表时，用户无需在"工作簿"下拉列表框中选择目标工作簿，但若用户需要将工作表移动或复制到其他工作簿中时，就需要在"移动或复制工作表"对话框的"将选定工作表移至工作簿"下拉列表中选择相应的工作簿，操作之前应确保该工作簿已打开。

生存技巧：冻结工作表部分行列

在浏览大型工作表时，用户一定遇到过滚动工作表时标题栏字段或标题列字段随着滚动条的下移或右拖而不见的情况，如果它们始终固定在某个位置显示，就会极大地方便用户对应查询后面的数据。在 Excel 中，通过冻结工作表的窗格是可以实现这样的目的的。在"视图"选项卡下，单击"冻结窗格"按钮，选择冻结首行、首列或冻结拆分窗格选项就能对应实现相应的功能。

7.1.5 更改工作表标签颜色

当一个工作簿中包含多张工作表时，用颜色突出显示工作表标签会帮助用户迅速找到所需的工作表。

原始文件： 下载资源 \ 实例文件 \07\ 原始文件 \ 移动和复制工作表 .xlsx
最终文件： 下载资源 \ 实例文件 \07\ 最终文件 \ 更改工作表标签颜色 .xlsx

步骤 01 设置工作表标签颜色

打开"下载资源 \ 实例文件 \07\ 原始文件 \ 移动和复制工作表 .xlsx"，❶右击"管理人员工资汇总"工作表标签，❷在弹出的快捷菜单中单击"工作表标签颜色 > 其他颜色"命令，如下图所示。

步骤 02 选择颜色

弹出"颜色"对话框，❶切换至"标准"选项卡，❷选择标签颜色，❸单击"确定"按钮，如下图所示。

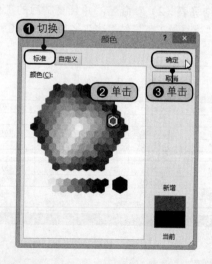

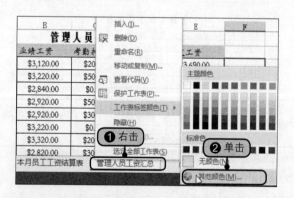

步骤 03 更改工作表标签颜色后的效果

返回到工作表中，此时"管理人员工资汇总"的工作表标签就变为了相应的颜色，如左图所示。

7.1.6 隐藏与显示工作表

当用户不希望某一工作表被其他用户查看或编辑时，可将该工作表隐藏起来，当用户需要查看或编辑隐藏的工作表时，再将其显示出来。

原始文件：下载资源\实例文件\07\原始文件\重命名工作表.xlsx
最终文件：下载资源\实例文件\07\最终文件\隐藏与显示工作表.xlsx

 生存技巧：单独隐藏列或行

除了能隐藏工作表外，用户还可以只隐藏工作表中的列或行，只需要选中需要隐藏的列或行，并右击鼠标，在弹出的快捷菜单中单击"隐藏"命令，所选列或行即可被隐藏起来。要恢复显示，只需要逆向操作就可以了。

步骤01 单击"隐藏"命令

打开"下载资源\实例文件\07\原始文件\重命名工作表.xlsx"，❶右击"员工考勤表"工作表标签，❷在弹出的快捷菜单中单击"隐藏"命令，如下图所示。

步骤02 隐藏工作表后的效果

此时工作表已经不可见，工作簿窗口只显示了没有隐藏的工作表的标签，如下图所示。

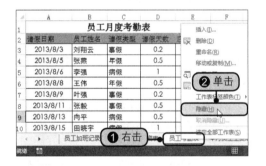

步骤03 单击"取消隐藏工作表"选项

❶单击"开始"选项卡"单元格"组中的"格式"下三角按钮，在展开的下拉列表中单击"隐藏和取消隐藏"选项，❷继续在展开的下级菜单列表中单击"取消隐藏工作表"选项，如下图所示。

步骤04 选择需要取消隐藏的工作表

弹出"取消隐藏"对话框，在"取消隐藏工作表"列表框中，❶单击取消隐藏的工作表，如"员工考勤表"，❷单击"确定"按钮，如下图所示。

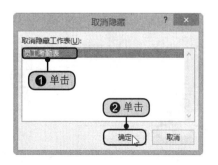

步骤 05　取消隐藏工作簿后的效果

返回到工作表界面中，此时隐藏的工作表"员工考勤表"就显示出来了，如右图所示。

员工月度考勤表				
请假日期	员工姓名	请假类型	请假天数	应扣工资
2013/8/3	刘翔云	事假	0.2	$20.00
2013/8/5	张燕	年假	0.5	$50.00
2013/8/6	李强	病假	1	$20.00
2013/8/8	王倩	年假	0.5	$50.00
2013/8/9	叶强	事假	0.2	$30.00
2013/8/11	张毅	事假	0.5	$60.00
2013/8/13	向平	病假	0.5	$20.00
2013/8/15	田晓宇	病假	1	$30.00

员工加班记录表　员工业绩工资表　员工考勤表

生存技巧：彻底隐藏工作表

使用功能区或右键菜单的隐藏命令，只能暂时隐藏工作表，要彻底隐藏工作表，必须在需要隐藏的工作表中按【Alt+F11】组合键进入 VBA 编辑状态，按【F4】键展开"属性"任务窗格，单击 Visible 选项右侧的下三角按钮，在展开的下拉列表中单击"2—xlSheetVeryHidden"选项，再在菜单栏中依次单击"工具 >VBAProject 属性"命令，在弹出的对话框中切换至"保护"选项卡，勾选"查看时锁定工程"复选框，并输入密码，再单击"确定"按钮即可。

7.2　单元格的基本操作

工作表中每个行列交叉就形成一个单元格，它是数据录入的最小单位。用户在制作、完善、美化表格的过程中，会插入、删除、合并单元格，调整行高列宽，这些都是单元格的基本操作。

7.2.1　插入单元格

对已经编辑好数据的表格来说，常常需要在指定位置插入一些单元格来完成数据的编辑，使表格变得更加完善。

原始文件：下载资源 \ 实例文件 \07\ 原始文件 \ 面试结果分析表 .xlsx
最终文件：下载资源 \ 实例文件 \07\ 最终文件 \ 插入单元格 .xlsx

步骤 01　单击"插入单元格"选项

打开"下载资源 \ 实例文件 \07\ 原始文件 \ 面试结果分析表 .xlsx"，❶选中目标单元格，如 E3 单元格，❷在"单元格"组中单击"插入"右侧的下三角按钮，❸在展开的下拉列表中单击"插入单元格"选项，如下图所示。

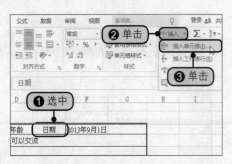

步骤 02　选择插入位置

弹出"插入"对话框，❶单击选中"活动单元格右移"单选按钮，❷单击"确定"按钮，如下图所示。

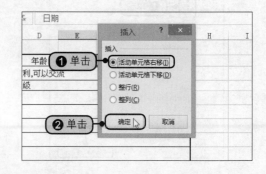

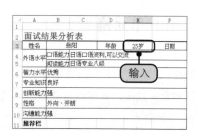

步骤03　插入单元格后的效果

可见 F3 单元格右侧的内容全部向右移动了一个单元格，此时的 E3 单元格为一个空白单元格，可以直接编辑数据，如右图所示。

生存技巧：在非空行间自动插入空行

在填满数据的数据表中隔行添加空行的情形并不少见，当需要分隔某些数据让表格更加清晰或方便分开打印时，该功能就派上用场了。那么如何实现隔行自动插入空行单元格呢？最简单的方法是先在数据区域一侧按列填充1、3、5等奇数序列到最后一行数据，接着在下一行依次填充2、4、6等偶数序列，填充完毕后，使用升序排列，这样便自动在数据区域中隔行插入了空行。

7.2.2　删除单元格

当表格中出现一些多余的单元格时，可删除这些单元格，此操作既可以通过菜单功能区实现，也可通过快捷菜单命令来完成。

原始文件： 下载资源 \ 实例文件 \07\ 原始文件 \ 插入单元格 .xlsx
最终文件： 下载资源 \ 实例文件 \07\ 最终文件 \ 删除单元格 .xlsx

步骤01　单击"删除"命令

打开"下载资源 \ 实例文件 \07\ 原始文件 \ 插入单元格 .xlsx"，❶选择并右击目标单元格区域，如 B12：C13，❷在弹出的快捷菜单中单击"删除"命令，如下图所示。

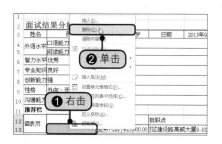

步骤02　选择删除方式

弹出"删除"对话框，❶单击选中"右侧单元格左移"单选按钮，❷单击"确定"按钮，如下图所示。

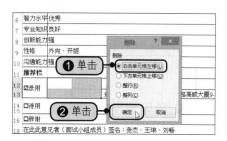

步骤03　删除单元格后的效果

所选单元格区域就被删除了，而其右侧的单元格向左移动一个单元格，如右图所示。

7.2.3　合并单元格

当单元格不能容纳较长文本或数据时，可将同一行或同一列的几个单元格合并为一个单元格。Excel 提供了三种合并方式，分别是"合并后居中""跨越合并""合并单元格"，不同的合并方式能达到不同的合并效果，其中以合并后居中功能最为常用。

　原始文件: 下载资源 \ 实例文件 \07\ 原始文件 \ 删除单元格 .xlsx
　　最终文件: 下载资源 \ 实例文件 \07\ 最终文件 \ 合并单元格 .xlsx

 步骤 01　单击"合并后居中"选项

打开"下载资源 \ 实例文件 \07\ 原始文件 \ 删除单元格 .xlsx"，❶选择要合并的单元格区域，如 A1 : G2，❷在"对齐方式"组中单击"合并后居中"右侧的下三角按钮，❸在展开的下拉列表中单击"合并后居中"选项，如下图所示。

步骤 02　合并后的效果

此时 A1 : G2 单元格区域就合并为一个单元格，其文本呈居中显示。用户可按照这种方法对表格中的其他单元格进行合并，如下图所示。

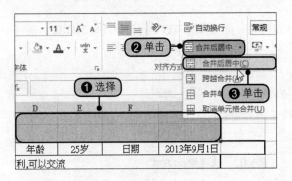

> **生存技巧: 跨越合并**
>
> Excel 的跨越合并能快速将多个连续区域按行分开单独合并。若要进行跨越合并，例如分别合并单元格区域 A2 : C2 和单元格区域 A4 : C4，首先同时选中单元格区域 A2 : C2 和单元格区域 A4 : C4，切换至"开始"选项卡，在"对齐方式"组中单击"合并后居中 > 跨越合并"选项，此时单元格区域 A2 : C2 合并，单元格区域 A4 : C4 也完成了合并。

7.2.4　添加与删除行/列

用户在完善表格时，可在已有表格的指定位置添加一行或一列，若工作表中存在多余的行或列时，可将它们删除。

　原始文件: 下载资源 \ 实例文件 \07\ 原始文件 \ 合并单元格 .xlsx
　　最终文件: 下载资源 \ 实例文件 \07\ 最终文件 \ 添加与删除行列 .xlsx

步骤 01 单击"插入"命令

打开"下载资源\实例文件\07\原始文件\合并单元格.xlsx"，❶选择并右击需要插入整列的下一列，❷从弹出的快捷菜单中单击"插入"命令，如下图所示。

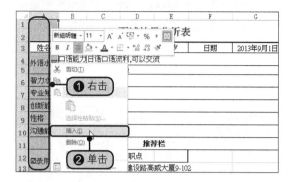

步骤 02 插入整列的效果

此时在所选列的位置插入了新的一列，用户可在该列中输入相关内容，如下图所示。

步骤 03 单击"删除工作表行"选项

❶选定要删除的行，如第11行，❷在"单元格"组中单击"删除"右侧的下三角按钮，❸在展开的下拉列表中单击"删除工作表行"选项，如下图所示。

步骤 04 删除整行的效果

此时所选行就消失了，而其下方的内容自动上移一行，如下图所示。

生存技巧：快速删除空行

如果在整个表格中有很多空行，例如第5、9、12、19行为空行，用户要将这些空行删除，只需要在表格内容的最后一空列新建一个"排序"列，往下填充一个数字序列至表格最后一行，再选择第一列，使用升序排序，此时可看到那些空行已经被排列到表格末尾，选中这些行，并右击鼠标，在弹出的菜单中单击"删除"命令，最后别忘了把之前新建的"排序"列删除。

7.2.5 调整行高与列宽

当单元格的数据或文本较长时，用户可以对行高或列宽进行设置，以美化工作表。行高与列宽既可精确设置，也可通过拖动鼠标设置，还可以根据单元格内容自动调整。

原始文件： 下载资源 \ 实例文件 \07\ 原始文件 \ 添加与删除行列 .xlsx
最终文件： 下载资源 \ 实例文件 \07\ 最终文件 \ 调整行高与列宽 .xlsx

步骤01 单击"行高"选项

打开"下载资源 \ 实例文件 \07\ 原始文件 \ 添加与删除行列 .xlsx"，❶选择需要调整行高的单元格，如 A3 : A17，❷在"开始"选项卡中单击"单元格"组中的"格式"按钮，❸在展开的下拉列表中单击"行高"选项，如下图所示。

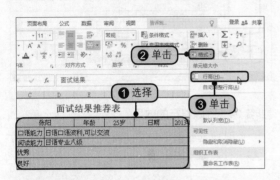

步骤02 输入行高值

弹出"行高"对话框，❶在"行高"文本框中输入行高数值，如 15，❷单击"确定"按钮，如下图所示。

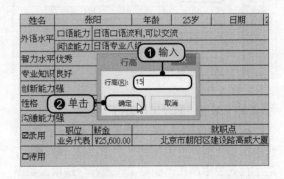

步骤03 调整行高后的结果

返回到工作表中，所选单元格的行高就调整为用户设置的行高值，如下图所示。

步骤04 调整列宽值

❶选择需要调整列宽的单元格，如 A3 : H17，❷单击"单元格"组中的"格式"按钮，❸在展开的下拉列表中单击"自动调整列宽"选项，如下图所示。

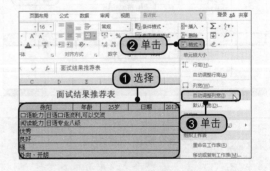

步骤05 调整列宽后的效果

返回到工作表中，系统会按照单元格内容来调整列宽，如右图所示。

生存技巧：将单元格中的较长数据换行显示

如果单元格中文本内容太长，想要换行显示，有两种方法可以实现：一种是使用"自动换行"功能，会自动按照单元格的宽度将超出的内容换行显示；另一种是强制换行，将光标定位在需要换行的文本前，按【Alt+Enter】组合键，光标后的文本便会强制换到下一行显示。

7.3　在单元格中输入数据

在单元格中输入数据是用户制作表格的一部分，为了正确录入数据，用户应该对数据输入方法进行了解。例如输入以0开头的数据时，应在输入以0开头的数据前输入单撇号"'"，又如在输入分数时，要在分数前输入"0"，并且"0"和分子间有一个空格。为了快速录入数据，用户还应对数据录入的技巧进行了解，例如在多个单元格中输入相同数据时，可利用【Ctrl+Enter】组合键来完成；当输入的数据具有一定规律时，可利用快速填充功能。

7.3.1　输入文本

通常情况下，用户可在单元格中直接输入文本，也可通过编辑栏来输入文本。

原始文件： 无
最终文件： 下载资源 \ 实例文件 \07\ 最终文件 \ 输入文本 .xlsx

步骤01　输入文本

新建空白工作簿，将A1:G1单元格区域合并，输入所需文本，如"工作时间记录卡"，此时在编辑栏中也显示了输入的文本，如下图所示。

步骤02　输入文本的效果

按【Enter】键确定输入，按照以上方法，用户可完成工作时间记录卡中相关文本的输入，并对文本的字体、格式进行设置，如下图所示。

生存技巧：调整输入数据后的单元格指针移动方向

默认情况下，当用户输入数据后按【Enter】键，会自动跳转到下方的单元格，但根据不同用户的使用习惯，可以设置自动跳转到右侧的单元格，具体方法为：打开"Excel选项"对话框，在"高级"选项面板中单击"方向"下三角按钮，在展开的下拉列表中单击"向右"选项，完毕后单击"确定"按钮即可。

7.3.2 输入以0开头的数据

在表格中直接输入以 0 开头的数据，按【Enter】键后不会显示 0，只显示了 0 之后的数据或文本，这并不是用户想要的显示结果，此时有两种方法可供用户选择，一种是将单元格格式设置为文本，一种是在输入以 0 开头的数据前输入单撇号"'"。

 原始文件： 下载资源 \ 实例文件 \07\ 原始文件 \ 输入文本 .xlsx
最终文件： 下载资源 \ 实例文件 \07\ 最终文件 \ 输入以 0 开头的数据 .xlsx

步骤 01 输入以0开头的数据

打开"下载资源 \ 实例文件 \07\ 原始文件 \ 输入文本 .xlsx"，选中 F5 单元格，并输入"' 0005"，如下图所示。

步骤 02 输入以0开头数据的效果

按【Enter】键后，单元格中就显示了"0005"，而键入的单撇号并不会出现在单元格中，并且在单元格的右上角有一个绿色的倒三角形符号，这说明系统自动将数据处理为文本型，如下图所示。

工作时间记录卡						
工作时间记录卡			部门：	生产部		
		工龄：	3年		
		工作周：	第八周		
向阳平			员工编号：	'0005		
开始时间	结束时间	工作量	任务量	完成情况〔输入〕	评价	

工作时间记录卡						
工作时间记录卡			部门：	生产部		
		工龄：	3年		
		工作周：	第八周		
向阳平			员工编号：	0005		
开始时间	结束时间	工作量	任务量	完成情况	评价	

 生存技巧：负数的输入技巧

在 Excel 中，如需要输入负数 −500，除了可以直接在键盘上按减号键再输入数字外，还可按下面的方法输入：选中需要输入数字的单元格，输入带括号的数字"(500)"，按【Enter】键，此时数字"(500)"变为负数"−500"。

7.3.3 输入日期和时间

在单元格中输入日期和时间是输入数据的一种，在输入日期时，需要利用"/"或"−"输入日期格式，在输入时间时，需要在"时、分、秒"之间添加"："，以便 Excel 可以快速识别。当然，用户还可以在"设置单元格格式"对话框中设置日期或时间的显示方式。

 原始文件： 下载资源 \ 实例文件 \07\ 原始文件 \ 输入以 0 开头的数据 .xlsx
最终文件： 下载资源 \ 实例文件 \07\ 最终文件 \ 输入日期和时间 .xlsx

步骤 01　输入日期

打开"下载资源 \ 实例文件 \07\ 原始文件 \ 输入以 0 开头的数据 .xlsx",选中 A8 单元格,并输入"2014–1–15",如下图所示。

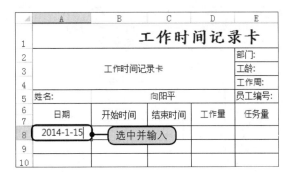

步骤 02　输入日期后的效果

按【Enter】键,A8 单元格中显示"2014/1/15"。按照以上方法,完成 A9:A14 单元格区域中日期的输入,如下图所示。

步骤 03　输入时间

选中 B8 单元格并输入"9:00",如下图所示。

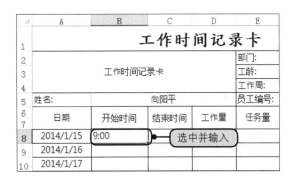

步骤 04　输入时间后的效果

按【Enter】键后,可看到在 B8 单元格中显示"9:00",而编辑栏中显示的是"9:00:00"。按照以上方法完成其他单元格的输入,如下图所示。

生存技巧：快速输入当前日期和时间

在 Excel 2016 中,用户可以很方便地输入当日的日期,只需要选中准备输入日期的单元格,再按【Ctrl+;】组合键,即可在该单元格中显示当前日期。若要快速输入当前时间,也可以使用【Ctrl+Shift+;】组合键来快速输入。

7.3.4　输入分数

分数的格式是"分子 / 分母",和日期的输入方法一样,为了区分分数和日期在 Excel 输入时的区别,用户在单元格中输入分数时,要在分数前输入"0",并且在"0"和分子间有一个空格。

原始文件： 下载资源 \ 实例文件 \07\ 原始文件 \ 输入日期和时间 .xlsx
最终文件： 下载资源 \ 实例文件 \07\ 最终文件 \ 输入分数 .xlsx

步骤01　输入日期

打开"下载资源 \ 实例文件 \07\ 原始文件 \ 输入日期和时间 .xlsx"，填写相关数据后，选中 F8 单元格，输入"0 空格 4/5"，如下图所示。

工作时间记录卡			部门：	生产部	
工作时间记录卡			工龄：	3年	
			工作周：	第八周	
向阳平			员工编号：	0005	
开始时间	结束时间	工作量	任务量	完成情况	评价
9:00	17:00	4	5	0 4/5	
9:00	18:00				
9:00	19:00				
9:00	17:30				
9:00	16:00				

选中并输入

步骤02　输入日期后的效果

按【Enter】键确定输入，再次选中 F8 单元格，在编辑栏中以小数"0.8"的形式来显示分数结果，如下图所示。

F8				fx	0.8	
	A	B	C	D	E	F	G

		工作时间记录卡			部门：	生产部	
		工作时间记录卡			工龄：	3年
					工作周：	第八周
姓名：		向阳平			员工编号：	0005
日期	开始时间	结束时间	工作量	任务量	完成情况	评价
2014/1/15	9:00	17:00	4	5	4/5	
2014/1/16	9:00	18:00				
2014/1/17	9:00	19:00				
2014/1/18	9:00	17:30				
2014/1/19	9:00	16:00				
2014/1/20	9:00	17:00				

7.3.5　在多个单元格中输入相同数据

当用户需要在多个不连续的单元格中输入相同数据时，有一种比较快捷的方式，即利用【Ctrl+Enter】组合键。

原始文件： 下载资源 \ 实例文件 \07\ 原始文件 \ 输入分数 .xlsx
最终文件： 下载资源 \ 实例文件 \07\ 最终文件 \ 在多个单元格中输入相同数据 .xlsx

步骤01　选中多个单元格

打开"下载资源 \ 实例文件 \07\ 原始文件 \ 输入分数 .xlsx"，❶选中 D9 单元格，按住【Ctrl】键，同时单击 D11、D13、D14 单元格，❷在 D14 单元格中输入"5"，如下图所示。

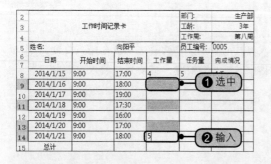

步骤02　按【Ctrl+Enter】组合键

按【Ctrl+Enter】组合键，此时选中的单元格都输入了"5"。这就是在多个单元格中输入相同数据的快捷方式，如下图所示。

		工作时间记录卡			部门：	生产部
		工作时间记录卡			工龄：	3年
					工作周：	第八周
姓名：		向阳平			员工编号：	0005
日期	开始时间	结束时间	工作量	任务量	完成情况	
2014/1/15	9:00	17:00	4	5	4/5	
2014/1/16	9:00	18:00	5			
2014/1/17	9:00	19:00				
2014/1/18	9:00	17:30	5			
2014/1/19	9:00	16:00				
2014/1/20	9:00	17:00	5			
2014/1/21	9:00	18:00	5			
总计						

生存技巧：为数据自动插入小数点

如果用户输入到数据表中的数据大多带有小数点，而用户又希望能自动省略小数点的输入，Excel 提供了省略小数点的自动插入小数点输入法：在"Excel 选项"对话框的"高级"选项面板中，勾选"自动插入小数点"复选框，并设置自动插入小数的位数，假设设置为 2，那么当用户预备输入 0.03 时，只需输入"3"，单元格中就会自动显示 0.03 了，非常方便。

7.3.6 快速填充数据

若用户想在相邻的多个单元格中输入相同或具有一定规律的数据，可以利用 Excel 中快速填充数据功能，此功能可通过拖动法和自动填充命令来完成。

原始文件： 下载资源 \ 实例文件 \07\ 原始文件 \ 在多个单元格中输入相同数据.xlsx
最终文件： 下载资源 \ 实例文件 \07\ 最终文件 \ 快速填充数据.xlsx

步骤 01 向下拖动鼠标

打开"下载资源 \ 实例文件 \07\ 原始文件 \ 在多个单元格中输入相同数据.xlsx"，❶选中 E8 单元格，并将鼠标指针放在其右下角，当指针变成十字形状时，❷按住鼠标左键不放向下拖动鼠标，如下图所示。

	工作时间记录卡				部门：	生产部
					工龄：	3年
					工作周：	第八周
姓名：		向阳平		员工编号：	0005	
日期	开始时间	结束时间	工作量	任务量	完成情况	
2014/1/15	9:00	17 ❶选中		5	4/5	
2014/1/16	9:00	18:00	5			
2014/1/17	9:00	19:00				
2014/1/18	9:00	17:30	5		❷拖动	
2014/1/19	9:00	16:00				
2014/1/20	9:00	17:00	5			
2014/1/21	9:00	18:00	5			
总计					5	

步骤 02 快速填充数据后的效果

将鼠标拖动至适当位置，释放鼠标，此时鼠标指针经过的单元格都填充了"5"，如下图所示。

	工作时间记录卡				部门：	生产部
					工龄：	3年
					工作周：	第八周
姓名：		向阳平		员工编号：	0005	
日期	开始时间	结束时间	工作量	任务量	完成情况	
2014/1/15	9:00	17:00	4	5	4/5	
2014/1/16	9:00	18:00	5	5		
2014/1/17	9:00	19:00		5		
2014/1/18	9:00	17:30	5	5		
2014/1/19	9:00	16:00		5	释放鼠标	
2014/1/20	9:00	17:00	5	5		
2014/1/21	9:00	18:00	5	5		
总计						

步骤 03 完成数据的录入

在其他单元格中输入文本和数据，并完善表格，如下图所示。

	A	B	C	D	E	F	G
1			工作时间记录卡				
2					部门：	生产部	
3			工作时间记录卡		工龄：	3年	
4					工作周：	第八周	
5	姓名：		向阳平		员工编号：	0005	
6	日期	开始时间	结束时间	工作量	任务量	完成情况	评价
8	2014/1/15	9:00	17:00	4	5	4/5	良好
9	2014/1/16	9:00	18:00	5	5	1	优秀
10	2014/1/17	9:00	19:00	4	5	4/5	良好
11	2014/1/18	9:00	17:30	5	5	1	优秀
12	2014/1/19	9:00	16:00	4.5	5	8/9	良好
13	2014/1/20	9:00	17:00	5	5	1	优秀
14	2014/1/21	9:00	18:00	5	5	1	优秀
15	总计			32.5	35	1	优秀

📷 提示

除了可以利用拖动法，用户还可使用"填充"命令来填充相同数据，在选定单元格区域后，切换至"开始"选项卡，在"编辑"组中单击"填充"右侧的下三角按钮，在展开的下拉列表中单击各个方向选项，此时所选单元格区域就会按方向进行填充。若用户填充的数据具有一定的规律，可在展开的下拉列表中单击"序列"命令，在"序列"对话框中设置填充方式、步长值、终止值，这样就能实现特定的序列填充。

生存技巧：快速填充工作日

在登记考勤或其他工作日记录时，需要在日期列填入工作日期，若是对照日历输入工作日，不仅麻烦还易出错。为此，Excel 的序列填充中专门设置了工作日填充项，用户只需在"开始"选项卡单击"填充"按钮，选择"系列"，然后在弹出的对话框中单击选中"日期"单选按钮，并选择"工作日"，再输入某个工作日期，拖动填充柄依次填充就可以了。

7.4 设置数字格式

对于诸如货币、小数、日期等类型的数据，用户可根据需要设置格式。例如货币类数据可通过设置数字格式快速变更货币符号，又或者将小数、分数设置为百分比等。

7.4.1 设置货币格式

当在会计工作中应用 Excel 时，需要将数据设置为会计专用的格式，快速更改货币符号。

原始文件： 下载资源 \ 实例文件 \07\ 原始文件 \ 月度考勤统计表 .xlsx

最终文件： 下载资源 \ 实例文件 \07\ 最终文件 \ 设置货币格式 .xlsx

步骤 01　应用会计专用格式

打开"下载资源 \ 实例文件 \07\ 原始文件 \ 月度考勤统计表 .xlsx"，❶选择 G3 : G13 单元格区域，❷在"开始"选项卡中单击"数字"组中的"会计数字格式"右侧的下三角按钮，❸在展开的下拉列表中单击"中文（中国）"选项，如下图所示。

步骤 02　应用会计格式的效果

此时所选单元格中的数据就应用了会计专用格式。与货币格式不同的是，会计专用格式不仅能添加相应的货币符号，小数点也是默认对齐的，如下图所示。

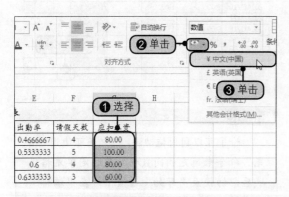

员工姓名	部门	实到天数	应到天数	出勤率	请假天数	应扣工资
田锴	销售部	14	30	0.4666667	4	￥ 80.00
将名	销售部	16	30	0.5333333	5	￥ 100.00
寇自强	行政部	18	30	0.6	4	￥ 80.00
王艳	供应部	19	30	0.6333333	3	￥ 60.00
周波	行政部	20	30	0.6666667	2	￥ 40.00
谭丽莉	供应部	16	30	0.5333333	3	￥ 60.00
裴明	行政部	23	30	0.7666667	3	￥ 60.00
李春明	行政部	24	30	0.8	2	￥ 40.00
陈雨	销售部	15	30	0.5	4	￥ 80.00
刘晓强	供应部	16	30	0.5333333	5	￥ 100.00
高盛	供应部	20	30	0.6666667	2	￥ 40.00

 生存技巧：设置"长日期"格式的日期

在 Excel 2016 中，内置了多种"日期"格式供用户选择，例如长日期、短日期等。如果日期格式为"2016/1/1"，若要将其设置为"2016 年 1 月 1 日"的长日期格式，需要选中输入的日期单元格，切换至"开始"选项卡，在"数字格式"下拉列表中单击"长日期"选项。

7.4.2 设置百分比格式

为了让表格中的数据更加清晰明了，用户可将小数或分数设置为百分比来显示。与设置货币格式类似，设置百分比格式既可以在"数字"组中完成，也可以启用"数字"对话框启动器，在"设置单元格格式"对话框中完成。

原始文件：下载资源 \ 实例文件 \07\ 原始文件 \ 设置货币格式 .xlsx

最终文件：下载资源 \ 实例文件 \07\ 最终文件 \ 设置百分比格式 .xlsx

步骤01　单击"数字"组对话框启动器

打开"下载资源 \ 实例文件 \07\ 原始文件 \ 设置货币格式 .xlsx"，❶选择 E3：E13 单元格区域，❷单击"数字"组右下角的对话框启动器，如下图所示。

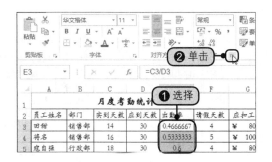

步骤02　设置百分比格式

弹出"设置单元格格式"对话框，切换至"数字"选项卡，❶在"分类"列表框中单击"百分比"选项，❷将"小数位数"设置为"0"，如下图所示。

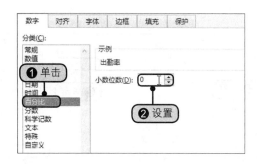

步骤03　设置百分比后的效果

单击"确定"按钮，返回工作表，此时所选单元格区域的数据都以百分比显示，如右图所示。

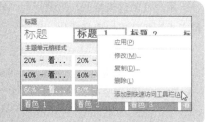

7.5　美化工作表

当用户完成对工作表内容的编辑和录入后，为了让工作表更加美观、简洁，可通过套用单元格格式、表格格式或者自定义单元格样式来创建一个个性化的工作表。

生存技巧：将单元格样式添加到快速访问工具栏

单元格样式种类比较多，但经常使用的比较少，所以，用户可以将其添加到快速访问工具栏中，以便于快速使用。右击要使用的单元格样式，在弹出的快捷菜单中单击"添加到快速访问工具栏"命令即可，如右图所示。

7.5.1　套用单元格格式

在工作表中具有多种预先设置好的单元格格式，用户可套用单元格格式来快速设置专业的格式，省去了手动自行设置单元格格式的麻烦。

原始文件： 下载资源 \ 实例文件 \07\ 原始文件 \ 商品库存统计表 .xlsx
最终文件： 下载资源 \ 实例文件 \07\ 最终文件 \ 套用单元格格式 .xlsx

步骤 01 选择"标题"样式

打开"下载资源 \ 实例文件 \07\ 原始文件 \ 商品库存统计表 .xlsx"，❶选择 A1：F1 单元格区域，❷在"样式"组中单击"单元格样式"下三角按钮，❸在展开的样式库中选择"标题 1"样式，如下图所示。

步骤 02 应用标题样式后的效果

此时，所选单元格区域就应用了选择的标题单元格样式，如下图所示。

A	B	C	D	E
商品库存统计表				
库房名称：	鸿威大厦	统计时间：	2013/12/31	统计人员：
货号	商品名称	库存量（件）	单价	库存金额
A-101	电视机	55	￥ 5,700.00	￥ 313,500.
A-102	电脑	40	￥ 5,500.00	￥ 220,000.
A-103	空调	20	￥ 3,200.00	￥ 64,000.
A-104	洗衣机	12	￥ 1,500.00	￥ 18,000.
B-101	摩托车	8	￥ 2,800.00	￥ 22,400.
B-102	自行车	12	￥ 550.00	￥ 6,600.
B-103	小轿车	8	￥ 80,000.00	￥ 640,000.
B-104	货车	2	￥ 65,000.00	￥ 130,000.
B-105	吊车	2	￥ 50,000.00	￥ 100,000.

步骤 03 应用主题单元格样式后的效果

用同样的方法将 A3：F3 单元格区域设置为"40% —着色 2"的样式，可以看到相应的格式效果，如右图所示。

A	B	C	D	E
商品库存统计表				
库房名称：	鸿威大厦	统计时间：	2013/12/31	统计人员：
货号	商品名称	库存量（件）	单价	库存金额
A-101	电视机	55	￥ 5,700.00	￥ 313,500.
A-102	电脑	40	￥ 5,500.00	￥ 220,000.
A-103	空调	20	￥ 3,200.00	￥ 64,000.
A-104	洗衣机	12	￥ 1,500.00	￥ 18,000.
B-101	摩托车	8	￥ 2,800.00	￥ 22,400.
B-102	自行车	12	￥ 550.00	￥ 6,600.
B-103	小轿车	8	￥ 80,000.00	￥ 640,000.
B-104	货车	2	￥ 65,000.00	￥ 130,000.

7.5.2 套用表格格式

用户在创建表格时，可利用 Excel 内置的表格样式为表格快速添加样式，也就是套用表格格式。这种方式能将表格快速格式化，创建出漂亮的表格样式。

 原始文件： 下载资源 \ 实例文件 \07\ 原始文件 \ 套用单元格格式 .xlsx
最终文件： 下载资源 \ 实例文件 \07\ 最终文件 \ 套用表格格式 .xlsx

 生存技巧：新建表格样式

用户除了可以直接套用表格格式以外，还可以新建表格样式。单击"套用表格格式"下三角按钮，在展开的列表中单击"新建表格样式"选项，然后在弹出的"新建表样式"对话框中设置样式即可。

步骤01　选择表格样式

打开"下载资源\实例文件\07\原始文件\套用单元格格式.xlsx"，❶选择 A3：F12 单元格区域，❷单击"套用表格格式"下三角按钮，❸选择样式，如下图所示。

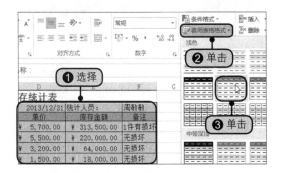

步骤02　选择表格格式的数据来源

弹出"套用表格式"对话框，❶勾选"表包含标题"复选框，❷单击"确定"按钮，如下图所示。

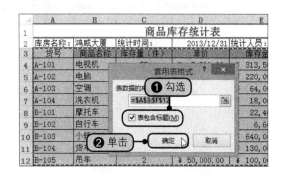

步骤03　套用表格格式后的效果

返回工作表，此时所选单元格区域就套用了所选表格样式，如右图所示。

7.5.3　自定义单元格样式

用户除了套用 Excel 系统提供的单元格格式外，还可以根据需要自定义单元格样式。

原始文件： 下载资源\实例文件\07\原始文件\套用表格格式.xlsx
最终文件： 下载资源\实例文件\07\最终文件\自定义的单元格样式.xlsx

步骤01　单击"新建单元格样式"选项

打开"下载资源\实例文件\07\原始文件\套用表格格式.xlsx"，❶在"样式"组中单击"单元格样式"下三角按钮，❷在展开的下拉列表中单击"新建单元格样式"选项，如下图所示。

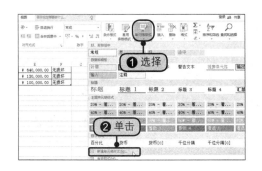

步骤02　自定义样式名称

弹出"样式"对话框，❶在"样式名"后面的文本框中输入"自定义样式1"，❷单击"格式"按钮，如下图所示。

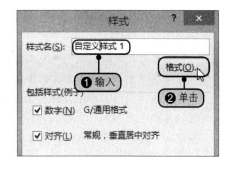

生存技巧：使用单元格样式对数字进行格式设置

当用户对单元格中的数字进行格式设置时，除了可以在"设置单元格格式"对话框中和"数字"组中进行设置以外，还可以直接使用"单元格样式"下拉按钮中的"数字格式"，如右图所示。

步骤03 设置字体格式

弹出"设置单元格格式"对话框，切换至"字体"选项卡，❶❷❸将字体、字形、字号分别设置为"黑体""加粗""12"，❹单击下画线右侧的下三角按钮，并单击"双下画线"选项，如下图所示。

步骤04 设置背景色

❶切换至"填充"选项卡，❷将背景色设置为"橙色"，单击"确定"按钮，如下图所示。

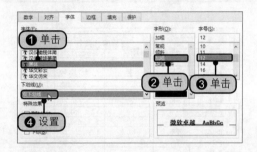

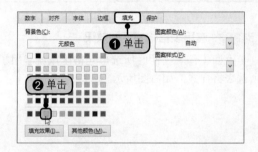

步骤05 选择"自定义样式1"样式

依次单击"确定"按钮，❶同时选中 B2、D2、F2 单元格，❷在"样式"组中单击"单元格样式"下三角按钮，❸选择"自定义样式 1"样式，如下图所示。

步骤06 应用自定义单元格样式后的效果

此时，所选单元格区域就应用了自定义的单元格样式，如下图所示。

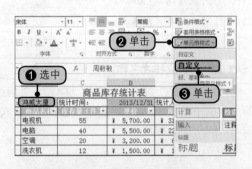

 生存技巧：合并样式

在工作簿中新创建的单元格样式，用户可能希望将它们应用于其他工作簿中，这时可以将这些单元格样式从该工作簿复制到另一工作簿，这就是合并样式。分别打开包含要复制单元格样式的工作簿与将单元格样式复制到的工作簿，单击"单元格样式"按钮，在展开的库中单击"合并样式"选项，在"合并样式来源"中，单击包含要复制样式的工作簿，确定后，在当前工作簿的单元格样式库中即可看到合并过来的新单元格样式。

7.6 实战演练——制作一目了然的报价单

报价单是商家在销售过程中向客户传递产品信息的商业文件，用户在利用 Excel 制作商品报价单时，需要对报价单的头部（即产品基本资料、价格、质量、货号、品牌等信息）进行详细的介绍，在完成对报价单内容的录入后，可套用表格或单元格格式对报价单的外观进行设置，以美化工作表。

原始文件： 无
最终文件： 下载资源 \ 实例文件 \07\ 最终文件 \ 制作一目了然的报价单 .xlsx

步骤 01 输入文本

新建一个空白工作表，在 A1 单元格中输入"商品报价单"，在 A2 单元格中输入"公司名称：美尔护肤有限公司"，在 A3：E3 单元格区域中输入产品相关信息，如下图所示。

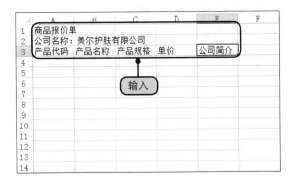

步骤 02 输入时间

选中 E2 单元格，并输入"2014-1-1"，按【Enter】键后单元格中显示的是"2014/1/1"，❶再次选中 E2 单元格，❷在"数字"组中单击"数字格式"右侧的下三角按钮，❸在展开的下拉列表中单击"长日期"选项，如下图所示。

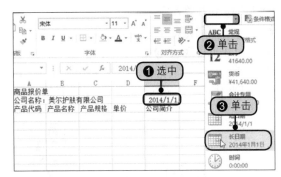

步骤 03 输入以0开头的数据

此时单元格的日期就变为了"2014 年 1 月 1 日"，❶选中 A4 单元格，并输入"' 01"，按【Enter】键，单元格中显示为"01"，❷将鼠标指针放在其右下角，当指针变成十字形状时，按住鼠标左键不放向下拖动，如下图所示。

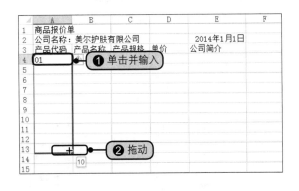

步骤 04 填充后的效果

在适当位置释放鼠标后，鼠标指针经过的单元格都填充了数据，如下图所示。

步骤05 设置货币格式

在相应单元格中输入表格项目后，❶选择 D4：D13 单元格区域，切换至"开始"选项卡，❷在"数字"组中单击"会计数字格式"右侧的下三角按钮，❸在展开的下拉列表中单击"中文（中国）"选项，如下图所示。

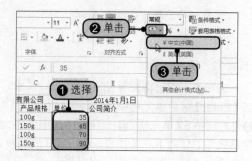

步骤06 在多个单元格中输入相同数据

此时单元格数据添加了货币格式。❶选中 E4 单元格，按住【Ctrl】键，同时单击 E6、E9、E11、E13 单元格，❷在 E13 单元格中输入"国内知名品牌"，按【Ctrl+Enter】组合键，此时选中单元格都输入了"国内知名品牌"，如下图所示。

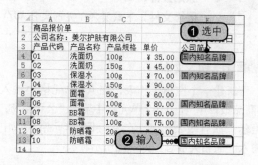

步骤07 合并单元格

在相应单元格中输入表格项目后，❶选择 A1：E1 单元格区域，❷在"对齐方式"组中单击"合并后居中"右侧的下三角按钮，❸在展开的下拉列表中单击"合并后居中"选项，如下图所示。

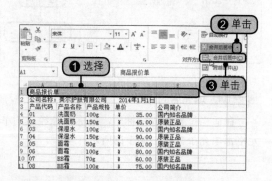

步骤08 单击"行高"选项

选中单元格区域合并为一个单元格，其文本居中显示。继续对 A2：C2 和 D2：E2 单元格区域进行合并。❶选择 A3：E13 单元格区域，❷单击"格式"右侧下三角按钮，❸单击"行高"选项，如下图所示。

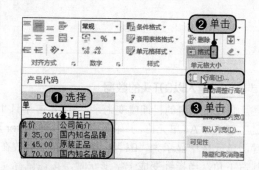

步骤09 设置行高值

弹出"行高"对话框，❶输入行高值为"15"，❷单击"确定"按钮，如下图所示。

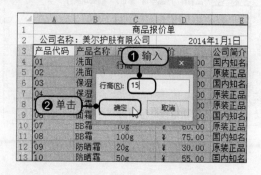

步骤10 设置行高和列宽后的效果

返回工作表，选中单元格的行高值得到调整，用此方法对列宽值进行调整，如下图所示。

	A	B	C	D	E
1			商品报价单		
2	公司名称：美尔护肤有限公司			2014年1月1日	
3	产品代码	产品名称	产品规格	单价	公司简介
4	01	洗面奶	100g	¥ 35.00	国内知名品牌
5	02	洗面奶	150g	¥ 45.00	原装正品
6	03	保湿水	100g	¥ 70.00	国内知名品牌
7	04	保湿水	150g	¥ 90.00	原装正品
8	05	面霜	50g	¥ 60.00	原装正品
9	06	面霜	100g	¥ 80.00	国内知名品牌
10	07	BB霜	70g	¥ 60.00	原装正品
11	08	BB霜	100g	¥ 75.00	国内知名品牌
12	09	防晒霜	20g	¥ 30.00	原装正品
13	10	防晒霜	50g	¥ 55.00	国内知名品牌
14					

步骤11 套用单元格的标题格式

❶选中 A1 单元格区域，❷在"样式"组中单击"单元格样式"下三角按钮，❸在展开的样式库中选择"标题"样式，如下图所示。

步骤12 选择主题单元格样式

返回工作表中，所选单元格就应用了标题单元格样式。❶选择 A3：E3 单元格区域，❷在"样式"组中单击"单元格样式"下三角按钮，❸在展开的样式库中选择"20% −着色 2"样式，如下图所示。

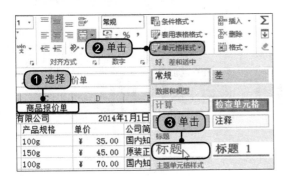

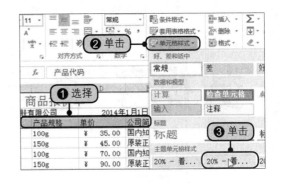

步骤13 选择表格样式

❶选择 A3：E13 单元格区域，❷单击"套用表格格式"下三角按钮，❸选择样式，如下图所示。

步骤14 选择表格格式的数据来源

弹出"套用表格式"对话框，❶勾选"表包含标题"复选框，❷单击"确定"按钮，如下图所示。

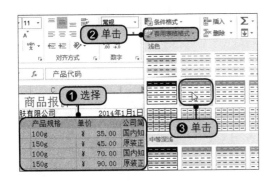

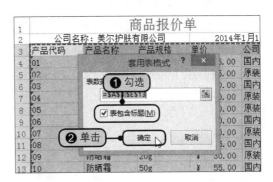

步骤15 重命名工作表

此时所选单元格区域就应用了用户所选的表格格式。❶右击"Sheet 1"工作表标签，❷在弹出的快捷菜单中单击"重命名"命令，如下图所示。

步骤16 重命名工作表后的效果

输入"商品报价单"，此时"Sheet 1"工作表标签命名为"商品报价单"，如下图所示。

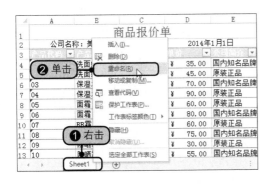

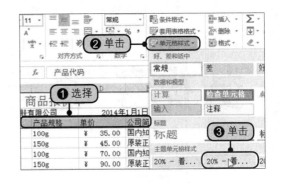

第8章

数据整理与计算功能

制作一个工作表，最主要的目的就是整理和分析工作表中的数据，所以学会整理数据和分析数据的方法是相当重要的，否则制作出来的工作表将变得没有意义。用户可以使用条件格式来分析数据，使用排序和筛选来查找数据，还可以使用分类汇总来计算数据。

	A	B	C	D	E
1	订单编号	所定菜品	数量		
2	AA-00002	夫妻肺片	2		
3	AA-00002	米饭	2		
4	AA-00003	青椒鸡蛋	3		
5	AA-00003	米饭	3		
6	AA-00004	饺子	4		
7	AA-00004	啤酒	4		
8	AA-00005	夫妻肺片	5		
9	AA-00005	饺子	5		
10	AA-00005	啤酒	5		
11	AA-00006	夫妻肺片	6		
12	AA-00006	饺子	6		
13	AA-00006	啤酒	6		
14	AA-00007	饺子	7		

知识点

1. 使用条件格式突出显示数据
2. 简单排序和自定义排序
3. 自动筛选和高级筛选
4. 分类汇总数据

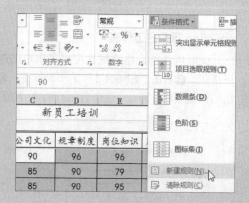

8.1 使用条件格式突出显示特殊数据

条件格式就是当单元格中的数值满足某种条件后就为单元格应用相应的格式，常用的条件格式有数据条、色阶和图标集。

8.1.1 数据条

数据条就是包含颜色的条形。当在单元格中添加了数据条后，可以根据数据条的长短来判断单元格中数值的大小。数据条越长则数据越大，数据条越短则数据越小。

原始文件： 下载资源 \ 实例文件 \08\ 原始文件 \5 月奖金明细 .xlsx
最终文件： 下载资源 \ 实例文件 \08\ 最终文件 \ 数据条 .xlsx

步骤01 选择数据条样式

打开"下载资源 \ 实例文件 \08\ 原始文件 \5 月奖金明细 .xlsx"，选择 C3：C8 单元格区域，❶在"开始"选项卡下，单击"样式"组中的"条件格式"按钮，❷在展开的下拉列表中单击"数据条 > 蓝色数据条"选项，如下图所示。

步骤02 添加数据条后的效果

此时为选中的单元格区域添加了蓝色数据条格式，数据条越长表示销售商品的总金额越大，此时就可以明显比较各员工的销售业绩情况，如下图所示。

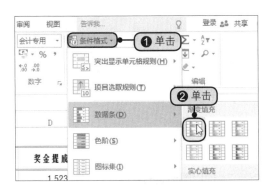

生存技巧：隐藏数据条中的数值

在 Excel 2016 中，套用数据条格式后，会自动在数据区域按数值大小显示单元格条形图。此时单元格中的数值是存在的，若是用户希望隐藏具体的数值信息，可以在条件格式列表中单击"管理规则"选项，选择数据条后编辑规则，在"编辑规则说明"列表框中勾选"仅显示数据条"，单击确定应用就可以了。在编辑规则时，还可以设置数据条的方向和外观样式。

8.1.2 色阶

色阶就是指颜色像阶梯状一样，在一个单元格区域中呈现的深浅不同，通过比较颜色的深浅度就可以比较单元格中数值的大小。

原始文件: 下载资源\实例文件\08\原始文件\数据条.xlsx
最终文件: 下载资源\实例文件\08\最终文件\色阶.xlsx

步骤01 选择色阶样式

打开"下载资源\实例文件\08\原始文件\数据条.xlsx",选择D3:D8单元格区域,❶单击"样式"组中的"条件格式"按钮,❷在展开的下拉列表中单击"色阶>绿-白色阶"选项,如下图所示。

步骤02 添加色阶后的效果

此时在选中的单元格区域中添加了绿-白色阶的条件格式,颜色越深则员工奖金提成越多,越接近纯白色则员工奖金提成越少,如下图所示。

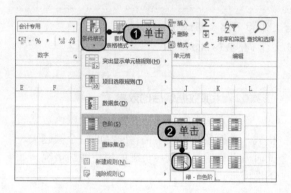

8.1.3 图标集

图标集的样式有很多,一般分为:代表方向的箭头形,代表形状的圆点形和方形,代表标记的旗帜形、勾叉形等。根据图标集的方向或颜色也可以分析数据的大小。

原始文件: 下载资源\实例文件\08\原始文件\色阶.xlsx
最终文件: 下载资源\实例文件\08\最终文件\图标集.xlsx

步骤01 使用图标集

打开"下载资源\实例文件\08\原始文件\色阶.xlsx",选择B3:B8单元格区域,❶单击"样式"组中的"条件格式"按钮,❷在展开的下拉列表中单击"图标集"选项,在展开的下级列表中单击"方向"组中的"三色箭头"选项,如下图所示。

步骤02 使用图标集的效果

此时为单元格区域添加了图标集,绿色向上箭头表示销售商品数量较高的值,而黄色的横向箭头则表示销售商品数量位于中间的值,向下的红色箭头表示销售商品数量较低的值。通过图标集可以明显看出哪些员工销售的商品多、哪些员工销售的商品少,如下图所示。

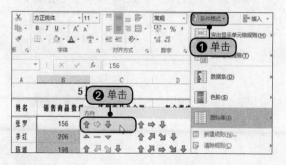

生存技巧：设置间隔底纹

　　使用条件格式可以添加间隔底纹。选择需要设置底纹的单元格区域，单击"条件格式"按钮，在展开的下拉列表中单击"新建规则"选项，弹出"新建格式规则"对话框，在"选择规则类型"列表框中单击"使用公式确定要设置格式的单元格"选项，在"为符合此公式的值设置格式"文本框中输入公式"=MOD(ROW(),2)=0"，单击"格式"按钮，弹出"设置单元格格式"对话框，在"填充"选项卡的"背景色"选项组中设置要填充的底纹颜色，单击"确定"按钮即可。

8.2 对数据进行排序

　　为了方便用户比较工作表中的数据，可以先对数据进行排序。对数据进行排序的方法包括简单排序、根据特定的条件排序和自定义排序。

8.2.1 简单排序

　　简单排序就是对一个单元格列或单元格行中的数据做升序或降序的操作，用户只需在"排序和筛选"组中单击"升序"或"降序"按钮，即可完成排序的操作，简单排序只针对满足一种条件的排序。

　　原始文件： 下载资源 \ 实例文件 \08\ 原始文件 \ 任务量统计 .xlsx
　　最终文件： 下载资源 \ 实例文件 \08\ 最终文件 \ 简单排序 .xlsx

步骤01 单击"降序"按钮

　　打开"下载资源 \ 实例文件 \08\ 原始文件 \ 任务量统计 .xlsx"，选中 C 列中任意单元格，切换到"数据"选项卡，单击"排序和筛选"组中的"降序"按钮，如下图所示。

步骤02 排序后的效果

　　此时可以看见以"完成固定任务的数量"为依据进行了降序排列，员工"杨西"完成的固定任务的数量最高，如下图所示。

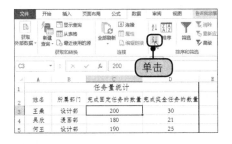

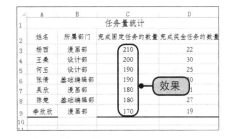

生存技巧：排序提醒

　　当工作表中有两列相邻的数据时，如果选中其中一列的数据区域，然后单击"升序"或"降序"按钮，会弹出"排序提醒"对话框，提醒用户是否只是排序当前区域，如果是，则单击"以当前选定区域排序"单选按钮；如果想要在排序当前列区域的同时，还排序相邻的列，则单击"扩展选定区域"单选按钮。

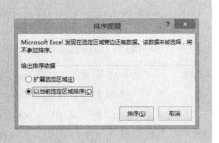

8.2.2 根据条件进行排序

在"排序"对话框中，不仅可以设置主要的排序条件，还可以设置一种或多种次要的排序条件，使工作表能根据特定的条件进行排序。

原始文件： 下载资源\实例文件\08\原始文件\任务量统计.xlsx
最终文件： 下载资源\实例文件\08\最终文件\根据条件进行排序.xlsx

步骤 01 单击"排序"按钮

打开"下载资源\实例文件\08\原始文件\任务量统计.xlsx"，单击数据区域中的任意单元格，切换到"数据"选项卡，单击"排序和筛选"组中的"排序"按钮，如下图所示。

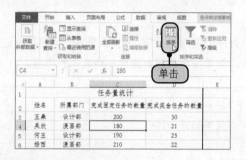

步骤 02 设置主要条件

弹出"排序"对话框，❶设置"主要关键字"为"完成固定任务的数量"、"排序依据"为"数值"、排序的"次序"为"升序"，❷单击"添加条件"按钮，如下图所示。

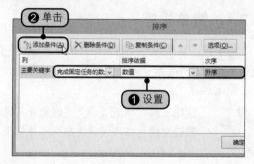

步骤 03 设置次要条件

此时显示了一个次要条件，❶设置"次要关键字"为"完成奖金任务的数量"、"排序依据"为"数值"、排序的"次序"为"升序"，❷单击"确定"按钮，如下图所示。

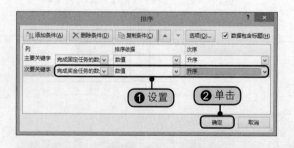

步骤 04 排序后的效果

返回工作表后，可以看见工作表中数据的排序效果，此时以"完成固定任务的数量"为依据实行升序排列，当"完成固定任务的数量"相同的时候，以"完成奖金任务的数量"为依据再次实行升序排列，如下图所示。

	A	B	C	D
1			任务量统计	
2	姓名	所属部门	完成固定任务的数量	完成奖金任务的数量
3	李欣欣	漫画部	170	19
4	吴欣	漫画部	180	21
5	陈楚	基础编辑部	180	27
6	张倩	基础编辑部	190	20
7	何玉	设计部	190	25
8	王桑	设计部	200	30
9	杨西	漫画部	210	22
10				

 生存技巧：对超过 3 列的数据排序

若要对 3 列以上的数据进行排列，只需要在"排序"对话框中，设置"主要关键字"后，单击"添加条件"按钮，添加"次要关键字"后，再单击"添加条件"按钮，此时会出现第 2 个"次要关键字"，继续设置排序条件，直到添加完所有条件即可。完成后，数据区域会按照关键字的优先级依次排列数据记录。

8.2.3 自定义排序

排序方式一般可以设置为"升序"或"降序",但是有些内容并不存在升降的关系,这时候,用户就可以设置自定义排序的序列,使工作表按照用户的意愿排序。

 原始文件: 下载资源 \ 实例文件 \08\ 原始文件 \ 任务量统计 .xlsx
最终文件: 下载资源 \ 实例文件 \08\ 最终文件 \ 自定义排序 .xlsx

步骤 01 单击"排序"按钮

打开"下载资源 \ 实例文件 \08\ 原始文件 \ 任务量统计 .xlsx",选中数据区域中的任意单元格,切换到"数据"选项卡,单击"排序和筛选"组中的"排序"按钮,如下图所示。

步骤 02 自定义序列

弹出"排序"对话框,在"次序"下拉列表中单击"自定义序列"选项,如下图所示。

步骤 03 输入序列

弹出"自定义序列"对话框,①在"输入序列"文本框中输入自定义的序列顺序"设计部 漫画部 基础编辑部",②单击"添加"按钮,如下图所示。

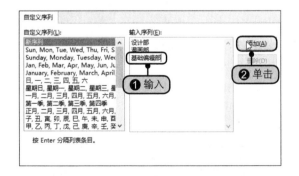

步骤 04 添加序列

①此时在"自定义序列"列表框中显示出自定义的序列内容,②单击"确定"按钮,如下图所示。

> **提示**
>
> 在"自定义序列"对话框中,可以单击"删除"按钮删除"自定义序列"列表框中已有的序列。

步骤05 设置排序条件

返回到"排序"对话框，系统自动显示了自定义的次序，❶设置"主要关键字"为"所属部门"、"排序依据"为"数值"，❷单击"确定"按钮，如下图所示。

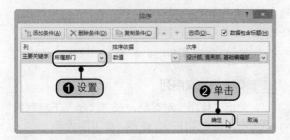

步骤06 自定义排序的效果

返回工作表，可以看见 B 列单元格中的"所属部门"根据自定义的序列顺序排列，如下图所示。

 生存技巧：按颜色排序

在 Excel 2016 中，排序功能还扩展到了颜色上。对相同类型的单元格应用单元格颜色或字体颜色后，就可按"单元格颜色"或"字体颜色"进行排序，只需在设置"主要关键字"或"次要关键字"后，在"排序依据"下拉列表中单击"单元格颜色"或"字体颜色"，并在"次序"下拉列表中选择相应的颜色，就会按照优先级对单元格或字体颜色进行升降排序。

8.3 筛选数据

要在一个包含有大量数据的工作表中快速找到指定的数据，筛选功能就显得尤为重要。筛选数据分为自动筛选、根据特定条件筛选和高级筛选三种类型。

8.3.1 使用自动筛选

自动筛选是最简单的筛选方法，只需在筛选下拉列表中选择筛选的内容即可。

 原始文件： 下载资源 \ 实例文件 \08\ 原始文件 \ 课程安排 .xlsx
最终文件： 下载资源 \ 实例文件 \08\ 最终文件 \ 使用自动筛选 .xlsx

步骤01 单击"筛选"按钮

打开"下载资源 \ 实例文件 \08\ 原始文件 \ 课程安排 .xlsx"，❶选择 A2 : F2 单元格区域，切换到"数据"选项卡，❷单击"排序和筛选"组中的"筛选"按钮，如下图所示。

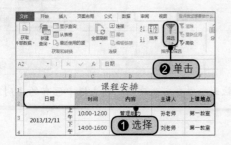

步骤02 选择筛选条件

此时在各字段右下方显示出筛选按钮，❶单击 C2 单元格右侧的筛选按钮，❷在展开的下拉列表中的列表框中勾选"10:00－12:00"复选框，如下图所示。

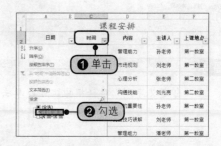

步骤03 筛选的结果

单击"确定"按钮后，筛选出所有上课时间为"10:00 － 12:00"的课程安排，如右图所示。

提示

在 Excel 2016 中，筛选列表中提供了搜索文本框，简单的筛选使用搜索文本框将更为方便。

生存技巧：按颜色筛选

筛选的方式有很多，除了可以直接在筛选下拉列表中勾选以外，还可以按颜色筛选，但使用该种筛选方式的前提是单元格区域中的数据有颜色的区分，如右图所示。

8.3.2　根据特定条件筛选数据

筛选中包含的特定条件有等于、不等于、开头是、结尾是等多种条件，用户可以根据需要自行选择。

原始文件：下载资源＼实例文件＼08＼原始文件＼使用自动筛选 .xlsx
最终文件：下载资源＼实例文件＼08＼最终文件＼根据特定条件筛选数据 .xlsx

步骤01 清除筛选

打开"下载资源＼实例文件＼08＼原始文件＼使用自动筛选 .xlsx"，在进行其他筛选的时候，可先清除已有的筛选。单击 C2 单元格右侧的筛选按钮，在下拉列表中单击"从'时间'中清除筛选"选项，如下图所示。

步骤02 选择特定条件

❶单击 E2 单元格右侧的筛选按钮，❷在展开的下拉列表中单击"文本筛选 > 开头是"选项，如下图所示。

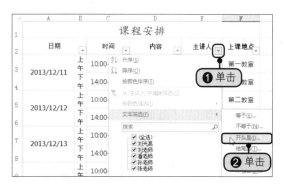

步骤 03　输入筛选的条件

弹出"自定义自动筛选方式"对话框，在"主讲人"下方的文本框中输入"刘"，如下图所示。

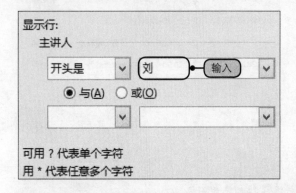

步骤 04　筛选结果

单击"确定"按钮，此时筛选出所有主讲人姓刘的课程安排明细，如下图所示。

生存技巧：使用"清除"按钮清除筛选

　　清除筛选的目的是为了返回原来的数据内容，除了可以使用"步骤 01"中的方法以外，还可以直接单击"数据"选项卡下"排序和筛选"组中的"筛选"按钮，或者是"清除"按钮，如右图所示。

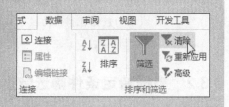

8.3.3　高级筛选

高级筛选可以在同时满足多种条件或多种条件中的一种的基础上，筛选出需要的内容。

原始文件： 下载资源 \ 实例文件 \08\ 原始文件 \ 根据特定条件筛选数据 .xlsx
最终文件： 下载资源 \ 实例文件 \08\ 最终文件 \ 高级筛选 .xlsx

步骤 01　设置筛选的条件

打开"下载资源 \ 实例文件 \08\ 原始文件 \ 根据特定条件筛选数据 .xlsx"，❶ 在 H2：I3 单元格区域输入筛选的条件内容，❷ 切换到"数据"选项卡，单击"排序和筛选"组中的"高级"按钮，如下图所示。

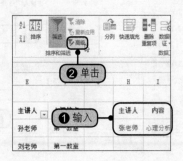

步骤 02　单击单元格引用按钮

弹出"高级筛选"对话框，在"列表区域"文本框中自动显示了列表区域的位置，单击"条件区域"右侧的单元格引用按钮，如下图所示。

步骤03 引用条件

❶选择 H2：I3 单元格区域作为条件区域，❷单击单元格引用按钮，如下图所示。

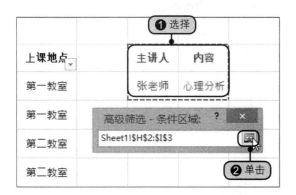

步骤04 确定筛选

返回到"高级筛选"对话框，单击"确定"按钮，如下图所示。

步骤05 筛选的结果

此时可以看见，工作表中已经筛选出了主讲人为"张老师"、课程内容为"心理分析"的课程安排信息，如左图所示。

生存技巧：在受保护的视图中自动筛选

Excel 2016 的工作表保护功能允许用户设置在受保护的工作表中可以进行的部分操作类型，其中就包括自动筛选。选中表格中的任意单元格，单击"筛选"按钮，在"审阅"选项卡中单击"保护工作表"按钮，在列表框中勾选"使用自动筛选"复选框，单击"确定"按钮。此时虽然工作表处于受保护状态，不能对任何单元格进行修改，但仍然可以使用"自动筛选"功能。

8.4 分类汇总数据

分类汇总数据就是指将工作表中的数据按照种类划分，通过对分类字段自动插入小计和合计，汇总计算多个相关的数据项。分类汇总的方法分为简单分类汇总和嵌套分类汇总。

8.4.1 简单分类汇总

简单分类汇总是指只针对一种分类字段的汇总。在对数据进行分类汇总之前，一定要保证分类的字段是按照一定顺序排列的，否则将无法实现分类汇总的效果。

原始文件： 下载资源 \ 实例文件 \08\ 原始文件 \ 商品销售统计 .xlsx

最终文件： 下载资源 \ 实例文件 \08\ 最终文件 \ 对数据进行分类汇总 .xlsx

步骤01　单击"分类汇总"按钮

打开"下载资源\实例文件\08\原始文件\商品销售统计.xlsx"，选中数据区域中的任意单元格，切换到"数据"选项卡，单击"分级显示"组中的"分类汇总"按钮，如下图所示。

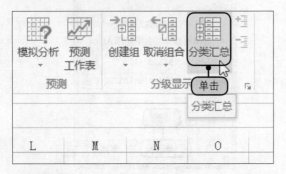

> 📷 **提示**
>
> 创建分类汇总后，可在"分级显示"组中单击"隐藏明细数据"按钮，将数据明细隐藏起来，只查看汇总结果。

步骤03　汇总的结果

单击"确定"按钮后可以看见分类汇总的显示结果，如右图所示。

步骤02　设置汇总条件

弹出"分类汇总"对话框，❶设置分类字段为"商品名称"、汇总方式为"求和"，❷在"选定汇总项"列表框中勾选"数量"和"销售额"复选框，如下图所示。

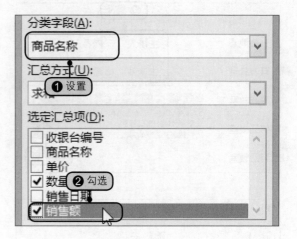

 生存技巧：隐藏或显示分类汇总数据

有时用户可能需要将暂时不需要的数据隐藏起来，突出显示最重要的汇总数据，可以在分类汇总后的工作表中单击工作表编辑区左侧的分级隐藏符号 ⊟，此时可以发现相应级别的数据被隐藏起来，同时分级隐藏符号 ⊟ 变为分级显示符号 ⊞，在工作表的左侧单击级别符号 1，工作表中就只显示出最终的汇总结果，其他数据被隐藏起来了。

8.4.2　嵌套分类汇总

嵌套分类汇总就是指多条件的汇总方式，即以一种条件汇总后，在第一种条件汇总的明细数据中再以第二种条件汇总。例如，汇总了每个商品的销售额后，再对每种商品在同一销售日期的销售额进行汇总。

 原始文件： 下载资源\实例文件\08\原始文件\商品销售统计.xlsx
最终文件： 下载资源\实例文件\08\最终文件\嵌套分类汇总.xlsx

步骤01　单击"排序"按钮

打开"下载资源\实例文件\08\原始文件\商品销售统计.xlsx"，选中数据区域中的任意单元格，切换到"数据"选项卡，单击"排序和筛选"组中的"排序"按钮，如下图所示。

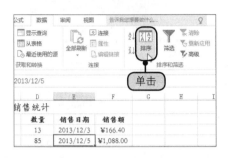

步骤02　设置主要条件

弹出"排序"对话框，❶设置"主要关键字"为"商品名称"、"次序"为"升序"，❷单击"添加条件"按钮，如下图所示。

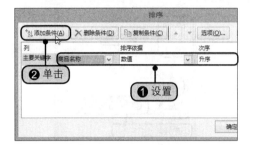

生存技巧：快速创建组合

为了更方便地查看、研究数据，用户可以对数据表中的数据进行分级组合。与使用分类汇总不同的是，创建组的方式分类统计字段将更为灵活。先选择需要创建为组的行或列，在"数据"选项卡的"分级显示"组中选择"创建组"，并设置按行或按列创建，再单击"确定"按钮即可。这时选择的行或列会自动划分为一个组，并同分类汇总一样会显示折叠符号。

步骤03　设置次要条件

❶设置"次要关键字"为"销售日期"、"次序"为"升序"，❷单击"确定"按钮，如卜图所示。

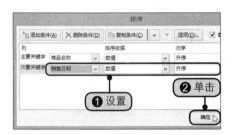

步骤04　单击"分类汇总"按钮

对工作表进行排序后，单击"分级显示"组中的"分类汇总"按钮，如下图所示。

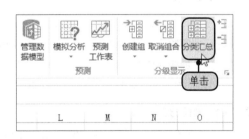

步骤05　设置分类汇总的条件

弹出"分类汇总"对话框，❶设置"分类字段"为"商品名称"，设置"汇总方式"为"求和"，❷勾选"销售额"复选框，如下图所示。

步骤06　汇总的结果

单击"确定"按钮，显示出每种商品的销售额总和，如下图所示。

步骤07　设置分类汇总的第二个条件

打开"分类汇总"对话框，❶设置分类字段为"销售日期"，设置汇总方式为"求和"，❷在"选定汇总项"列表框中勾选"销售额"复选框，❸取消勾选"替换当前分类汇总"复选框，如下图所示。

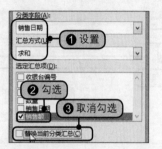

步骤08　嵌套汇总的结果

单击"确定"按钮，显示嵌套分类汇总结果，不仅统计了每种商品的销售额总和，还统计了每种商品在同一日期的销售总金额，如下图所示。

 生存技巧：自动分级显示数据

要自动分级显示数据，首先得让 Excel 明确哪些是汇总数据、哪些是明细数据，所以录入基本的数据后，要先手动建立汇总行，并在汇总行中编辑公式汇总计算，之后再选择整个需要建立分级显示数据的区域，在"创建组"下拉列表中单击"自动建立分级显示"选项，这样就可一次性快速建立所有的分级显示信息了。

8.4.3　删除分类汇总

如果不再需要工作表中的汇总显示，可以在"分类汇总"对话框中单击"全部删除"按钮，将工作表中的分类汇总清除掉。

 原始文件： 下载资源 \ 实例文件 \08\ 原始文件 \ 嵌套分类汇总 .xlsx
最终文件： 下载资源 \ 实例文件 \08\ 最终文件 \ 删除分类汇总 .xlsx

步骤01　删除分类汇总

打开"下载资源 \ 实例文件 \08\ 原始文件 \ 嵌套分类汇总 .xlsx"，打开"分类汇总"对话框，单击"全部删除"按钮，如下图所示。

步骤02　删除分类汇总后的效果

单击"确定"按钮后，返回到文档中，可以看见删除了全部的分类汇总，如下图所示。

	A	B	C	D	E	F
1	商品销售统计					
2	收银台编号	商品名称	单价	数量	销售日期	销售额
3	02	雪碧	¥2.90	31	2013/12/3	¥89.90
4	06	雪碧	¥2.90	18	2013/12/3	¥52.20
5	03	雪碧	¥2.90	31	2013/12/5	¥89.90
6	06	雪碧	¥2.90	35	2013/12/6	¥101.50
7	08	雪碧	¥2.90	14	2013/12/8	¥40.60
8	04	雪碧	¥2.90	18	2013/12/12	¥52.20
9	03	营养快线	¥4.50	11	2013/12/3	¥49.50
10	07	营养快线	¥4.50	35	2013/12/4	¥157.50
11	01	营养快线	¥4.50	11	2013/12/5	¥49.50
12	09	营养快线	¥4.50	17	2013/12/8	¥76.50
13	05	营养快线	¥4.50	13	2013/12/12	¥58.50
14	01	玉米片	¥12.80	13	2013/12/3	¥166.40

生存技巧：快速取消组合

　　创建的分组组合是可以取消的，只需选择之前组合的单元格区域，切换到"数据"选项卡，在"分级显示"组中单击"取消组合"按钮，弹出"取消组合"对话框，单击选中"行"单选按钮，再单击"确定"按钮即可，若表格中还有其他组合，再选择组合的单元格区域，并按照同样的步骤进行操作。

8.5　获取和转换数据

　　在 2010 版和 2013 版中，Excel 表格中并不直接显示"Power Query"选项卡，用户如需使用该功能，则需要单独安装 Power Query 插件。在 Excel 2016 中已经内置了这一功能，且名称也做了更改，即"数据"选项卡下的"获取和转换"组。

　　"获取和转换"功能可以从不同的数据来源中提取数据，如关系型数据库、文本、XML 文件、OData 提要、Web 页面、Hadoop 的 HDFS 等，并能够将不同来源的数据源整合在一起，建立好数据模型，为用 Excel 的 Power View、三维地图功能进行进一步的数据分析做好充足的准备。

　　原始文件： 下载资源 \ 实例文件 \08\ 原始文件 \ 获取和转换案例数据 .accdb
　　最终文件： 下载资源 \ 实例文件 \08\ 最终文件 \ 获取和转换数据 .xlsx

步骤 01 从数据库中选择数据

　　打开一个空白的工作簿，切换到"数据"选项卡下，❶在"获取和转换"组中单击"新建查询"下三角按钮，❷在展开的列表中单击"从数据库"级联列表中的"从 Microsoft Access 数据库"选项，如下图所示。

步骤 02 导入数据

　　弹出"导入数据"对话框，❶选择 Access 数据库文件，❷单击"导入"按钮，如下图所示。

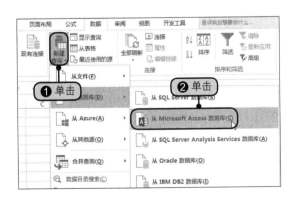

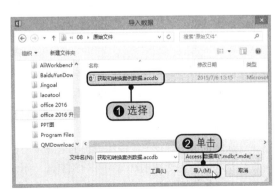

步骤03 显示各个表格的详细内容

此时，弹出了"导航器"对话框，可看到该Access数据库文件中的4个数据表格，随后选中任意一个表格，如"T0010_订单信息"，即可看到该表格的数据内容，如下图所示。

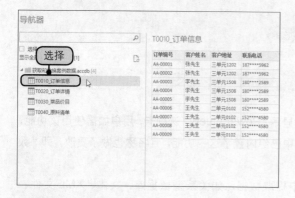

步骤04 勾选多个表格复选框

❶勾选"选择多项"复选框，并同时勾选要选择的导入表格，❷随后单击"加载"按钮右侧的下拉箭头，在展开的选项中选择"加载到"选项，如下图所示。

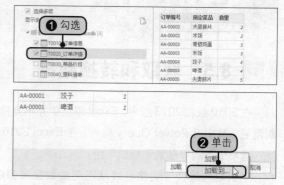

步骤05 加载表格到表中

弹出"加载到"对话框，❶单击"表"单选按钮，❷勾选"将此数据添加到数据模型"复选框，❸最后单击"加载"按钮，如下图所示。

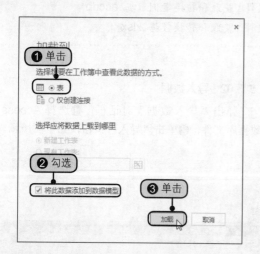

步骤06 显示导入的表格数据效果

返回工作簿中，即可看到Excel中新生成了两个数据表格，其内容就是Access中的两个表格，如下图所示。

步骤07 预览数据

在完成了数据导入后还可以发现，Excel工作表的右侧出现了"工作簿查询"面板，且在该面板中列出了刚刚导入的、经过处理的数据库表格。当鼠标悬停在每一个工作簿查询的名称上时，可以预览相应的工作簿的部分数据，如右图所示。

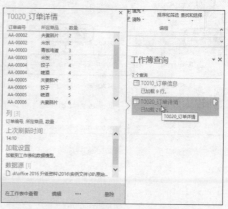

8.6 实战演练——新员工培训统计表

在员工入职的时候，公司往往会对新员工进行培训，此时就会用上培训统计表，通过整理和分析培训统计表中的数据，可以对表现好的员工和表现相对较差的员工做出比较。

原始文件： 下载资源 \ 实例文件 \08\ 原始文件 \ 新员工培训 .xlsx
最终文件： 下载资源 \ 实例文件 \08\ 最终文件 \ 新员工培训 .xlsx

步骤 01 **新建规则**

打开"下载资源 \ 实例文件 \08\ 原始文件 \ 新员工培训 .xlsx"，❶选择 C4：F12 单元格区域，❷在"开始"选项卡下，单击"样式"组中的"条件格式"按钮，❸在展开的下拉列表中单击"新建规则"选项，如下图所示。

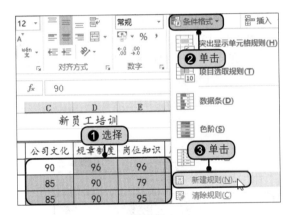

步骤 02 **设置规则**

弹出"新建格式规则"对话框，❶选择规则的类型为"只为包含以下内容的单元格设置格式"，❷设置规则的条件为"单元格值""等于""90"，❸单击"格式"按钮，如下图所示。

步骤 03 **单击"填充效果"按钮**

弹出"设置单元格格式"对话框，切换到"填充"选项卡，单击"填充效果"按钮，如下图所示。

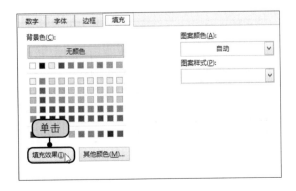

步骤 04 **设置填充效果**

弹出"填充效果"对话框，单击选中"双色"单选按钮，❶设置颜色为"蓝色，着色 1，淡色60%"和"水绿色，着色 5，淡色 60%"，❷在"底纹样式"选项组中单击选中"中心辐射"单选按钮，如下图所示。

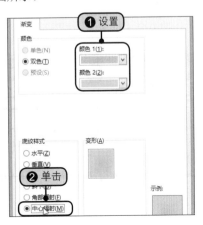

步骤05 预览填充效果

单击"确定"按钮后，返回到"设置单元格格式"对话框中，可以预览到设置的单元格格式，单击"确定"按钮，如下图所示。

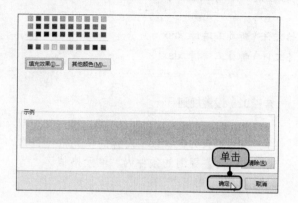

步骤06 预览格式规则

返回到"新建格式规则"对话框中，❶此时可以预览到条件格式的效果，❷单击"确定"按钮，如下图所示。

步骤07 使用自定义的条件格式后的效果

返回到工作表中后，可以看到当成绩等于90分即刚达到优秀线分数的单元格应用了自定义的格式，如下图所示。

	A	B	C	D	E	F	G
1				新员工培训			
2							得分情况统计表
3	姓名	入公司时间	公司文化	规章制度	岗位知识	服务态度	合计
4	李倩	2013/11/10	90	96	96	94	376
5	侯阳	2013/11/10	85	90	79	95	349
6	王大纲	2013/11/10	85	90	95	96	366
7	刘亮	2013/11/10	85	79	92	90	346
8	郭二部	2013/11/10	90	77	97	94	358
9	张飞牛	2013/11/10	92	95	85	95	367
10	高敏	2013/11/10	96	95	85	79	355
11	郑国府	2013/11/10	77	76	85	96	334
12	郑远	2013/11/10	90	95	73	79	337

步骤08 单击"排序"按钮

❶选择A3：G12单元格区域，❷切换到"数据"选项卡，单击"排序和筛选"组中的"排序"按钮，如下图所示。

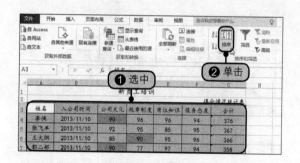

步骤09 设置排序的条件

弹出"排序"对话框，❶设置"主要关键字"为"合计"、"排序依据"为"数值"、排序的"次序"为"降序"，❷单击"确定"按钮，如下图所示。

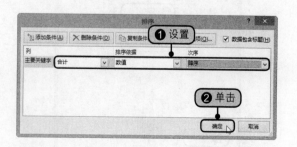

步骤10 排序的结果

此时根据得分的大小以降序排列，可以分析出每个员工的成绩高低，如下图所示。

	A	B	C	D	E	F	G
1				新员工培训			
2							得分情况统计表
3	姓名	入公司时间	公司文化	规章制度	岗位知识	服务态度	合计
4	李倩	2013/11/10	90	96	96	94	376
5	张飞牛	2013/11/10	92	95	85	95	367
6	王大纲	2013/11/10	85	90	95	96	366
7	郭二部	2013/11/10	90	77	97	94	358
8	高敏	2013/11/10	96	95	85	79	355
9	侯阳	2013/11/10	85	90	79	95	349
10	刘亮	2013/11/10	85	79	92	90	346
11	郑远	2013/11/10	90	95	73	79	337
12	郑国府	2013/11/10	77	76	85	96	334
13							

步骤 11　设置高级筛选的条件

❶在 C14：F15 单元格区域输入筛选的条件内容，即需要满足各项培训课程的得分都要在 90 分或以上。❷切换到"数据"选项卡，单击"排序和筛选"组中的"高级"按钮，如下图所示。

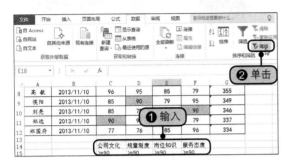

> ## 📷 提示
>
> 　　当数据区域中有合并单元格的时候，使用"升序"或"降序"按钮对数据进行排序会导致排序失败，此时可以选择需要又不包含合并单元格的数据区域，使用"排序"对话框对数据进行排序。

步骤 13　选择列表区域

选择 A3：G12 单元格区域，引用工作表的主要内容，再次单击单元格引用按钮，如下图所示。

步骤 12　选择筛选的方式

弹出"高级筛选"对话框，❶单击选中"将筛选结果复制到其他位置"单选按钮，❷单击"列表区域"右侧的单元格引用按钮，如下图所示。

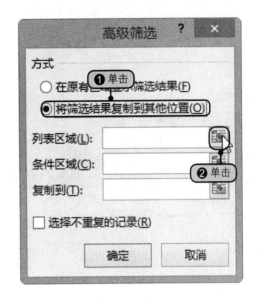

步骤 14　单击单元格引用按钮

此时在"列表区域"中显示了引用的单元格地址，单击"条件区域"右侧的单元格引用按钮，如下图所示。

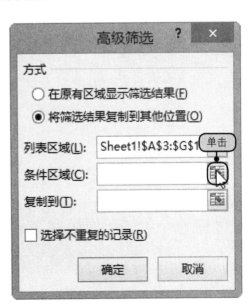

步骤15　选择条件区域

❶选择C14：F15单元格区域作为条件区域，❷单击单元格引用按钮，如下图所示。

步骤16　单击"确定"按钮

返回到"高级筛选"对话框中后，❶在"复制到"文本框中输入"Sheet1!$A$16"，❷单击"确定"按钮，如下图所示。

2013/11/10	85	90	95	96	366
2013/11/10	90	77	97	94	358
2013/11/10	96	95	85	79	355
2013/11/10	85	90	79	95	349
2013/11/10					346
2013/11/10					
2013/11/10					

高级筛选 - 条件区域: ?　×
Sheet1!$C$14:$F$15　❷ 单击

❶ 选择
公司文化	规章制度	岗位知识	服务态度
>=90	>=90	>=90	>=90

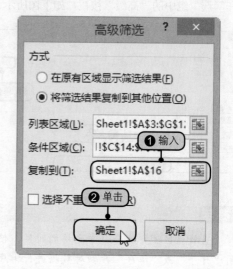

高级筛选 ? ×

方式
○ 在原有区域显示筛选结果(F)
◉ 将筛选结果复制到其他位置(O)

列表区域(L): Sheet1!$A$3:$G$1:
条件区域(C): !!$C$14:$ ❶ 输入
复制到(T): Sheet1!$A$16

□ 选择不重 ❷ 单击

确定　　取消

步骤17　显示筛选的结果

此时按照设置的条件，筛选出满足条件的员工，并将筛选的结果复制粘贴到指定的位置上，如左图所示。

	A	B	C	D	E	F	G
4	李偶	2013/11/10	90	96	96	94	376
5	张飞牟	2013/11/10	92	95	85	95	367
6	王大钢	2013/11/10	85	90	95	96	366
7	郭二部	2013/11/10	90	77	97	94	358
8	高敏	2013/11/10	96	95	85	79	355
9	侯阳	2013/11/10	85	90	79	95	349
10	刘亮	2013/11/10	85	79	92	90	346
11	郑远	2013/11/10	90	95	73	79	337
12	郑国府	2013/11/10	77	76	85	96	334
13							
14			公司文化	规	位知识	服务态度	
15			>=90	>=90	>=90	>=90	
16	姓名	入公司时间	公司文化	规章制度	岗位知识	服务态度	合计
17	李偶	2013/11/10	90	96	96	94	376

效果

第9章

数据的分析功能

	语文期末考试成绩统计表				
	A	B	C	D	E
1	语文期末考试成绩统计表				
2	学号	成绩	抽样结果		
3	201301	81	201307		
4	201302	88	201349		
5	201303	89	201331		
6	201304	99	201310		
7	201305	92	201332		
8	201306	100	201339		
9	201307	98	201336		
10	201308	98	201326		
11	201309	81	201344		
12	201310	79	201307		
13	201311	91	201344		
14	201312	88	201314		
15	201313	91	201330		
16	201314	99	201335		

Excel 具有强大的分析功能，用户只需为每一个分析工具提供数据和参数，该工具就会使用适当的统计或工程宏函数计算相应的结果，并将它们显示在输出表格中。除此之外，还可以使用数据透视表对需要的数据进行字段的汇总分析，并用透视图呈现效果。

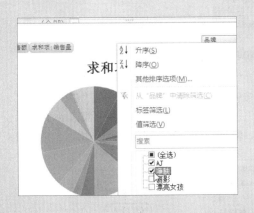

知识点

1. 使用分析工具分析数据
2. 创建数据透视表和数据透视图
3. 设置数据透视表字段和布局
4. 使用切片器筛选数据透视表数据

9.1　使用分析工具分析数据

用户在进行复杂的数据分析时，可使用分析工具库节省步骤和时间，有的分析工具不仅能显示结果，还能在输出结果的同时生成图表。在这里主要介绍 4 种常用分析工具：描述统计、相关系数、回归分析以及抽样分析。但是，需注意的是，在 Excel 2016 中，"数据分析"工具是默认不加载的，所以，要使用该工具，用户需在"Excel 选项"的"加载项"中自行添加。

9.1.1　使用描述统计分析法计算

描述统计是通过数学方法对数据资料进行整理与分析。使用 Excel 的描述统计工具，可以轻松得到一组数据的平均值、最大值、最小值、求和值、数字项个数、平均差等。

在本例中，使用描述统计分析法计算某商场家用电器销售总量、平均销售量、最大值、最小值、各种电器销售量的中位数、总体标准差。

 原始文件： 下载资源 \ 实例文件 \09\ 原始文件 \ 使用描述统计分析法计算 .xlsx
最终文件： 下载资源 \ 实例文件 \09\ 最终文件 \ 使用描述统计分析法计算 .xlsx

步骤 01　单击"数据分析"按钮

打开"下载资源\ 实例文件 \09\ 原始文件 \ 使用描述统计分析法计算 .xlsx"，❶切换至"数据"选项卡，❷单击"数据分析"按钮，如下图所示。

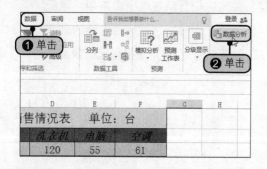

步骤 02　选择"描述统计"分析工具

弹出"数据分析"对话框，❶在"分析工具"列表框中单击"描述统计"选项，❷单击"确定"按钮，如下图所示。

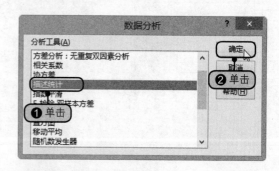

步骤 03　设置输入选项

弹出"描述统计"对话框，❶在"输入"选项组中设置"输入区域"为"B2:F14"，❷在"分组方式"选项组中单击选中"逐列"单选按钮，❸勾选"标志位于第一行"复选框，如下图所示。

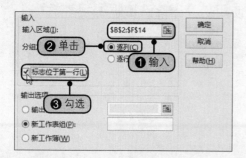

步骤 04　设置输出选项

在"输出选项"选项组中单击选中"输出区域"单选按钮，❶在右侧文本框中输入"G2"，❷勾选"汇总统计""第 K 大值"和"第 K 小值"复选框，❸并输入值为"3"，如下图所示。

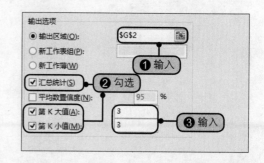

步骤 05　显示描述统计分析结果

单击"确定"按钮，在指定位置显示描述统计结果。从分析结果可以看出电脑的平均值、求和值最高，说明喜爱这个商品的用户很多；而电视机的峰度接近于 −1，说明该商品的销售过于集中，如下图所示。

提示

在"描述统计"对话框的"输出选项"选项组中，"汇总统计"是显示描述统计结果，"平均数置信度"是需要输出包含均值的置信度，"第 K 大值"是根据需要指定输出数据中的第几个最大值，"第 K 小值"是根据需要指定输出数据中的第几个最小值。

生存技巧：加载"分析工具"

要使用分析工具库，首先要安装加载项，在 Excel 工作簿中单击"文件 > 选项"命令，弹出"Excel 选项"对话框，切换至"加载项"选项卡，在右侧选项面板中单击"管理 > Excel 加载项"选项，再单击右侧的"转到"按钮，弹出"加载宏"对话框，在其列表框中勾选"分析工具库"和"规划求解加载项"复选框，再单击"确定"按钮即可。

9.1.2　使用相关系数分析法计算

相关系数分析用于判断两个或两个以上随机变量之间的相互依存关系的紧密程度。可以使用相关系数分析工具来检验每对测量值变量，以便确定两个测量值变量是否趋向于同时变动，即一个变量的较大值是否趋向于与另一个变量的较大值相关联；或者一个变量的较小值是否趋向于与另一个变量的较小值相关联；或者两个变量的值趋向于互不关联。

在本例中，列出了 2003~2016 年的居民人均全年耐用消费品支出、人均全年可支配收入以及耐用消费品价格指数的统计资料，现在要分析这 3 项值的变量变化是否相关。

原始文件： 下载资源 \ 实例文件 \09\ 原始文件 \ 使用相关系数分析法计算 .xlsx
最终文件： 下载资源 \ 实例文件 \09\ 最终文件 \ 使用相关系数分析法计算 .xlsx

生存技巧：使用 Excel 方案进行假设性分析

方案管理器可以让用户很方便地进行假设分析，用户可以为任意多的变量存储输入值的不同组合，即可变单元格，并为每个组合命名，同时用户还可以创建汇总报告，显示不同值组合的效果。在 Excel 中切换至"数据"选项卡，在"数据工具"组中单击"模拟分析 > 方案管理器"选项，打开对话框，单击"添加"按钮开始添加需要的方案数据。

步骤 01 单击"数据分析"按钮

打开"下载资源 \ 实例文件 \09\ 原始文件 \ 使用相关系数分析法计算 .xlsx"，切换至"数据"选项卡，单击"数据分析"按钮，如下图所示。

步骤 02 选择"相关系数"分析工具

弹出"数据分析"对话框，❶在"分析工具"列表框中单击"相关系数"选项，❷单击"确定"按钮，如下图所示。

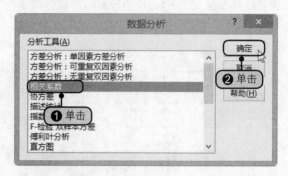

步骤 03 设置输入选项

弹出"相关系数"对话框，❶在"输入"选项组中设置"输入区域"为"B1:D12"，❷单击选中"逐列"单选按钮，❸勾选"标志位于第一行"复选框，如下图所示。

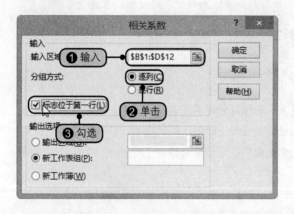

步骤 04 设置输出选项

在"输出选项"选项组中单击选中"输出区域"单选按钮，❶在文本框中输入"E2"，❷单击"确定"按钮，如下图所示。

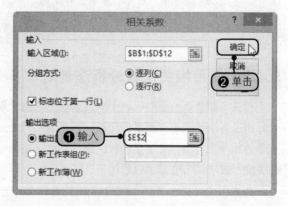

步骤 05 显示相关系数分析结果

经过操作后，在指定位置显示了相关系数的分析结果，人均耐用消费品支出与人均全年可支配收入有较强的相关性，而人均耐用消费品支出与耐用消费品价格指数和人均全年可支配收入的相关性较小，如右图所示。

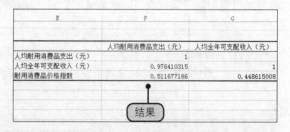

 生存技巧：用函数计算两个测量值之间的相关系数

在 Excel 2016 中，用户可以使用 CORREL 函数来计算两个测量值变量之间的相关系数，条件是每种变量的测量值都是对 N 个对象进行观测所得到的。CORREL 函数语法为：CORREL(array1,array2)；其参数 array1 为第一组数值单元格区域，array2 为第二组数值单元格区域。

9.1.3　使用回归分析法计算

回归分析工具通过对一组观察值使用"最小二乘法"直线拟合来执行线性回归分析。该工具可用来分析单个因变量是如何受一个或几个自变量的值影响的。

在本例中，给出了香格里拉 12 个观测站 11 月平均气温、海拔高度和纬度值，下面使用回归分析法来判断该地区的气温与海拔高度以及纬度是否有关。

原始文件： 下载资源 \ 实例文件 \09\ 原始文件 \ 使用回归分析法计算 .xlsx
最终文件： 下载资源 \ 实例文件 \09\ 最终文件 \ 使用回归分析法计算 .xlsx

步骤 01　单击"数据分析"按钮

打开"下载资源 \ 实例文件 \09\ 原始文件 \ 使用回归分析法计算 .xlsx"，切换至"数据"选项卡，单击"数据分析"按钮，如下图所示。

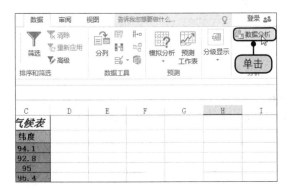

步骤 03　设置输入选项

弹出"回归"对话框，❶在"Y 值输入区域"文本框中输入"A2:A14"，在"X 值输入区域"文本框中输入"B2:C14"，❷勾选"标志"和"置信度"复选框，保留默认值"95%"，如下图所示。

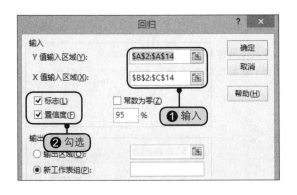

步骤 02　选择"回归"数据分析

弹出"数据分析"对话框，❶在"分析工具"列表框中单击"回归"选项，❷单击"确定"按钮，如下图所示。

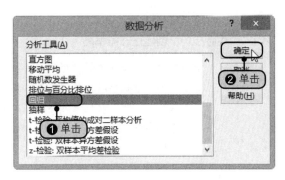

步骤 04　设置输出选项

在"输出选项"选项组中单击选中"输出区域"单选按钮，❶在右侧的文本框中输入"E2"，❷单击"确定"按钮，如下图所示。

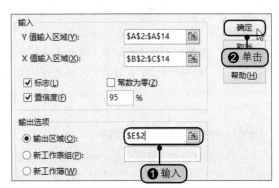

步骤05 显示回归分析计算结果

经过操作后，在工作簿中新创建了"回归分析"工作表，在其中显示回归分析的统计量、方差分析表等数据，如下图所示。

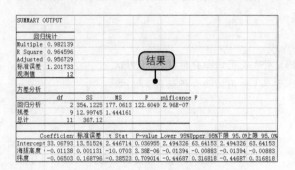

结果

 提示

在回归统计表中，F7 单元格中的值是 0.9567，这说明海拔和纬度两个自变量能解释气温变化的 95.67%，气温变化的大约 4% 要由其他因素来解释；估计的标准误差位于 F8 单元格中，其数值是 1.2017，这就是实际值与估计值之间的误差。在方差分析表中，I18 单元格中的 F 统计量的 P 值约等于 0.0369，小于显著水平 0.05，说明方程回归效果显著。回归参数表中，截距 β_0 用 Intercept 表示，其数值为 33.067；回归系数 β_1 用"海拔高度"来表示，其数值为 -0.011；回归系数 β_2 用"纬度"表示，其数值为 -0.065。最终回归方程可以写为：$=33.067-0.011h-0.065$。

生存技巧：创建正态概率图

使用回归统计工具不仅能得到相应的回归统计结果，还能生成一些图表，比如残差图、线性拟合图和正态概率图。其中残差图可以检查回归线的异常点；线性拟合图是用解析表达式逼近离散数据，即离散数据的公式化；正态概率图用于检查一组数据是否服从正态分布。要创建正态概率图，只需要在"回归"对话框的"正态分布"选项组中，勾选其复选框，完毕后单击"确定"按钮即可。

9.1.4 使用抽样分析法分析

抽样分析工具根据数据源区域创建一个样本，当样本数据太多而不能进行分析时，可以选用具有代表性的样本。如果确认数据源区域中的数据是周期性的，还可以仅对一个周期中特定时间段中的数值进行采样分析。

在本例中，给出了某学校期末语文成绩统计单，现在上级领导要抽查学生考试试卷，对某班级的全体同学随机抽取 20 名作为调查样本，我们以学生学号为依据进行抽样。

 原始文件： 下载资源 \ 实例文件 \09\ 原始文件 \ 使用抽样分析法分析 .xlsx
最终文件： 下载资源 \ 实例文件 \09\ 最终文件 \ 使用抽样分析法分析 .xlsx

步骤01 单击"数据分析"按钮

打开"下载资源 \ 实例文件 \09\ 原始文件 \ 使用抽样分析法分析 .xlsx"，切换至"数据"选项卡，单击"数据分析"按钮，如右图所示。

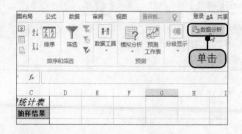

步骤 02　选择"抽样"数据分析

弹出"数据分析"对话框，❶在"分析工具"列表框中单击"抽样"选项，❷单击"确定"按钮，如下图所示。

步骤 03　设置"输入"和"抽样方法"

弹出"抽样"对话框，❶在"输入"选项组中，设置"输入区域"为"A3:A51"，❷勾选"标志"复选框，❸在"抽样方法"选项组中单击选中"随机"单选按钮，并设置"样本数"为"20"，如下图所示。

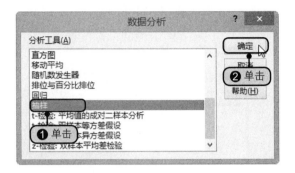

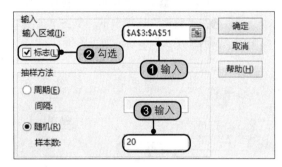

步骤 04　设置"输出"选项

❶在"输出选项"选项组中单击选中"输出区域"单选按钮，并在右侧的文本框中输入"C3"，❷单击"确定"按钮，如下图所示。

步骤 05　显示抽样分析结果

经过操作后，在指定位置显示了 20 个随机抽样的学生学号，此时可根据这 20 个抽样结果检查学生的考卷，如下图所示。

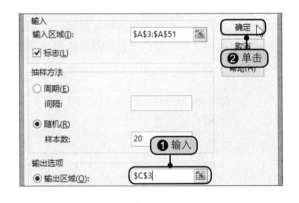

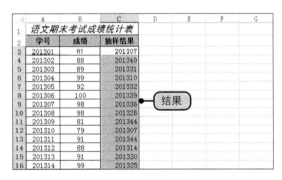

生存技巧：使用直方图工具统计频率

直方图分析工具可计算数据单元格区域和数据接收区间的单个和累积频率，一般用于统计数据集中某个数值出现的次数，功能与函数 FREQUENCY 相同。例如，在一个有 10 名员工的小组里，可按销售额的范围确定销售业绩的分布情况，直方图表可给出销售额的边界，以及在最低边界和当前边界之间业绩出现的次数，出现频率最多的销售业绩即为数据集中的众数。

9.1.5　使用预测工作表分析

在 Excel 2016 中的"数据"选项卡下，除了有以上 4 个常用的数据分析工具以外，还新增了预测功能，同时也新增了几个预测函数，即"预测"功能组中的"预测工作表"工具。

原始文件： 下载资源 \ 实例文件 \09\ 原始文件 \ 销售数据表 .xlsx
最终文件： 下载资源 \ 实例文件 \09\ 最终文件 \ 预测工作表 .xlsx

步骤 01　单击"预测工作表"按钮

打开"下载资源 \ 实例文件 \09\ 原始文件 \ 销售数据表 .xlsx"，❶选中表格中含有数据的任意单元格，❷在"数据"选项卡下，单击"预测"组中的"预测工作表"按钮，如下图所示。

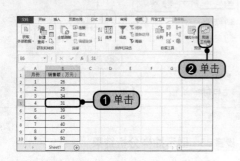

步骤 03　设置预测参数

❶单击"选项"左侧的三角形按钮，❷设置"预测结束"和"预测开始"分别为"12"和"9"，其他选项的设置保持不变，❸单击"创建"按钮，如下图所示。

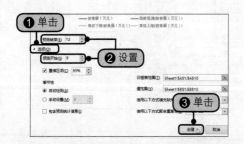

步骤 05　查看预测公式

❶选中预测月份的趋势预测单元格，如 C11，❷可看到该单元格中的公式，以及应用的预测函数，如下图所示。

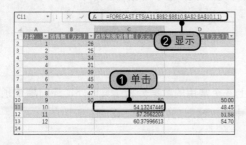

步骤 02　查看预览效果

弹出"创建预测工作表"对话框，可看到显示的预测图表效果，如下图所示。

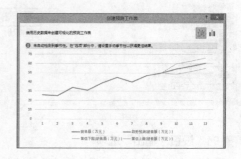

步骤 04　显示效果

经过以上操作后，返回工作表，可看到工作表中插入了一个新的工作表，且在该工作表中可看到要预测月份的销售额预测情况、置信下限和置信上限的销售额情况，以及预测的图表效果，如下图所示。

步骤 06　查看置信区间公式

应用相同的方法，❶选中置信上限或者是置信下限列的单元格，❷可看到公式及其所用的函数，如下图所示。

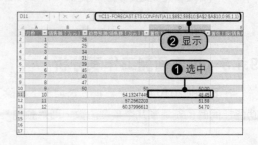

生存技巧：认识 Excel 方差分析

方差分析工具提供了不同类型的方差分析，具体应使用哪一种工具需根据因素的个数以及待检验样本总体中所含样本的个数而定，其中包括单因素方差分析、包含重复的双因素方差分析以及无重复的双因素方差分析。单因素可对两个或更多样本的数据执行简单的方差分析，包含重复的双因素可用于当数据可沿着两个不同的维度分类时的方差分析，无重复的双因素可用于当数据像包含重复的双因素那样按照两个不同的维度进行分类时的方差分析。

 9.2 创建数据透视表分析

数据透视表是一种交互式的表格，可以进行某些计算，如求和与计数等。之所以称为数据透视表，是因为用户可以动态地改变它们的版面布置，以便按照不同方式分析数据，也可以重新安排行列标签和页字段。每一次改变版面布置时，数据透视表会立即按照新的布置重新计算数据。在 Excel 2016 中，许多改进和新增功能使数据透视表使用起来更简便、更快速。

9.2.1 创建数据透视表

Excel 的分析数据功能非常强大，数据透视表就是其中之一。在创建数据透视表时用户选择需要的字段，该字段就会在数据透视表中显示出来，这便构成了最初的数据透视表模型。

原始文件： 下载资源 \ 实例文件 \09\ 原始文件 \ 创建数据透视表 .xlsx
最终文件： 下载资源 \ 实例文件 \09\ 最终文件 \ 创建数据透视表 .xlsx

步骤01 单击"数据透视表"按钮

打开"下载资源 \ 实例文件 \09\ 原始文件 \ 创建数据透视表 .xlsx"，❶切换至"插入"选项卡，❷在"表格"组中单击"数据透视表"按钮，如下图所示。

步骤02 设置数据透视表区域

弹出"创建数据透视表"对话框，❶单击选中"选择一个表或区域"单选按钮，保留右侧的默认值，❷单击选中"新工作表"单选按钮，❸单击"确定"按钮，如下图所示。

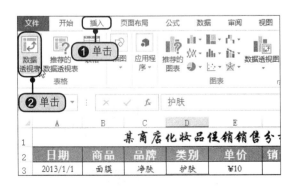

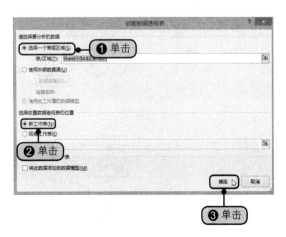

步骤03 选择数据透视表字段

此时在工作表右侧展开了"数据透视表字段"任务窗格，在"选择要添加到报表的字段"列表框中勾选需要的字段，如下图所示。

步骤04 显示初步创建的数据透视表

经过操作后，在左侧的数据透视表中便自动生成了一定的数据透视表布局，如下图所示。

生存技巧：更改与刷新透视表数据源

在用户使用数据透视表进行分析时，如果需要更改数据源，可以按照以下的方法进行操作：切换至"数据透视表工具—分析"选项卡，单击"更改数据源"按钮，再重新返回数据源工作表选取需要的单元格区域，完毕后在对话框中单击"确定"按钮即可。如果用户更改了数据源数据，就直接单击"刷新"按钮，在数据透视表中会显示更新后的数据信息。

9.2.2　设置数据透视表字段

前面创建了默认的数据透视表字段布局，接下来，用户可以根据自己的需求对字段布局进行更改，从而查看不同的数据源汇总结果。

原始文件： 下载资源 \ 实例文件 \09\ 原始文件 \ 创建数据透视表 .xlsx
最终文件： 下载资源 \ 实例文件 \09\ 最终文件 \ 设置数据透视表字段 .xlsx

步骤01 将"品牌"字段移动到报表筛选

打开"下载资源 \ 实例文件 \09\ 原始文件 \ 创建数据透视表 .xlsx"，在"数据透视表字段列表"任务窗格中，❶单击"行标签"列表框中的"品牌"下三角按钮，❷在展开的下拉列表中单击"移动到报表筛选"选项，如下图所示。

步骤02 将"类别"字段移动到报表筛选

在"数据透视表字段列表"任务窗格中，❶单击"行标签"列表框中的"类别"下三角按钮，❷在展开的下拉列表中单击"移动到报表筛选"选项，如下图所示。

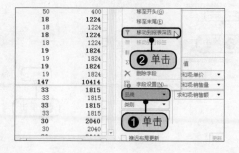

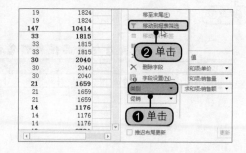

步骤03 将"商品"字段下移

在"数据透视表字段列表"任务窗格中，❶单击"行标签"列表框中的"商品"下三角按钮，❷在展开的下拉列表中单击"下移"选项，如下图所示。

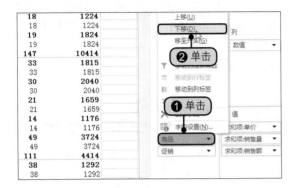

步骤04 显示调整行标签字段结果

经过操作后，"品牌"字段和"类别"字段被移至筛选区，并且在数据透视表中显示调整行标签字段的结果，如下图所示。

步骤05 筛选"品牌"字段

❶在筛选区单击"品牌"字段右侧的下三角按钮，❷在其列表框中单击"丽影"选项，❸单击"确定"按钮，如下图所示。

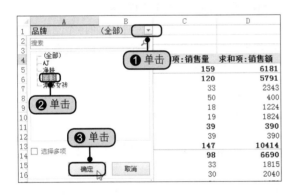

步骤06 显示筛选结果

经过操作后，在数据透视表中只显示"品牌"是"丽影"的数据信息，如下图所示。

生存技巧：设置数据透视表数字格式

数据透视表中默认的数据格式是"常规"，用户也可以选择将其设置为其他格式，例如货币、百分比、数值等。只需要右击需要的字段的任意单元格，在弹出的快捷菜单中单击"数字格式"命令，弹出"设置单元格格式"对话框，在"分类"列表框中选择需要的格式，完毕后单击"确定"按钮即可。

9.2.3 设置数据透视表布局

设置数据透视表布局包括设置分类汇总项、总计、报表布局以及空行。其中，报表布局可以更改数据透视表的显示效果，例如以压缩形式显示、以大纲形式显示以及以表格形式显示。

原始文件： 下载资源\实例文件\09\原始文件\设置数据透视表布局.xlsx
最终文件： 下载资源\实例文件\09\最终文件\设置数据透视表布局.xlsx

步骤 01 单击"以大纲形式显示"选项

打开"下载资源\实例文件\09\原始文件\设置数据透视表布局.xlsx"，切换至"数据透视表工具－设计"选项卡，单击"报表布局 > 以大纲形式显示"选项，如下图所示。

步骤 02 显示大纲形式的布局效果

经过操作后，数据透视表的布局以大纲形式显示出来，同样显示字段标题，不过看起来会更加整洁一些，如下图所示。

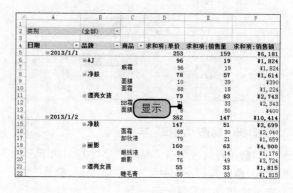

步骤 03 设置"在每个项目后插入空行"

在"数据透视表工具－设计"选项卡的"布局"组中，❶单击"空行"按钮，❷在展开的下拉列表中单击"在每个项目后插入空行"选项，如下图所示。

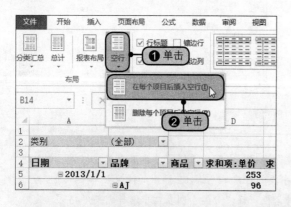

步骤 04 显示插入空行的效果

经过操作后，在数据透视表的每个品牌的商品数据结束后都会插入一个空行，让数据透视表显示得更加清晰，如下图所示。

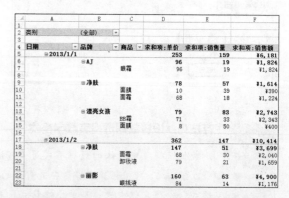

 生存技巧：更改值汇总与显示方式

在"值字段设置"对话框中，用户可以对值的汇总方式和显示方式进行更改。只需要选中需要的字段任意单元格，切换至"数据透视表工具－分析"选项卡，在"活动字段"组中单击"字段设置"按钮，弹出"值字段设置"对话框，在"值汇总方式"选项卡下可以选择计算类型，包括求和、计数、平均值、最大值、最小值等；在"值显示方式"选项卡下可以设置值的显示方式，包括全部汇总百分比、列汇总的百分比、行汇总的百分比等。

9.2.4 设置数据透视表样式

为了让工作表中的数据透视表快速变美观，用户可以为其应用 Excel 2016 中内置的几十种样式，包括浅色、中等深浅以及深色三种类别。

原始文件： 下载资源 \ 实例文件 \09\ 原始文件 \ 设置数据透视表样式 .xlsx
最终文件： 下载资源 \ 实例文件 \09\ 最终文件 \ 设置数据透视表样式 .xlsx

步骤01 调整图片

打开"下载资源 \ 实例文件 \09\ 原始文件 \ 设置数据透视表样式 .xlsx"，选中数据透视表任意单元格，切换至"数据透视表工具－设计"选项卡，单击"数据透视表样式"快翻按钮，如下图所示。

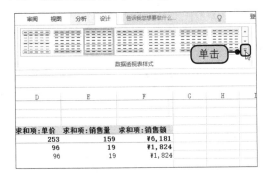

步骤02 选择数据透视表样式

在展开的样式库中选择"数据透视表样式深色 20"样式，如下图所示。

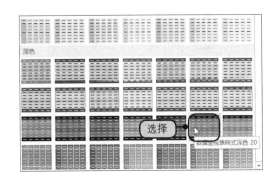

步骤03 显示应用样式后的数据透视表

经过操作后，工作表中的数据透视表应用了选择的"数据透视表样式深色 20"样式，如右图所示，此时的数据透视表看起来是不是更加漂亮了呢？

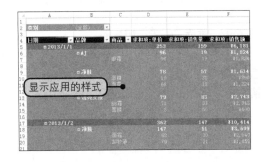

生存技巧：添加数据计算字段

自定义计算字段是指在数据透视表中增加新的计算字段，但源数据并不改变。其操作是切换至"数据透视表工具－分析"选项卡，在"计算"组中单击"域、项目和集"按钮，在展开的下拉列表中单击"计算字段"选项，弹出"插入计算字段"对话框，在此输入名称、公式后单击"添加"按钮，再单击"确定"按钮即可。

9.3 使用切片器筛选数据透视表数据

在使用 Excel 提供的数据透视表分析海量数据时，经常需要交互式动态查看不同数据的汇总结果，虽然可以直接在数据透视表中通过字段筛选一步一步地达到目的，但这种操作方式不够直观，还容易出错，此时不妨使用 Excel 2016 提供的"切片器"工具来筛选。

9.3.1 插入切片器

使用切片器可以快速筛选数据透视表数据，除此之外，切片器还会指示当前筛选状态，从而便于用户轻松、准确地了解已筛选的数据透视表中所显示的内容。

原始文件： 下载资源 \ 实例文件 \09\ 原始文件 \ 插入切片器.xlsx
最终文件： 下载资源 \ 实例文件 \09\ 最终文件 \ 插入切片器.xlsx

步骤 01 单击"插入切片器"按钮

打开"下载资源 \ 实例文件 \09\ 原始文件 \ 插入切片器.xlsx"，切换至"数据透视表工具－分析"选项卡，单击"插入切片器"按钮，如下图所示。

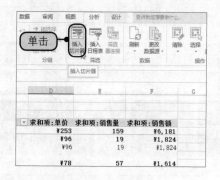

步骤 02 选择切片器项目

弹出"插入切片器"对话框，❶勾选需要添加的切片器，例如勾选"商品""品牌""类别"以及"促销"复选框，❷单击"确定"按钮，如下图所示。

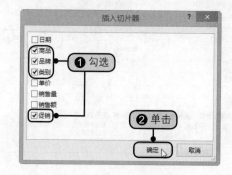

步骤 03 筛选"促销"切片器

返回数据透视表，此时可以看到插入的"商品""品牌""类别"以及"促销"切片器，在"促销"切片器中单击"6 折"按钮，如下图所示。

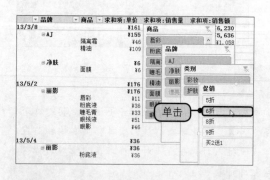

步骤 04 筛选"类别"切片器

❶在"类别"切片器中单击"彩妆"按钮，❷此时在数据透视表中只显示"6 折"的"彩妆"数据信息，如下图所示。

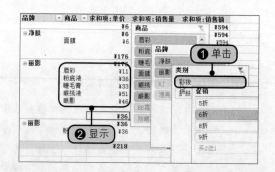

生存技巧：在数据透视表中排序

在数据透视表中，用户可以对数据内容进行排序，这样能让整个数据表显示得更加清楚。若要对数据透视表中的字段排序，可以按照以下方法进行：在数据透视表区域中，选中需要排序字段的任意单元格，切换至"数据"选项卡，在"排序和筛选"组中单击"排序"按钮，弹出"按值排序"对话框，在其中设置"排序选项"和"排序方向"，之后单击"确定"按钮。

9.3.2　设置切片器

默认情况下，切片器是按字段顺序排列的，但我们可以根据当前需求将某个切片器置顶排列，或者让切片器的按钮呈 2 列或更多列，还能应用切片器样式来进行美化。

原始文件： 下载资源 \ 实例文件 \09\ 原始文件 \ 应用切片器样式 .xlsx
最终文件： 下载资源 \ 实例文件 \09\ 最终文件 \ 应用切片器样式 .xlsx

步骤 01　单击"置于顶层"选项

打开"下载资源 \ 实例文件 \09\ 原始文件 \ 应用切片器样式 .xlsx"，❶选中"商品"切片器，切换至"切片器工具－选项"选项卡，❷单击"上移一层"的下三角按钮，❸在展开的下拉列表中单击"置于顶层"选项，如下图所示。

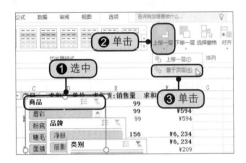

步骤 03　显示设置切片器按钮的效果

经过操作后，所选切片器应用了 2 列按钮效果，按住【Ctrl】键不放，依次选中所有切片器，如下图所示。

步骤 05　显示应用切片器样式效果

经过操作后，所选的全部切片器都应用了设置的样式效果，如右图所示。

步骤 02　设置按钮列数

❶"商品"切片器被移至最前面，❷在"按钮"组中的"列"文本框中输入"2"，按【Enter】键，如下图所示。

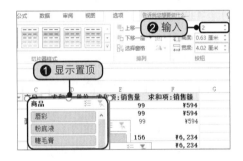

步骤 04　选择切片器样式

在"切片器工具－选项"选项卡，在"切片器样式"框中选择"切片器样式深色 4"样式，如下图所示。

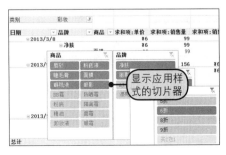

生存技巧：将字段自动进行分组

使用数据透视表分析数据时，用户可根据字段内容分组，如根据日期、时间分组。只需选中对应的日期字段，切换至"数据透视表工具—分析"选项卡，单击"组字段"按钮，弹出"分组"对话框，设置分组的起始时间和终止时间，最后再选择步长，完毕后单击"确定"按钮即可。

9.4 使用数据透视图动态分析

数据透视图以图形形式表示数据透视表中的数据，与标准图表一样，数据透视图显示数据系列、类别、数据标记和坐标轴。数据透视图通常有一个使用相应布局的相关联的数据透视表，图与表中的字段相互对应。

9.4.1 创建数据透视图

首次创建数据透视表时可以自动创建数据透视图，也可以基于现有的数据透视表创建数据透视图。下面以基于现有数据透视表创建数据透视图为例进行介绍。

原始文件： 下载资源 \ 实例文件 \09\ 原始文件 \ 创建数据透视图 .xlsx
最终文件： 下载资源 \ 实例文件 \09\ 最终文件 \ 创建数据透视图 .xlsx

步骤01 单击"数据透视图"按钮

打开"下载资源 \ 实例文件 \09\ 原始文件 \ 创建数据透视图 .xlsx"，切换至"数据透视表工具—分析"选项卡，在"工具"组中单击"数据透视图"按钮，如下图所示。

步骤02 选择图表类型

弹出"插入图表"对话框，在左侧列表框中单击"饼图"选项，❶在右侧界面中单击"饼图"图标，❷单击"确定"按钮，如下图所示。

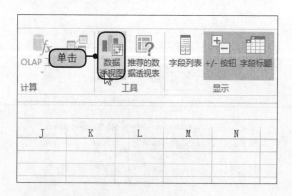

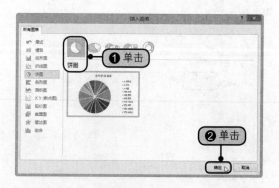

步骤03 显示创建的数据透视图

经过操作后，在数据透视表中插入了数据透视图饼图，在该图表中可以看到基本的透视信息，如右图所示。

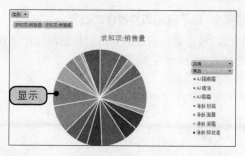

9.4.2 编辑数据透视图

创建数据透视图后，用户可以直接在透视图中对字段进行操作，以实时查看图表的显示结果。例如在本例中，我们要查看"AJ"和"净肤"两大品牌大于 1000 的销售额信息，并且把透视图移动到数据源所在的工作表中。

原始文件： 下载资源 \ 实例文件 \09\ 原始文件 \ 编辑数据透视图 .xlsx
最终文件： 下载资源 \ 实例文件 \09\ 最终文件 \ 编辑数据透视图 .xlsx

步骤 01 更改显示字段

打开"下载资源 \ 实例文件 \09\ 原始文件 \ 编辑数据透视图 .xlsx"，在数据透视表字段中拖动"求和项：销售额"至"值"区域的开头，如下图所示。

步骤 02 显示"求和项：销售额"图表

经过操作后，此时数据透视图显示"销售额"的数据信息，如下图所示。

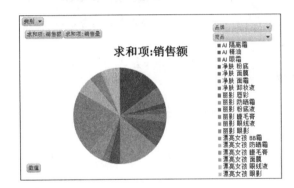

生存技巧：隐藏数据透视图中的字段按钮

对数据透视图设置完毕后，为了让图表有更多显示区域，可将字段按钮隐藏起来，只需右击图表中任意字段按钮，在弹出的快捷菜单中单击"隐藏图表上的所有字段按钮"命令即可。

步骤 03 筛选"品牌"字段

❶在图表中单击图例字段按钮"品牌"，❷在展开的下拉列表中勾选需要显示的品牌"AJ"和"净肤"复选框，如下图所示。

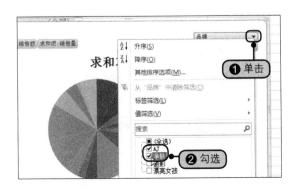

步骤 04 值筛选"商品"字段

单击"确定"按钮，❶再在图表中单击图例字段按钮"商品"，❷在展开的下拉列表中单击"值筛选 > 大于"选项，如下图所示。

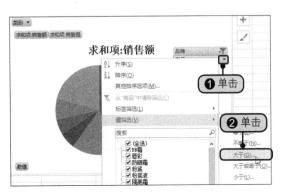

步骤05　设置值筛选

弹出"值筛选（商品）"对话框，❶依次设置项目为"求和项：销售额""大于""1000"，❷单击"确定"按钮，如下图所示。

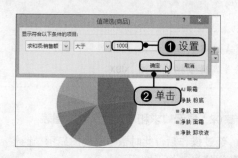

步骤06　显示筛选后的数据图

返回数据透视图，此时在图表中只显示所选品牌"AJ"和"净肤"，并且销售额大于1000的商品信息，如下图所示。

生存技巧：将数据透视图转为普通图表

要将数据透视图转换为普通图表，首先选择数据透视表中的任意数据，切换至"数据透视表工具—分析"选项卡，单击"选择"按钮，在展开的下拉列表中单击"整个数据透视表"选项，按【Delete】键，即可将数据透视图转换为普通图表。

步骤07　添加数据标签

❶右击数据透视图系列，❷在弹出的快捷菜单中单击"添加数据标签>添加数据标签"命令，如下图所示。

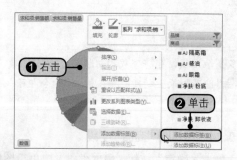

步骤08　显示添加数据标签后的效果

经过操作后，数据透视图中的所有系列都被添加了销售金额，方便用户看到筛选商品的详细销售情况，如下图所示。

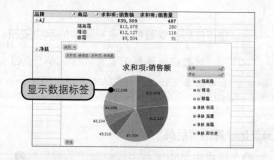

步骤09　单击"移动图表"命令

❶右击数据透视图，❷在弹出的快捷菜单中单击"移动图表"命令，如下图所示。

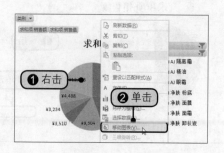

步骤10　选择放置图表的位置

弹出"移动图表"对话框，❶单击"对象位于"单选按钮，❷在右侧下拉列表中选择"Sheet1"选项，❸单击"确定"按钮，如下图所示。

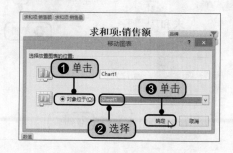

步骤 11　显示移动图表后的效果

返回工作表，切换至"Sheet1"工作表，可以看到数据透视图已经被移动到工作表中，如右图所示。

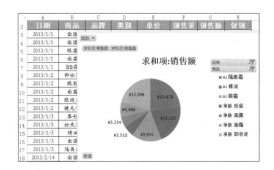

　生存技巧：让数据透视图的图表标题随表而动

在制作好数据透视图后，有时会发现图表标题可能并不符合表格中的数据内容，此时可选中数据透视图中的标题，在编辑栏中输入"="，再单击表格的标题单元格即可，如右图所示。

9.5　管理数据模型

在 Excel 2016 中，"数据"选项卡下的"数据工具"组中新增了一个"管理数据模型"功能。该功能的主要作用是转到 Power Pivot 窗口中，Power Pivot 可用于执行功能强大的数据分析和创建复杂的数据模型，通过该功能能够解析来自各种来源的大量数据，从而快速执行信息的分析，以及轻松分享见解。

原始文件： 下载资源 \ 实例文件 \09\ 原始文件 \ 管理数据模型 .xlsx
最终文件： 下载资源 \ 实例文件 \09\ 最终文件 \ 管理数据模型 .xlsx

步骤 01　复制数据区域

打开"下载资源 \ 实例文件 \09\ 原始文件 \ 管理数据模型 .xlsx"，❶选中表格中的数据区域，❷单击"剪贴板"组中的"复制"按钮，如下图所示。

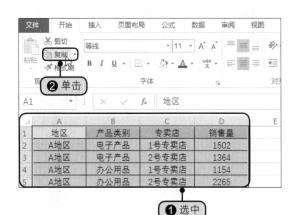

步骤 02　启动管理数据模型

切换到"数据"选项卡下，单击"数据工具"组中的"管理数据模型"按钮，如下图所示，即可转到 Power Pivot 窗口。

步骤 03　粘贴选中数据

在弹出的"管理数据模型"工作界面中单击"粘贴"按钮，如下图所示。

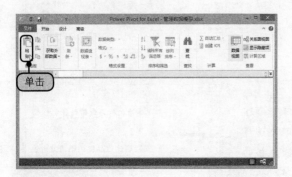

步骤 05　拖动鼠标

❶可以看到在该工作界面中插入了一个名为"销售表"的工作表，❷将鼠标放置在黑色粗线上，当其变为十字符号时，向下拖动鼠标，如下图所示，即可显示更多的数据内容。

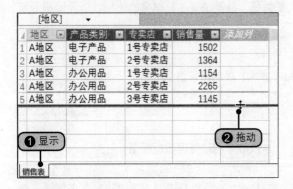

步骤 07　设置数据透视表位置

弹出"创建数据透视表"对话框，❶单击"现有工作表"单选按钮，并设置好数据透视表的位置，❷设置完成后，单击"确定"按钮，如下图所示。

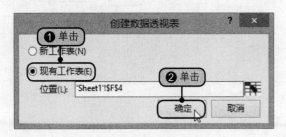

步骤 04　设置表名称以及粘贴预览

❶在弹出的"粘贴预览"对话框中设置"表名称"为"销售表"，❷勾选"使用第一行作为列标题"复选框，❸单击"确定"按钮，如下图所示。

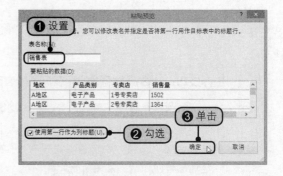

步骤 06　插入数据透视表

在该工作界面中单击"数据透视表"下三角按钮，在展开的列表中单击"数据透视表"选项，如下图所示。

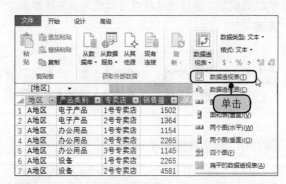

步骤 08　勾选字段

❶在"数据透视表字段"窗格中勾选要显示的字段，如"地区""产品类别"和"销售量"，❷将"地区"字段移动到"列"标签中，即可在工作表中看到如下图所示的数据透视表效果。

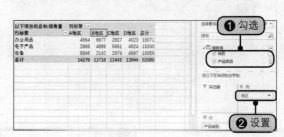

步骤 09 添加计算字段

❶在"数据透视表字段"窗格中，右击"销售表"，❷在弹出的快捷菜单中单击"添加度量值"选项，如下图所示。

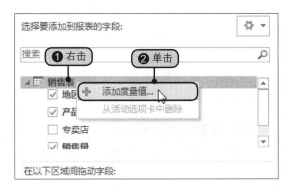

步骤 10 设置计算公式

❶弹出"度量值"对话框，设置好"表名称"和"度量值名称"，❷然后在"公式"下的文本框中输入公式"=CALCULATE(SUM('销售表'[销售量]),'销售表'[专卖店]="1号专卖店")"，❸最后单击"检查DAX公式"按钮，如下图所示。

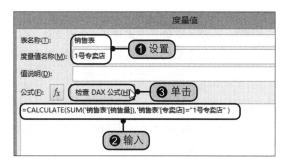

步骤 11 单击"确定"按钮

❶可以看到"此公式无错误"提示信息，❷单击"确定"按钮，如下图所示。

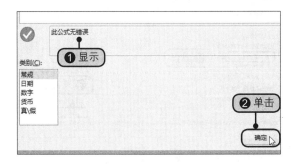

步骤 12 勾选计算后的字段

返回"管理数据模型"工作表中，在"销售表"中勾选新添加的字段，如下图所示。

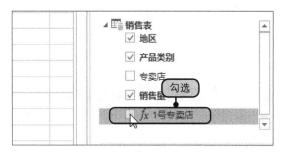

步骤 13 显示数据透视表效果

可看到添加字段后的数据透视表效果，如下图所示。

步骤 14 更改字段名

选中 G6 单元格，将单元格中的"以下项目的总和：销售量"改为"销售量"，按下【Enter】键后，即可看到所有的"以下项目的总和：销售量"都变为了"销售量"，随后拖动鼠标将列宽拖动到合适的宽度，如下图所示。

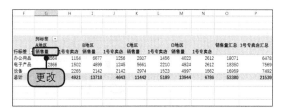

9.6 实战演练——产品销售统计表

产品的销售统计对于任何一家企业来说都是非常重要的。销售统计表里包含一些基本的销售情况，例如销售日期、销售员、产品名称、销售数量、销售金额等，通过数据透视表能对销售数据进行更多的分析，例如按照日期分析各销售员的销售情况、按照销售员分析各产品的销售数据。插入切片器还能轻松地筛选需要的数据信息，在本例中需要筛选出"产品名称"为"中英文显示屏"、"运送方式"为"空运"的数据。

原始文件： 下载资源 \ 实例文件 \09\ 原始文件 \ 产品销售统计表 .xlsx
最终文件： 下载资源 \ 实例文件 \09\ 最终文件 \ 产品销售统计表 .xlsx

步骤01　插入数据透视表

打开"下载资源 \ 实例文件 \09\ 原始文件 \ 产品销售统计表 .xlsx"，选中数据表中的任意单元格，切换至"插入"选项卡，在"表格"组中单击"数据透视表"按钮，如下图所示。

步骤02　设置数据透视表区域

弹出"创建数据透视表"对话框，❶单击"选择一个表或区域"单选按钮，保留下方的默认值，❷单击"新工作表"单选按钮，❸单击"确定"按钮，如下图所示。

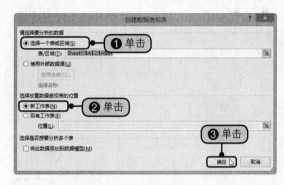

步骤03　选择数据透视表字段

此时在工作表右侧展开了"数据透视表字段列表"任务窗格，在"选择要添加到报表的字段"列表框中勾选"日期""销售员""产品名称""数量（套）""总金额"以及"运送方式"复选框，如下图所示。

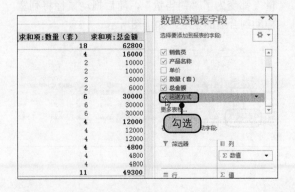

步骤04　单击"数字格式"命令

在左侧即生成了数据透视表模型，❶右击报表中字段"总金额"下的任意单元格，❷在弹出的快捷菜单中单击"数字格式"命令，如下图所示。

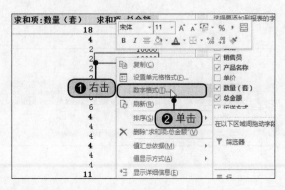

步骤 05 设置货币格式

弹出"设置单元格格式"对话框，❶在左侧"分类"列表框中单击"货币"选项，❷在右侧"小数位数"文本框中输入"0"，其他保留默认值，如下图所示，完毕后单击"确定"按钮。

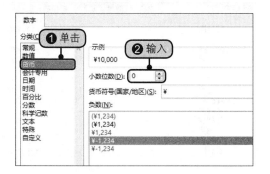

步骤 07 设置分组步长

弹出"组合"对话框，在"自动"选项组中保留"起始于"和"终止于"值，❶在"步长"列表框中只单击"月"选项，❷完毕后单击"确定"按钮，如下图所示。

步骤 09 将"销售员"字段移至开头

在"数据透视表字段列表"任务窗格中，❶单击"行标签"列表框中"销售员"字段，❷在展开的下拉列表中单击"移至开头"选项，如下图所示。

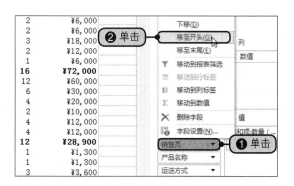

步骤 06 将所选内容分组

❶在数据透视表中选中"日期"字段中任意单元格，切换至"数据透视表工具－分析"选项卡，❷在"分组"组中单击"组选择"按钮，如下图所示。

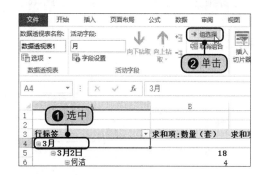

步骤 08 显示分组后的效果

经过操作后，数据透视表中的"日期"字段按照"月份"进行分组了，用户可以在此根据月份查看各员工的销售信息，如下图所示。

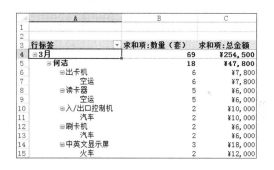

步骤 10 将"产品名称"字段上移

❶单击"产品名称"字段，❷在展开的下拉列表中单击"上移"选项，如下图所示。

步骤11 折叠"日期"字段

❶在数据透视表中右击"日期"字段，❷在弹出的快捷菜单中单击"展开 / 折叠 > 折叠整个字段"命令，如下图所示。

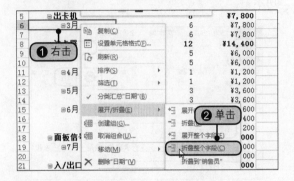

步骤12 显示折叠字段后的效果

经过操作后，用户可以更加简洁地查看各员工销售的产品对应的各月的销售情况，如下图所示。

3	行标签	▼	求和项:数量（套）	求和项:总金额
4	⊟何洁		53	¥186,200
5	⊟出卡机		6	¥7,800
6	⊞3月		6	¥7,800
7	⊟读卡器		12	¥14,400
8	⊞3月		5	¥6,000
9	⊞4月		1	¥1,200
10	⊞5月		3	¥3,600
11	⊞6月		3	¥3,600
12	⊟面板信号		5	¥20,000
13	⊞7月		5	¥20,000
14	⊟入/出口控制机		6	¥30,000
15	⊞3月		2	¥10,000
16	⊞5月		4	¥20,000
17	⊟刷卡机		10	¥30,000

步骤13 将"产品名称"字段移至开头

在"数据透视表字段列表"任务窗格中，❶单击"行标签"列表框中的"产品名称"字段，❷在展开的下拉列表中单击"移至开头"选项，如下图所示。

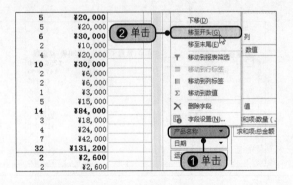

步骤14 显示调整"产品名称"字段的结果

此时数据透视表又按照产品名称汇总各员工的销售信息了，如下图所示。

3	行标签	▼	求和项:数量（套）	求和项:总金额
4	⊟出卡机		30	¥39,000
5	⊟何洁		6	¥7,800
6	⊞3月		6	¥7,800
7	⊟李强		2	¥2,600
8	⊞7月		2	¥2,600
9	⊟刘磊磊		1	¥1,300
10	⊞3月		1	¥1,300
11	⊟萧峰		15	¥19,500
12	⊞5月		5	¥6,500
13	⊞7月		10	¥13,000
14	⊟张克强		6	¥7,800
15	⊞5月		6	¥7,800
16	⊟读卡器		46	¥55,200

步骤15 单击"插入切片器"按钮

切换至"数据透视表工具－分析"选项卡，在"筛选"组中单击"插入切片器"按钮，如下图所示。

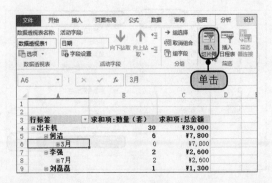

步骤16 选择切片器项目

弹出"插入切片器"对话框，❶勾选需要插入的切片器，这里勾选"销售员""产品名称"以及"运送方式"复选框，❷完毕后单击"确定"按钮，如下图所示。

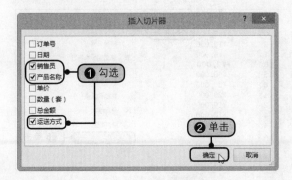

步骤 17 使用切片器筛选数据

在数据透视表中插入了"销售员""产品名称"以及"运送方式"切片器，❶在"产品名称"切片器中单击"中英文显示屏"按钮，❷在"运送方式"切片器中单击"空运"按钮，如下图所示。

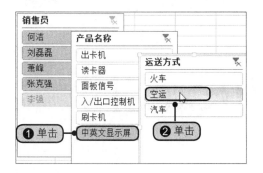

步骤 18 显示筛选数据结果

经过操作后，在数据透视表中只显示产品"中英文显示屏"并且运送方式为"空运"的销售记录，如下图所示。

行标签	求和项:数量（套）	求和项:总金额
⊟中英文显示屏	27	￥162,000
⊟何洁	11	￥66,000
⊞3月	1	￥6,000
⊞4月	4	￥24,000
⊞5月	6	￥36,000
⊟刘磊磊	2	￥12,000
⊞5月	2	￥12,000
⊟萧峰	6	￥36,000
⊞7月	6	￥36,000
⊟张克强	8	￥48,000
⊞3月	8	￥48,000
总计	27	￥162,000

步骤 19 应用数据透视表样式

切换至"数据透视表工具－设计"选项卡，单击"数据透视表样式"组中的快翻按钮，在展开的库中选择"数据透视表样式浅色 23"样式，如下图所示。

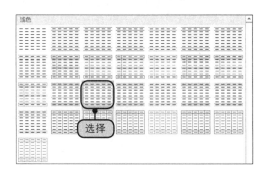

步骤 20 选中全部切片器

此时数据透视表应用了所选样式效果，按住【Ctrl】键不放，依次选中"销售员"切片器、"产品名称"切片器以及"运送方式"切片器，如下图所示。

步骤 21 应用切片器样式

切换至"切片器工具－选项"选项卡，在"切片器样式"组中选择"切片器样式深色 5"样式，如下图所示。

步骤 22 显示应用切片器样式后的效果

经过操作后，选中的全部切片器均应用了所选的样式，数据透视表和切片器更加美观了，如下图所示。

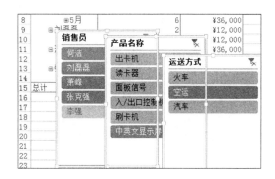

第10章

公式与函数为Excel锦上添花

Excel具备强大的数据分析与处理功能，其中公式和函数起到了非常重要的作用。用户不仅可以自定义计算公式，还可以用Excel 的预定义函数满足更加复杂的数据的计算，想要提高自己的 Excel 工作效率，提高公式与函数的应用技能是最佳的途径之一。

知识点

1. 公式的组成和运算符的优先级
2. 单元格的引用方式
3. 定义名称
4. 常用函数的使用

员工编号	姓名	创维	TCL
11032	冯天	¥190,000	¥310,000
11033	姚敏	¥490,000	¥330,000
11034	张敏	¥425,000	¥295,000
11035	冯科	¥210,000	¥620,000
11036	王晓晓	¥350,000	¥470,000
总计			=SUM(创维:TCL:长城

11月份电视销售统计表

10.1　公式的基础知识

公式是由用户自行设计、对工作表进行计算和处理的计算式，是由等号连接起来的代数式。那么怎样才能算是一个公式？它的计算顺序又是怎样的呢？要掌握这些知识，就要了解公式的书写方法以及运算符的优先级。

10.1.1　公式的组成

公式使用数学运算符来处理数值、文本以及函数，在一个单元格中计算出一个数值。数值和文本可以位于其他单元格中，以方便用户更改数据。

公式就是一个等式，由一组数据和运算符组成，可以包括函数、引用、运算符和常量中的部分或全部内容。例如下面这个公式：

$$=SUM(A1:A22)*B1+11$$

其中 SUM() 为求和函数，"B1"为引用 B1 单元格中的值，"11"为直接输入的常量，而运算符包括乘号"*"和加号"+"。在单元格中输入公式，按【Enter】键就会显示出公式计算结果。将单元格选中时，会在编辑栏中显示对应的公式。下表所示为几个公式的示例。

示例	含义
=B1+C2	把单元格 B1 和单元格 C2 中的值相加
= 底薪 + 奖金	把单元格"底薪"中的值加上单元格"奖金"中的值，这是运用了单元格名称功能
=MAX(A1:B14)	返回单元格区域 A1:B14 中最大的值
=A1=B2	比较单元格 A1 和 B2 的值。如果相等，公式返回值为 TRUE，反之则为 FALSE

> **提示**
>
> 公式必须以"="号开头，后面紧接运算数和运算符，运算数可以是常数、单元格引用、单元格名称和工作表函数等。

生存技巧：理解数组

数组公式可以执行多项计算并返回一个或多个结果。数组公式对两组或多组数组参数的数值执行运算，每个数组参数都必须有相同数量的行和列。除了用【Ctrl+Shift+Enter】组合键输入数组公式外，创建数组公式的方法与创建其他公式的方法相同。某些内置函数是数组公式，并且必须作为数组输入才能获得正确的结果。

10.1.2　公式运算符的优先级

要想了解运算符的优先级，首先要掌握 Excel 公式中包含哪些运算符。公式运算符分为四类：算术运算符、比较运算符、文本连接运算符和引用运算符。其中算术运算符用来完成基本的数学运算，如加、减、乘、除等；比较运算符用于完成两个数值的比较运算，产生逻辑值 TRUE 或 FALSE；文本连接运算符用于将一个或多个文本字符串连接为一个新的文本字符串；引用运算符用于对多个单元格区域进行合并计算，从而生成新的单元格区域。Excel 中的所有运算符如下表所示。

运算符		含义	示例
算术运算符	+ （加号）	加法运算符	2+3
	− （减号/负号）	减法运算符/负数	12−3/−10
	* （乘号）	乘法运算符	5*8
	/ （除号）	除法运算符	90/2
	% （百分号）	百分比运算符	2%
	^ （脱字号）	乘幂运算符	3^2
比较运算符	= （等于号）	等于运算符	E4=A1
	> （大于号）	大于运算符	A1>E1
	< （小于号）	小于运算符	E1<A1
	>= （大于等于号）	大于等于运算符	A1>=C1
	<= （小于等于号）	小于等于运算符	C1<=A1
	<> （不等号）	不等于运算符	A1<>B1
文本运算符	& （与号）	文本连接运算符，将两个文本连接起来产生连续文本	"电脑"&"零件"产生"电脑零件"
引用运算符	: （冒号）	区域运算符，对两个引用之间包括这两个引用在内的所有单元格进行引用	A1:C12 引用从单元格 A1 到 C2 的所有单元格
	, （逗号）	联合运算符，将多个引用合并为一个引用	SUM(A1:C12,E1:F12) A1:C12 单元格区域和 E1:F12 单元格区域合并计算
	空格	交叉运算符，产生同时属于两个引用的单元格区域的引用	SUM(A1:A12 A5:C12) 只有 A5:A12 同时属于两个引用 A1:A12 和 A5:C12

运算符优先级是指在一个公式中含有多个运算符的情况下 Excel 的运算顺序。运算符的优先级直接决定公式运算的结果。

 生存技巧：文本连接运算符的妙用

文本连接运算符"&"将符号两边的内容作为文本加以连接，除了比 CONCATENATE 函数更加简洁灵活、没有 255 个参数限制外，还有多种妙用，如连接名字与姓氏、连接注释文字和计算结果等。

在公式的运算过程中，如果运算符的级别相同，Excel 将按照从左到右的顺序进行运算，例如进行"67−20−10"的运算时，运算的顺序为"先进行 67 减 20 的运算，再用结果减去 10"；若运算符的级别不同，首先进行高优先级运算符的运算，再进行低优先级运算符的运算，例如在进行"67−20*2"的运算时，运算的顺序为"先计算 20 乘以 2 的值，再用 67 减去前面的结果"。Excel 运算符的优先级如下表所示。

优先级	运算符	含义
1	:	区域运算符
2	空格	交叉运算符
3	,	联合运算符
4	−	负数，例如 −10
5	%	百分比，例如 5%
6	^	乘幂
7	*、/	乘和除运算符
8	+、−	加和减运算符
9	&	文本连接运算符
10	=、>、<、>=、<=、<>	比较运算符

10.2　单元格的引用

单元格引用可以标识工作表中所需要的单元格，并指明公式中使用的数据位置，通过引用可以在公式中使用工作表不同部分的数据、在多个公式中使用同一单元格的数据或者引用相同工作簿中不同工作表中的数据。Excel 默认的引用类型是 A1 引用类型，指用列标和行号的组合来表示单元格或单元格区域的地址。Excel 2016 提供了三种引用方式，分别是相对引用、绝对引用和混合引用。

10.2.1　相对单元格引用

公式中的相对单元格引用是基于包含公式和单元格引用的单元格的相对位置。如果公式所在单元格的位置发生改变，引用也随之改变。如果使用填充柄多行或多列复制，引用会自动进行调整。

原始文件：下载资源 \ 实例文件 \10\ 原始文件 \ 相对单元格引用 .xlsx
最终文件：下载资源 \ 实例文件 \10\ 最终文件 \ 相对单元格引用 .xlsx

生存技巧：A1 引用样式

在默认情况下，Excel 使用 A1 引用样式，因此该样式被称为"默认引用样式"。A1 样式引用字母标识"列"（从 A 到 XFD，共 16384 列）以及数字标识"行"（从 1 到 1048576），这些字母和数字被称为行号和列标。若要引用某个单元格，则输入"列标＋行号"。

步骤 01　输入公式

打开"下载资源\实例文件\10\原始文件\相对单元格引用.xlsx"，❶在单元格 F3 中输入等号"="，❷再选中单元格 C3，如下图所示。

步骤 02　输入完整公式

❶输入加号"+"，选中单元格 D3，再输入加号"+"，❷再选中单元格 E3，在编辑栏中显示完整公式"=C3+D3+E3"，如下图所示。

步骤 03　复制公式

按【Enter】键，即可在单元格 F3 中显示计算结果，将鼠标指针指向该单元格右下角，呈 ✚ 状时按住鼠标左键不放向下拖动至单元格 F7，如下图所示。

步骤 04　显示相对引用的结果

释放鼠标后，❶选中单元格 F5，❷此时编辑栏中显示公式为"=C5+D5+E5"，列标相对发生了变化，行标不变，如下图所示。

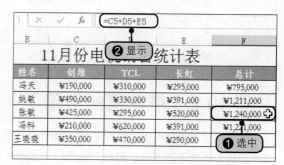

10.2.2　绝对单元格引用

绝对引用指向工作表中固定位置的单元格。如果在公式中使用了绝对引用，无论怎样改变公式位置，引用的单元格的地址总是不变的。绝对引用的形式是用列标和行标号前加"$"号表示，如 $D$1 表示绝对引用 D 列第 1 行交叉处的单元格。

原始文件: 下载资源\实例文件\10\原始文件\绝对单元格引用.xlsx
最终文件: 下载资源\实例文件\10\最终文件\绝对单元格引用.xlsx

生存技巧: 引用不同工作簿中的单元格

在 Excel 2016 中进行公式运算时，除了可以在同一工作簿的工作表间相互引用数据外，还可以引用不同工作簿中的内容。打开需要引用其中数据的工作簿，在目标工作表的待引用单元格中输入"="，切换至需要引用数据的工作表，选择工作表中需要引用的单元格或单元格区域，此时会在编辑栏中显示引用公式。按【Enter】键后，目标工作表中就能显示引用过来的数据。

步骤 01 输入公式

打开"下载资源 \ 实例文件 \10\ 原始文件 \ 绝对单元格引用.xlsx",在单元格 D3 中输入等号"=",再选中单元格 C3,输入乘号"*",如下图所示。

步骤 02 切换绝对值

❶选中单元格 D1,❷再按【F4】键,切换到绝对引用 $D$1,在编辑栏中显示完整公式"=C3*$D$1",如下图所示。

步骤 03 复制公式

按【Enter】键,即可在单元格 D3 中显示计算结果,将鼠标指针指向该单元格右下角呈➕状,按住鼠标左键不放,向下拖动至单元格 D7,如下图所示。

步骤 04 显示绝对引用的结果

释放鼠标后,❶再选中单元格 D5,❷此时编辑栏中显示的公式为"=C5*$D$1",可以看见绝对引用的单元格地址不变,如下图所示。

> **💡 提示**
>
> 如果用户不熟悉公式,可以按照上面介绍的用鼠标选取单元格的方法;如果用户对输入的公式很熟悉,便可以直接在单元格中输入完整公式,这样更加方便。

10.2.3 混合单元格引用

混合引用是指公式参数引用单元格时,采用具有绝对列相对行或绝对行相对列的引用,如 $A1、B$1。复制含有混合引用的公式时,相对引用随公式复制而变化,绝对引用不随公式的复制发生变化。

原始文件: 下载资源 \ 实例文件 \10\ 原始文件 \ 混合单元格引用 .xlsx
最终文件: 下载资源 \ 实例文件 \10\ 最终文件 \ 混合单元格引用 .xlsx

步骤 01 输入公式

打开"下载资源＼实例文件＼10＼原始文件＼混合单元格引用 .xlsx"，在单元格 B2 中输入完整的公式"=$A2*B$1"，如下图所示。

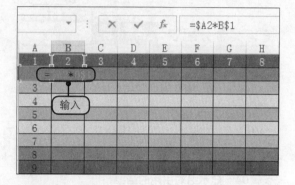

步骤 02 复制公式

按【Enter】键，即可在单元格 B2 中显示计算结果，将鼠标指针指向该单元格右下角，呈 ✚ 状时按住鼠标左键不放，向下拖动至单元格 B9，如下图所示。

步骤 03 第二次复制公式

❶此时在单元格区域 B2:B9 中显示对应的结果，再选中单元格区域 B2:B9，❷将鼠标指针指向单元格 B9 右下角，呈 ✚ 状时按住鼠标左键不放，向右拖动至单元格 I9，如下图所示。

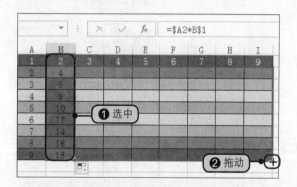

步骤 04 显示混合引用结果

释放鼠标，❶选中单元格区域中的任意单元格，例如 G9，❷此时在编辑栏中显示的公式为"=$A9*G$1"，相对引用单元格地址发生变化，绝对引用单元格地址不变，如下图所示。

 生存技巧：认识循环引用

当某个公式直接或间接引用包含该公式的单元格时，它将创建循环引用。单元格 A1 中包含单元格地址 A1 的公式是一个直接引用示例。单元格 A1 中的公式引用 B1，B1 又反过来引用单元格 A1，该公式是一个间接引用示例。

10.3 认识和使用单元格名称

所谓名称，就是对单元格或单元格区域给出易于辨认、适合记忆的标记。用户在操作单元格过程中，可直接引用该名称，并指定单元格范围。所以，在编辑公式时适当使用名称可以让编写公式的工作更加方便且易于理解。

生存技巧：单元格名称的用途

　　定义好的单元格名称除了常常和公式、函数结合使用以外，还经常与数据有效性中的验证条件结合使用，其一般使用在"数据验证"对话框中"允许"下拉列表的"序列"选项中，这样可以大大简化用户的输入操作。

10.3.1 定义名称

　　定义名称实际就是为所选单元格或单元格区域指定一个名称，其方法有多种，通过"新建名称"对话框定义名称是比较常用的方法。

　　原始文件： 下载资源 \ 实例文件 \10\ 原始文件 \ 定义名称 .xlsx
　　最终文件： 下载资源 \ 实例文件 \10\ 最终文件 \ 定义名称 .xlsx

步骤 01 选择单元格区域

　　打开"下载资源 \ 实例文件 \10\ 原始文件 \ 定义名称 .xlsx"，选择需要定义名称的单元格区域 C3:C7，如下图所示。

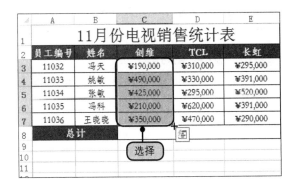

步骤 02 单击"定义名称"按钮

　　切换至"公式"选项卡，在"定义的名称"组中单击"定义名称"按钮，如下图所示。

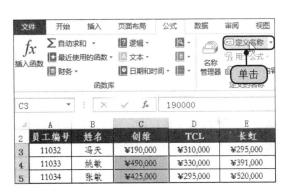

步骤 03 新建名称

　　弹出"新建名称"对话框，❶在"名称"文本框中输入"创维"，设置"范围"为"工作簿"，保留"引用位置"的默认值，❷完毕后单击"确定"按钮，如下图所示。

步骤 04 显示定义名称的效果

　　返回工作表，❶选择单元格区域 C3:C7，❷在名称栏中会显示定义的名称"创维"，如下图所示。

提示

　　用户也可以使用名称框来快速定义名称，选择要定义名称的单元格或区域，直接在名称框中输入定义的名称，按【Enter】键即可完成定义。

 生存技巧：名称定义规则

　　不是任何字符都可以作为名称，名称的定义是有限制的。首先，名称可以是任意字符和数字的组合，但不能以数字开头，也不能完全以数字作为名称。若要以数字开头命名，应在数字前加下画线；其次，名称不能包含空格，也不能以字母 R、C 或其小写作为名称，因为这些字母表示工作表的行列；最后，名称中不能使用点号及反斜线，但可使用问号，问号不能作为名称的开头。

10.3.2　在公式中使用名称计算

　　对于已经定义的名称，在公式中可以直接将其用来替代被引用的单元格，这样直接看公式就能清楚公式引用了哪些源数据。

　　原始文件： 下载资源 \ 实例文件 \10\ 原始文件 \ 在公式中使用名称计算 .xlsx
　　最终文件： 下载资源 \ 实例文件 \10\ 最终文件 \ 在公式中使用名称计算 .xlsx

步骤 01　输入公式

　　打开"下载资源 \ 实例文件 \10\ 原始文件 \ 在公式中使用名称计算 .xlsx"，在单元格 C8 中输入公式"=SUM(创维"，此时可以看到 Excel 选取了该名称的单元格区域 C3:C7，如下图所示。

步骤 02　输入完整公式

　　继续在单元格中输入完整公式"=SUM(创维 :TCL: 长虹)"，如下图所示。

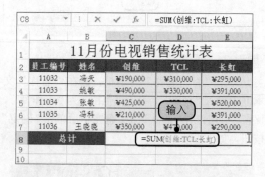

步骤 03　显示计算结果

　　按【Enter】键后，在所选的单元格中显示了定义的"创维""TCL""长虹"的总销售额，如右图所示。

生存技巧：根据所选内容定义名称

如果用户希望将某区域的字段名直接作为名称，那么根据所选内容定义名称功能将非常实用，它能快速将某区域的首行或首列字段直接设置为名称。在"定义的名称"组中单击"根据所选内容创建"按钮，在弹出的对话框中选择"首行""最左列"复选框，再单击"确定"按钮。此时单击"名称框"右侧的下三角按钮，会在展开的下拉列表中显示定义的名称。

10.4 函数的应用

在 Excel 2016 中，用户可以使用内置函数对数据进行分析和计算。使用函数进行计算不仅能简化公式，还能节省大量时间，从而提高工作效率。在学习使用函数计算数据前，首先要认识函数的结构与参数以及插入函数的方法。

10.4.1 认识函数的结构

函数是指在 Excel 中预先定义好的内置公式，通过使用参数的特定数值来按顺序或结构进行计算。函数主要由等号、函数主体、括号和参数组成，例如：

=SUM(A3:D15)

其中等号"="与输入公式相同，为避免被 Excel 自动判断为字符，必须以等号"="开头；函数主体 SUM 即函数名称，用来标识调用的是什么功能的函数；括号"()"用来输入函数参数；参数可以是数字、文本、逻辑值、单元格引用、错误值或数组。参数可以是常量，也可以是公式或其他函数。

10.4.2 函数的分类

Excel 2016 中提供了 300 多个函数，可分为常用函数、财务函数、日期与时间函数、三角函数等共计 12 种类型，主要的函数分类和功能如下表所示。

函数类型	功 能	说 明
常用函数	用于进行常用的函数计算	例如 SUM（求和）、AVERAGE（平均值）、COUNT（计数函数）、MAX（最大值）、MIN（最小值）
财务	用于进行财务计算	例如 FV（一笔投资的未来值）、PV（投资的现值）、SLN（固定资产的每期线性折旧费）
日期与时间	用于分析和处理日期和时间值	例如 DATE（时间）、MONTH（月份）、DAY（天数）、HOUR（时数）、SECOND（秒数）
三角函数	用于进行数学计算	例如 SIN（正弦值）、COS（余弦值）、INT（整数值）
统计	用于对数据进行统计分析	例如 COUNTIF（符合条件的单元格的数量）、PERMUT（给定数目对象的排列数）、LINEST（返回线性趋势的参数）
查找与引用	用于查找数据或单元格引用	例如 COLUMN（返回引用的列号）、LOOKUP（在向量或数组中查找值）、ROWS（返回引用中的行数）
数据库	用于对数据进行分析	例如 DGET（从数据库提取符合指定条件的单个记录）、DVAR（基于所选数据库条目的样本估算方差）
文本	用于处理字符串	例如 CLEAN（删除文本中所有非打印字符）、REPT（按给定次数重复文本）、UPPER（将文本转换为大写形式）
逻辑	用于进行逻辑运算	例如 IF（指定要执行的逻辑检测）、AND（如果其所有参数均为 TRUE，则返回 TRUE）

续表

函数类型	功能	说明
信息	返回单元格中的数据类型	例如 CELL（返回有关单元格格式、位置或内容的信息）、ISODD（如果数字为奇数，则返回 TRUE）
工程	用于进制转换等	例如 ERF（返回误差函数）、GE 步骤（检验数字是否大于阈值）、IMCOS（返回复数的余弦）
多维数据集	用于返回多维数据集中的成员、属性或项目数等	例如 CUBEMEMBER（返回集合中的 N 个成员）、CUBESETCOUNT（返回集合中的项目数）

生存技巧：函数的错误值类型

若要很好地运用函数，除了掌握函数的使用方法外，还应该了解一些常见的错误值类型。例如 #DIV/0! 错误，是指公式中有除数为零，或者有除数为空白的单元格；#N/A 错误，是指使用查找功能的函数时，找不到匹配值；#NAME? 错误，是指公式中使用了 Excel 无法识别的文本；#NUM! 错误，是指公式需要数字型参数时，用户却设置成非数字型参数，或给公式一个无效参数。

10.4.3　插入函数

在 Excel 工作表中运用函数进行计算之前，首先要学习如何插入函数。插入函数的方法很简单，只需要根据向导进行选择即可。

原始文件： 下载资源 \ 实例文件 \10\ 原始文件 \ 插入函数 .xlsx
最终文件： 下载资源 \ 实例文件 \10\ 最终文件 \ 插入函数 .xlsx

步骤01　单击"插入函数"按钮

打开"下载资源 \ 实例文件 \10\ 原始文件 \ 插入函数 .xlsx"，❶选中单元格 E3，❷切换至"公式"选项卡，单击"插入函数"按钮，如下图所示。

步骤02　选择AVERAGE函数

弹出"插入函数"对话框，❶在"或选择类别"下拉列表中选择函数类别，如单击"常用函数"选项，❷在列表框中选择具体函数，如双击 AVERAGE，如下图所示。

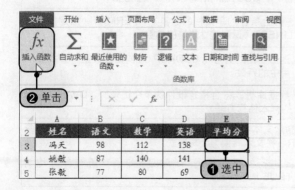

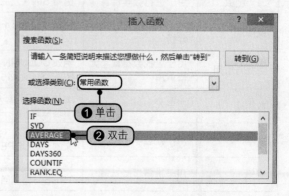

步骤 03 设置函数参数

此时会弹出"函数参数"对话框，❶设置AVERAGE 的 参 数 Number1 为 "B3：D3"，❷单击"确定"按钮，如下图所示。

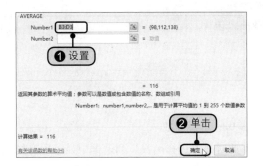

步骤 05 显示计算结果

释放鼠标后，即可在单元格区域 E3:E7 中显示每个同学的平均成绩，如右图所示。

步骤 04 复制函数

此时在单元格 E3 中显示计算的平均值，将鼠标指针指向该单元格右下角，呈 ╋ 状时按住鼠标左键不放，向下拖动至单元格 E7，如下图所示。

	A	B	C	D	E
2	姓名	语文	数学	英语	平均分
3	冯天	98	112	138	116
4	姚敬	87	140	141	
5	张敬	77	80	69	
6	冯科	81	89	101	
7	王晓晓	109	98	128	
8					拖动
9					
10					

E3 =AVERAGE(B3:D3)

	A	B	C	D	E
2	姓名	语文	数学	英语	平均分
3	冯天	98	112	138	116
4	姚敬	87	140	141	123
5	张敬	77	80	69	75
6	冯科	81	89	101	90
7	王晓晓	109	98	128	112
8				显示	

E3 =AVERAGE(B3:D3)

10.5 常用函数的使用

Excel 中的函数种类繁多，那是否所有的函数都需掌握呢？其实，在日常应用中，用户只需要学会最常用的统计函数、查找与引用函数以及财务函数就可以了，其他函数自然能够融会贯通。

10.5.1 统计函数

统计函数是指统计工作表函数，用于对数据区域进行统计分析。其中 RANK.AVG 函数可以求出一个数字在数字列表中的排位，数字的排位是其大小与列表中其他值的比较值。

在本例中，列出某班的成绩单，现在需要使用 RANK.AVG 函数求出 280 分是排在第几位的。

原始文件： 下载资源 \ 实例文件 \10\ 原始文件 \ 统计函数 .xlsx
最终文件： 下载资源 \ 实例文件 \10\ 最终文件 \ 统计函数 .xlsx

步骤 01 单击"插入函数"按钮

打开"下载资源 \ 实例文件 \10\ 原始文件 \ 统计函数 .xlsx"，❶选中单元格 C11，❷切换至"公式"选项卡，单击"插入函数"按钮，如右图所示。

生存技巧：根据名称框来插入函数

　　除了单击"插入函数"按钮和直接输入函数以外，还可以使用名称框来插入函数。选中要插入函数的单元格，输入"="，单击"名称框"右侧的下三角按钮，在展开的列表中单击"其他函数"选项，即可弹出"插入函数"对话框供用户选择，如右图所示。

步骤02 选择"统计"类别

　　弹出"插入函数"对话框，❶单击"或选择类别"下三角按钮，❷在展开的下拉列表中单击"统计"选项，如下图所示。

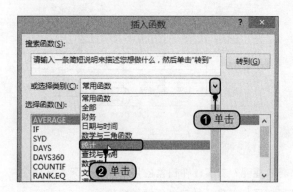

步骤03 选择函数

　　此时在"选择函数"列表框中显示所有统计函数，双击 RANK.AVG 选项，如下图所示。

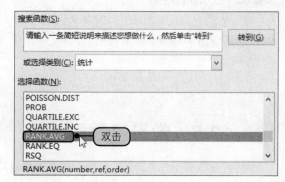

步骤04 设置函数参数

　　弹出"函数参数"对话框，❶设置 Number 为"C6"、Ref 为"C2：C10"、Order 为"0"，❷完毕后单击"确定"按钮，如下图所示。

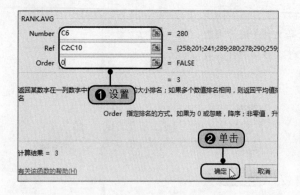

步骤05 显示计算的结果

　　经过操作后，在选中的单元格 C11 中显示计算 280 分的排行为第 3 位，如下图所示。

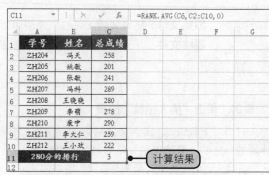

提示

为了让用户使用起来更加方便，Excel 2016 对函数做了一些改进，并且在函数库中增加了许多函数，以满足不同用户的各种需求。值得注意的是，Excel 2016 中的一些函数已经进行了更新和重命名。其中一个改进的函数就是 RANK.AVG，它的工作方式比原先版本的 RANK 函数更符合统计学家的期望。例如在学生成绩排名中有两个"280 分"的数据，那么得出的排行数据便是"3.5"。其函数语法为：RANK.AVG(number,ref,[order])，其中，number 必需，是要查找其排位的数字；ref 必需，是数字列表数组或对数字列表的引用，非数值型值将被忽略；order 可选，是一个指定数字的排位方式的数字。

生存技巧：常用的统计函数

常见的几种统计函数包括用于频数分布处理的 FREQUENCY 函数，用于计算数组或单元格区域中数字项的个数的 COUNT 函数，用于确定数据中的最大数值的 MAX 函数，用于确定最小值的 MIN 函数，以及确定一个数值在一组数值中排位的 RANK 函数。前面提到的这些函数都比较常用，用户可以抽空了解一下它们的具体用法。

10.5.2　查找与引用函数

当需要在数据清单或表格中查找特定数值，或者需要查找某一单元格的引用时，可以使用查找与引用函数。其中 VLOOKUP 函数可以搜索某个单元格区域的第一列，然后返回该区域相同行上任何单元格中的值。

在本例中，将使用 VLOOKUP 函数查询学号编号为 ZH209 的学生姓名。

原始文件： 下载资源 \ 实例文件 \10\ 原始文件 \ 查找与引用函数 .xlsx
最终文件： 下载资源 \ 实例文件 \10\ 最终文件 \ 查找与引用函数 .xlsx

步骤01　单击"插入函数"按钮

打开"下载资源 \ 实例文件 \10\ 原始文件 \ 查找与引用函数 .xlsx"，❶选中单元格 C11，切换到"公式"选项卡，❷单击"函数库"组中的"插入函数"按钮，如下图所示。

步骤02　选择"查找与引用"类别

弹出"插入函数"对话框，❶单击"或选择类别"下三角按钮，❷在展开的下拉列表中单击"查找与引用"选项，如下图所示。

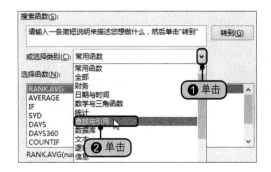

步骤03 选择函数

此时在"选择函数"列表框中显示所有的查找与引用函数，双击 VLOOKUP 选项，如下图所示。

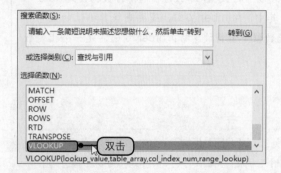

步骤05 显示计算结果

此时在单元格 C11 中显示了计算的结果，即学号是 ZH209 的学生姓名为"李萌"，如右图所示。

步骤04 设置函数参数

弹出"函数参数"对话框，❶设置 Lookup_value 为"A7"、Table_array 为"A2：C10"、Col_index_num 为"2"、Range_lookup 为"FALSE"，❷完毕后单击"确定"按钮，如下图所示。

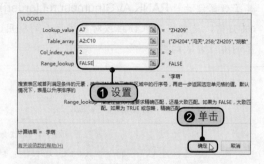

提示

Lookup 的汉语意思是"查找"，在 Excel 中与 Lookup 相关的函数有三个：VLOOKUP、HLOOKUP 和 LOOKUP。其中，HLOOKUP 函数是按行查找，与 VLOOKUP 按列查找刚好相反。

VLOOKUP 函数的语法为：VLOOKUP(lookup_value,table_array,col_index_num,range_lookup)。其中，参数 lookup_value 为需要在数据表第一列中进行查找的数值。它可以是数值、引用或文本字符串。table_array 为需要在其中查找数据的数据表。它可以使用对区域或区域名称的引用。col_index_num 为 table_array 中待返回的匹配值的列序号。它为 1 时，返回 table_array 第一列的数值；它为 2 时，返回 table_array 第二列的数值；以此类推。range_lookup 为一逻辑值，指明函数查找时是精确匹配还是近似匹配。如果为 true 或省略，则返回近似匹配值。如果为 false，将查找精确匹配值。如果找不到，则返回错误值 #N/A。

 生存技巧：理解 OFFSET 函数

在使用查找函数时，OFFSET 函数也很常用。该函数是以指定的引用为参照系，通过给定偏移量得到新的引用，并可指定返回的行数或列数。其语法为：OFFSET(reference, rows,cols,[height],[width])。其中，参数 reference 为偏移量参照系的引用区域。rows 为相对于偏移量参照系的左上角单元格上（下）偏移的行数。cols 为相对于偏移量参照系的左上角单元格左（右）偏移的列数。height 为高度，即所要返回的引用区域的行数。width 为宽度，即所要返回的引用区域的列数。

生存技巧：理解 LOOKUP 函数

　　LOOKUP 函数可在单行区域或单列区域（称为"向量"）中查找值，然后返回第二个单行区域或单列区域中相同位置的值。其函数语法为：LOOKUP(lookup_value, lookup_vector,[result_vector])。其中，参数 lookup_value 是 LOOKUP 在第一个向量中搜索的值，可以是数字、文本、逻辑值；lookup_vector 参数为只包含一行或一列的单元格区域，其值常为文本；result_vector 参数也是只包含一行或一列的单元格区域，与 lookup_vector 大小相同。

10.5.3　财务函数

　　财务函数是指用来进行财务处理的函数，可以进行一般的财务计算，如确定贷款的支付额、投资的未来值或净现值，以及债券或息票的价值。其中 RATE 函数可以返回年金的各期利率，通过迭代法计算得出结果。

　　在本例中，你要投资某工程建设，向甲方投资金额为 30000 元，甲方同意每年付给你 10000 元，共付 4 年，那么如何知道这项投资的回报率呢？对于这种周期性偿付或是一次性偿付完的投资，可以用 RATE 函数计算出实际盈利。

原始文件： 下载资源 \ 实例文件 \10\ 原始文件 \ 财务函数 .xlsx
最终文件： 下载资源 \ 实例文件 \10\ 最终文件 \ 财务函数 .xlsx

> **提示**
>
> 　　RATE 函数语法为：RATE(nper,pmt,pv,fv,type,guess)，其中，参数 nper 为总投资期，即该项投资的付款期总数；pmt 为各期所应支付的金额，其数值在整个年金期间保持不变；pv 为现值，即从该项投资开始计算时已经入账的款项，或一系列未来付款当前值的累积和，也称为本金；fv 为未来值，或在最后一次付款后希望得到的现金余额；type 为数字"0"或"1"，用以指定各期的付款时间是在期初还是期末；guess 为预期利率，如果省略，则假定其值为 10%。

步骤 01　单击"插入函数"按钮

　　打开"下载资源 \ 实例文件 \10\ 原始文件 \ 财务函数 .xlsx"，❶选中单元格 B5，❷切换到"公式"选项卡，单击"插入函数"按钮，如下图所示。

步骤 02　选择函数

　　弹出"插入函数"对话框，❶设置"或选择类别"为"财务"，❷在"选择函数"列表框中双击 RATE 选项，如下图所示。

步骤 03 设置函数参数

弹出"函数参数"对话框，❶设置 Nper 为"4"、Pmt 为"10000"、Pv 为"–30000"、Fv 为"0"、Type 为"0"，❷完毕后单击"确定"按钮，如下图所示。

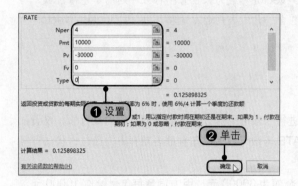

步骤 04 增加小数位数

此时在单元格 B5 中显示计算的结果为"13%"，为了让数据更加准确，可以增加一位小数位数，在"数字"组中单击"增加小数位数"按钮，如下图所示。

步骤 05 显示计算结果

显示该项投资的年利率为"12.6%"。你可以根据这个值判断是否满意这个盈利，或是决定投资其他项目，或是重新谈判每年的回报，如右图所示。

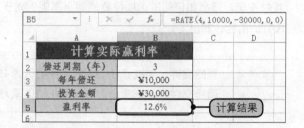

 生存技巧：Excel 常用财务函数的类别

Excel 提供了许多财务函数，这些函数大体上可分为四类：投资计算函数、折旧计算函数、偿还率计算函数、债券及其他金融函数。利用这些函数可以进行一般的财务计算，如确定贷款的支付额、投资的未来值或净现值，以及债券或息票的价值等。

■■■ 10.6 实战演练——制作医疗费用统计表

医疗保险制度是由政府制定、用人单位和职员共同参与的一种社会保险制度，它按照财政、用人单位和职员的承受能力来确定职工的基本医疗保障水平，具有广泛性、共济性、强制性等特点。每个用人单位都要有明确的医疗报销制度，这样员工的基本医疗才能得到实际保障。下面通过本章学习的知识点创建一个单位医疗费用统计表：假设某公司的福利是员工住院后，住院费高于总工资的一半时单位就报销 60% 的住院费。

 原始文件： 下载资源 \ 实例文件 \10\ 原始文件 \ 员工医疗费用统计表 .xlsx
最终文件： 下载资源 \ 实例文件 \10\ 最终文件 \ 员工医疗费用统计表 .xlsx

步骤 01 输入公式

打开"下载资源\实例文件\10\原始文件\员工医疗费用统计表.xlsx",选中单元格 G3,输入公式"=SUM(C3:E3)−F3",如下图所示。

步骤 02 复制公式

❶按【Enter】键,即可在单元格 G3 中显示计算结果,❷将鼠标指针指向该单元格右下角,呈 ✛ 状时按住鼠标左键不放,向下拖动至单元格 G11,如下图所示。

步骤 03 单击"插入函数"按钮

释放鼠标后,在单元格区域 G3:G11 中显示计算的总工资金额,❶选中单元格 I3,❷在编辑栏中单击"插入函数"按钮,如下图所示。

步骤 04 选择IF函数

弹出"插入函数"对话框,❶在"选择类别"下拉列表中选择"常用函数"选项,❷在"选择函数"列表框中双击"IF"选项,如下图所示。

📷 提示

如果指定条件的计算结果为 TRUE,IF 函数就返回某个值;如果条件的计算结果为 FALSE,IF 函数就会返回另一个值。其语法是:IF(logical_test, [value_if_true], [value_if_false])。参数 logical_test 计算结果可能为 TRUE 或 FALSE 的任意值或表达式。例如,A10=100 就是一个逻辑表达式,如果单元格 A10 中的值等于 100,表达式的计算结果就为 TRUE,否则为 FALSE。value_if_true 是 logical_test 参数的计算结果为 TRUE 时所要返回的值。value_if_false 是 logical_test 参数的计算结果为 FALSE 时所要返回的值。

步骤 05 设置IF函数参数

弹出"函数参数"对话框,❶设置 Logical_test 为"H3>G3/2"、Value_if_true 为"H3*60%"、Value_if_false 为"0",❷单击"确定"按钮,如右图所示。

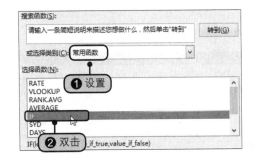

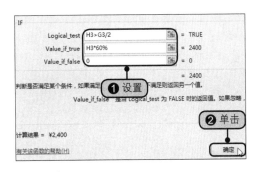

步骤06 第二次复制函数

❶此时在单元格I3中显示计算的单位报销费用，❷将鼠标指针指向该单元格右下角，呈 ╋ 状时按住鼠标左键不放，向下拖动至单元格I11，如下图所示。

		fx	=IF(H3>G3/2,H3*60%,0)	
E	F	G	H	I
奖金	扣款	总工资	医疗住院费	单位报销费用
¥800	¥700	¥2,300	¥4,000	¥2,400
¥800	¥500	¥3,000	¥0	
¥1,200	¥700	¥2,300	¥1,500	❶ 显示
¥1,200	¥300	¥2,700	¥6,000	
¥1,200	¥300	¥2,700	¥0	
¥800	¥500	¥3,000	¥1,000	
¥1,600	¥300	¥4,000	¥0	❷ 拖动
¥1,600	¥700	¥3,100	¥18,000	
¥1,200	¥700	¥2,700	¥9,900	

步骤07 显示复制的报销费用金额

释放鼠标后，在单元格区域I3:I11中显示计算的单位报销费用金额，如下图所示。

		fx	=IF(H11>G11/2,H11*60%,0)	显示报销费用
E	F	G	H	I
奖金	扣款	总工资	医疗住院费	单位报销费用
¥800	¥700	¥2,300	¥4,000	¥2,400
¥800	¥500	¥3,000	¥0	¥0
¥1,200	¥700	¥2,300	¥1,500	¥900
¥1,200	¥300	¥2,700	¥6,000	¥3,600
¥1,200	¥300	¥2,700	¥0	¥0
¥800	¥500	¥3,000	¥1,000	¥0
¥1,600	¥300	¥4,000	¥0	¥0
¥1,600	¥700	¥3,100	¥18,000	¥10,800
¥1,200	¥700	¥2,700	¥9,900	¥5,940

步骤08 计算实发工资

选中单元格J3，输入公式 "=G3+I3"，如下图所示。

	fx	=G3+I3		
F	G	H	I	J
扣款	总工资	医疗住院费	单位报销费用	实发工资
¥700	¥2,300	¥4,000	¥2,400	=G3+I3
¥500	¥3,000	¥0	¥0	
¥700	¥2,300	¥1,500	¥900	输入
¥300	¥2,700	¥6,000	¥3,600	
¥300	¥2,700	¥0	¥0	
¥500	¥3,000	¥1,000	¥0	
¥300	¥4,000	¥0	¥0	
¥700	¥3,100	¥18,000	¥10,800	
¥700	¥2,700	¥9,900	¥5,940	

步骤09 第三次复制公式

❶按【Enter】键，即可在单元格J3中显示计算的实发工资金额，❷将鼠标指针指向该单元格右下角，呈 ╋ 状时按住鼠标左键不放，向下拖动至单元格J11，如下图所示。

	fx	=G3+I3		
F	G	H	I	J
扣款	总工资	医疗住院费	单位报销费用	实发工资
¥700	¥2,300	¥4,000	¥2,400	¥4,700
¥500	¥3,000	¥0	¥0	
¥700	¥2,300	¥1,500	¥900	
¥300	¥2,700	¥6,000	¥3,600	❶ 按 Enter 键
¥300	¥2,700	¥0	¥0	
¥500	¥3,000	¥1,000	¥0	
¥300	¥4,000	¥0	¥0	❷ 拖动
¥700	¥3,100	¥18,000	¥10,800	
¥700	¥2,700	¥9,900	¥5,940	

步骤10 完成员工医疗费用统计表

释放鼠标后，在单元格区域J3:J11中显示计算的实发工资金额，如右图所示。

	fx	=G11+I11		
F	G	H	I	J
扣款	总工资	医疗住院费	单位报销费用	实发工资
¥700	¥2,300	¥4,000	¥2,400	¥4,700
¥500	¥3,000	¥0	¥0	¥3,000
¥700	¥2,300	¥1,500	¥900	¥3,200
¥300	¥2,700	¥6,000	¥3,600	¥6,300
¥300	¥2,700	¥0	¥0	¥2,700
¥500	¥3,000	¥1,000	¥0	¥3,000
¥300	¥4,000	¥0	¥0	¥4,000
¥700	¥3,100	¥18,000	¥10,800	¥13,900
¥700	¥2,700	¥9,900	¥5,940	¥8,640

显示计算的实发工资

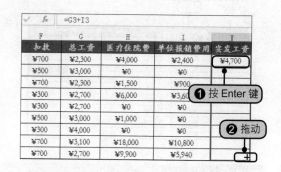

第11章

使用图表制作专业的数据报表

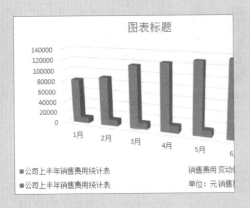

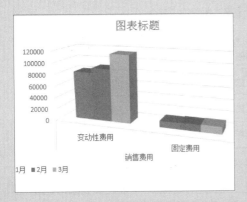

一个专业的数据报表不仅包含工作表，还包含辅助工作表分析数据的图表。要在工作表中利用图表来制作专业的数据报表，就需要认识什么是图表、怎样创建图表、怎样更改图表和美化图表这些内容。

知识点

1. 了解图表的组成和类型
2. 创建和更改图表内容
3. 套用图表样式
4. 设置图例和数据系列格式
5. 创建迷你图和更改迷你图类型
6. 套用迷你图样式

11.1 认识图表

认识图表，不仅需要认识图表中包含的每种元素以及每种元素的功能，还需要了解图表包含的各种类型以及每种类型的适用范围。

11.1.1 认识图表组成

要使用图表分析数据，首先得认识图表的结构及各组成元素的功能。一个相对完整的图表通常包括图表区、绘图区、图表标题、坐标轴、数据系列、图例、数据标签等。下面通过一个三维簇状柱形图来认识图表，该图表的各个组成元素的名称及功能如下表所示。

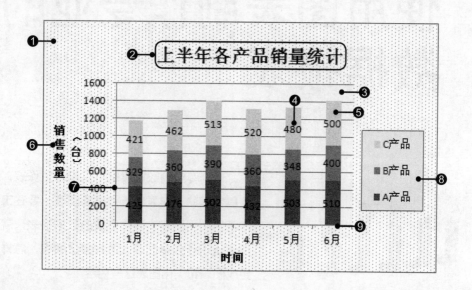

序号	名称	图表元素描述
❶	图表区	图表区指整个图表及其内部，包含绘图区、标题、图例、所有数据系列和坐标轴等
❷	图表标题	图表标题是指图表的名称，用于描述图表的主要含义
❸	绘图区	绘图区指图表的主体部分，包含数据系列、背景墙、基底、坐标轴等。其中背景墙、基底主要存在于三维图表中
❹	数据标签	数据标签用于对数据系列各个数据点名称以及值进行说明
❺	数据系列	数据系列是在图表中绘制的相关数据点，源于数据表中的行或列
❻	坐标轴标题	坐标轴标题是用户为水平、垂直或竖坐标轴添加的名称文本
❼	网格线	网格线是绘图区上的数据参考线，便于用户对照坐标轴查阅数据系列对应的数据值
❽	图例	图例用于显示每个数据系列的标识名称和颜色符号，用于辨别各数据系列所代表的含义
❾	坐标轴	坐标轴分为分水平坐标轴、垂直坐标轴和竖坐标轴，其中竖坐标轴只在三维图表中存在

提示

在上述图表中没有出现的图表元素还包括数据表，它是绘制在 X 轴下方的数据表格，往往会占据很大的图表空间，如果图表可以显示数据标签，则通常不使用数据表。此外，如果用户创建的为三维图表类型，则还会有背景墙、侧面墙、基底等图表元素。

生存技巧：Excel 中用于分析的图表元素

除了显示常用的图表元素外，用户还可以使用 Excel 提供的一些分析类图表元素对图表进行分析，包括显示趋势线、根据指定的误差量显示误差范围的误差线的添加、绘制从数据点到 X 轴的垂直线或是添加涨跌柱线和高低点连线。

11.1.2 了解常用的图表类型

在认识了图表后，还需要了解图表的类型。Excel 图表的类型一共包含有 10 种，分别为柱形图、折线图、饼图、条形图、面积图、XY 散点图、股价图、曲面图、雷达图和组合图。每种图表所表达的形式都不同，用户只有根据实际的需求来选择不同的图表类型，才能更好地对数据进行诠释。下面介绍几种常用的图表类型。

柱形图

当用户需要比较数据的大小和一段时间内数据的变化时，可以选用柱形图，如下图所示。柱形图通常用纵坐标来显示数值项，用横坐标来显示信息类别。柱形图包含的子图表的种类有 19 种，是所有图表类型中包含子图表最多的一类。

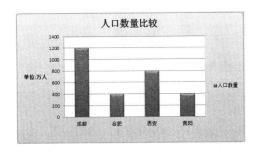

折线图

折线图可以查看数据的走势，它主要是用一条折线显示随时间而变化的连续数据，如下图所示。

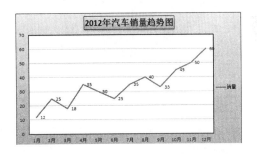

提示

为了更详细地了解 Excel 图表的类型，用户可以打开"更改图表类型"对话框，在对话框中可以看见所有的图表类型外观和每种图表类型所包含的子图表的种类。

生存技巧：嵌入式图表与图表工作表

在 Excel 中，可以创建两种不同类型的图表，一种是嵌入式图表，通常在选择数据源后直接选择图表类型就能创建，图表和源数据处于同一工作表中；另一种为图表工作表，创建时必须借助【F11】快捷键才能生成，图表工作表会生成在另一独立的"Chart1"图表工作表中。

饼图

饼图是一种用于显示一个数据系列中各项的大小与总和的比例关系的图表，如下图所示，它只包含一个数据系列，可以比较每个个体所占整体的比例。饼图包含饼图、分离型饼图、复合饼图等子图表。

条形图

根据条形图中条形的长短可以比较数据的大小。条形图由一系列水平条组成，用于显示各项之间的比较信息以及比较两项或多项之间的差异，如下图所示。

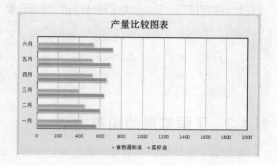

面积图

面积图用于显示一段时间内数据变动的幅值，它是由系列折线与类别坐标轴围成的图形，如下图所示。面积图包括二维面积图、堆积面积图、百分比堆积面积图等。

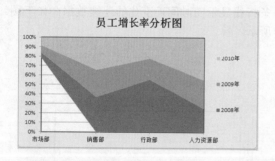

股价图

股价图通常用于显示股价的波动，即显示一段时间内一种股票的成交量、开盘价、最高价、最低价和收盘价情况，如下图所示。

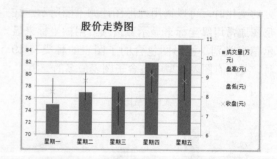

> **提示**
>
> 在 Excel 中除了包含有 11 种类型的图表外，还包含了一种特殊的图表类型，即迷你图。迷你图是一个微型的图表，它比普通的图表的外观小很多，必须放置在一个单元格内，通过使用迷你图，可以对数据区域中的单列或单行的数据分析起到突出的作用。迷你图包含的类型也比图表包含的类型少，它仅仅包含了三种类型——折线图、柱形图和盈亏图，每种迷你图类型的使用方式不同，后面的小节会做具体介绍。

 生存技巧：制作完全静态的图表

当数据源发生改变时，图表也会自动更新，但有时用户需要完全静态的图表，即切断图表与数据之间的链接，让图表不再因为数据的改变而改变。这时用户只需要将图表复制成图片即可。按【Ctrl+C】组合键复制图表，在粘贴的位置单击"粘贴"下三角按钮，在"粘贴选项"中单击"图片"按钮，将图表粘贴为图片。

11.2 创建和更改图表内容

要利用图表来分析数据，首先需要创建一个图表，当图表创建成功后，用户可以根据需要来更改图表的类型、数据以及布局。

11.2.1 创建图表

Excel 的图表类型包含很多种，用户在创建图表的时候，应该根据分析数据的最终目的来选择适合的图表类型。

原始文件： 下载资源 \ 实例文件 \11\ 原始文件 \ 公司上半年销售费用统计表 .xlsx
最终文件： 下载资源 \ 实例文件 \11\ 最终文件 \ 创建图表 .xlsx

步骤 01 选择图表类型

打开"下载资源 \ 实例文件 \11\ 原始文件 \ 公司上半年销售费用统计表 .xlsx"，选择整个数据区域，切换到"插入"选项卡，❶单击"图表"组中的"折线图"按钮，❷在展开的下拉列表中单击"折线图"选项，如下图所示。

步骤 02 创建图表的效果

此时在工作表中插入了一个折线图，通过折线图，可以看见公司上半年销售费用的大概发展趋势，如下图所示。

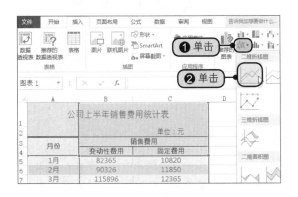

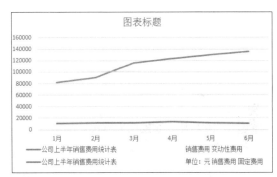

提示

创建图表的时候，可以先选择数据区域创建，也可以直接插入一个空白的图表模板，然后为图表添加数据区域。

11.2.2 更改图表类型

当用户创建了一个图表后，如果对图表类型不满意或希望从其他角度分析数据，可以将当前图表类型更改为另外的图表类型，使图表更具有适用性。

原始文件： 下载资源 \ 实例文件 \11\ 原始文件 \ 创建图表 .xlsx
最终文件： 下载资源 \ 实例文件 \11\ 最终文件 \ 更改图表类型 .xlsx

步骤01 更改图表类型

打开"下载资源\实例文件\11\原始文件\创建图表.xlsx",选中图表,切换到"图表工具—设计"选项卡,单击"类型"组中的"更改图表类型"按钮,如下图所示。

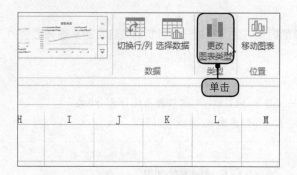

步骤02 选择图表类型

弹出"更改图表类型"对话框,❶单击"柱形图"选项,❷在右侧的"柱形图"选项面板中单击"三维簇状柱形图"选项,如下图所示。

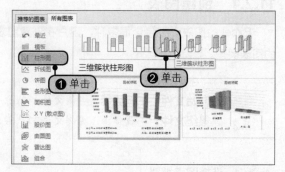

步骤03 更改图表类型后的效果

单击"确定"按钮后,工作表中的图表由折线图改变为了柱形图,通过查看柱形图,更容易比较每个月的销售费用的大小,如右图所示。

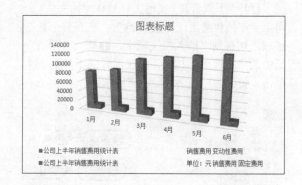

生存技巧:在批注中插入图表

尝试过的用户都知道,批注中是不能直接插入图表的,若要在Excel的批注中插入图表予以说明,首先需要将图表转换成图片再插入。新建批注后右击批注框,单击"设置批注格式"命令,切换至"颜色与线条"选项卡,在"颜色"下拉列表中选择"填充效果",在弹出的对话框切换至"图片"选项卡,单击"选择图片"按钮,选择图表图片所在路径并将其选中,单击"打开"按钮即可。

11.2.3 更改图表数据源

如果要编辑系列或分类轴标签,或是增加或减少图表数据,可以通过更改图表数据源来实现。

原始文件:下载资源\实例文件\11\原始文件\更改图表类型.xlsx
最终文件:下载资源\实例文件\11\最终文件\更改图表数据.xlsx

步骤01 单击"选择数据"按钮

打开"下载资源\实例文件\11\原始文件\更改图表类型.xlsx",选中图表,切换到"图表工具—设计"选项卡,单击"数据"组中的"选择数据"按钮,如下图所示。

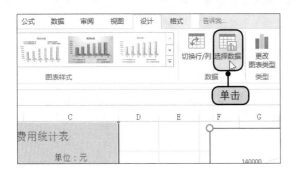

步骤02 单击单元格引用按钮

弹出"选择数据源"对话框,要更改图表数据区域,可单击"图表数据区域"单元格引用按钮,如下图所示。

步骤03 引用数据区域

❶选择第一季度的数据区域,即 A3:C7 单元格区域,❷单击单元格引用按钮,如下图所示。

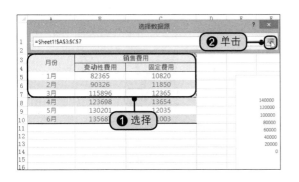

步骤04 切换行/列

返回到"选择数据源"对话框中,此时在"图表数据区域"文本框中已经引用了新的数据源的地址。❶单击"切换行/列"按钮,将图例项和水平轴标签交换位置,❷单击"确定"按钮,如下图所示。

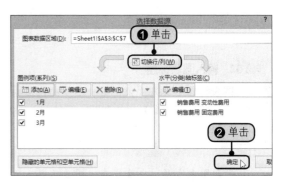

步骤05 更改数据区域后的效果

此时图表跟着数据源区域的变化而变化,只显示了第一季度的数据,并且改变了图例项和水平轴标签,如右图所示。

> 📷 **提示**
>
> 如果用户更改了数据区域中的数值,使数据区域中的数据值发生变化的时候,图表中的数据会自动发生相应的变化。

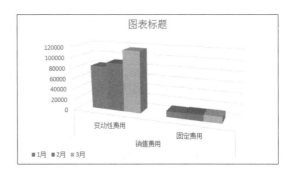

11.2.4　更改图表布局

所谓图表布局，是指图表中的各元素在图表中的显示位置。Excel 中为用户提供了多种图表布局的方式，用户可根据实际的需求进行选择。

原始文件： 下载资源 \ 实例文件 \11\ 原始文件 \ 更改图表数据 .xlsx
最终文件： 下载资源 \ 实例文件 \11\ 最终文件 \ 更改图表布局 .xlsx

步骤 01　选择布局样式

打开"下载资源 \ 实例文件 \11\ 原始文件 \ 更改图表数据 .xlsx"，选中图表，切换到"图表工具—设计"选项卡，在"快速布局"库中选择"布局 2"样式，如下图所示。

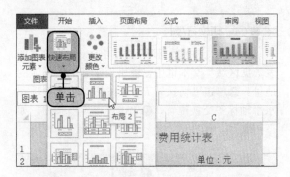

步骤 02　更改布局后的效果

此时为图表应用了预设的图表布局，选中图表标题，如下图所示。

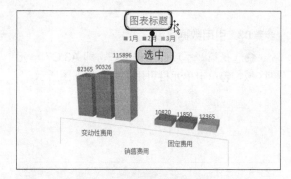

步骤 03　输入图表标题

在图表标题中输入"公司第一季度销售费用统计图"，即为图表命名，如右图所示。

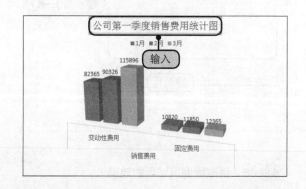

 提示

更改图表布局，也可以在"图表工具—布局"选项卡的"标签"组中选择图表中的某一个元素，更改它在图表中的显示位置。

生存技巧：快速复制图表格式

当用户已经为一个图表设置好格式，可能会需要将这种格式应用到其他图表上，可是 Excel 图表不支持格式刷，其实通过粘贴的方法就能完成这个工作：选中已格式化好的图表，复制后，单击"粘贴"下三角按钮，单击"选择性粘贴"选项，在弹出的对话框中单击选中"格式"单选按钮，确定后即可应用源图表格式。

▌▌▌ 11.3　美化图表

要让图表看起来更美观，就需要对图表进行美化，美化图表包括套用图表样式、设置图表各元素的格式和样式以及设置图表中文字的效果。

11.3.1　套用图表样式

图表样式是指图表中数据系列的样式，套用图表样式就是指在图表样式库中选择需要的样式来美化图表。

原始文件： 下载资源 \ 实例文件 \11\ 原始文件 \ 员工提成统计表 .xlsx
最终文件： 下载资源 \ 实例文件 \11\ 最终文件 \ 套用图表样式 .xlsx

步骤 01　选择样式

打开 "下载资源 \ 实例文件 \11\ 原始文件 \ 员工提成统计表 .xlsx"，选中图表，切换到 "图表工具－设计" 选项卡，单击 "图表样式" 组中的快翻按钮，在展开的样式库中选择 "样式 11" 样式，如下图所示。

步骤 02　设置样式后的效果

此时应用了预设的图表样式，图表的外观更为美观，如下图所示。

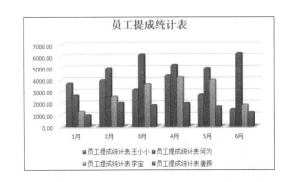

生存技巧：更改图表颜色

当用户为图表套用了图表样式后，有可能对套用后的效果不满意，此时可以直接单击 "图表样式" 组中的 "更改颜色" 下三角按钮，在展开的列表中直接选择满意的颜色。

11.3.2　设置图表区和绘图区样式

除了可以设置图表的样式外，也可以对图表区和绘图区的样式进行设置。

原始文件： 下载资源 \ 实例文件 \11\ 原始文件 \ 套用图表样式 .xlsx
最终文件： 下载资源 \ 实例文件 \11\ 最终文件 \ 设置图表区和绘图区样式 .xlsx

步骤 01 选择样式

打开"下载资源 \ 实例文件 \11\ 原始文件 \ 套用图表样式 .xlsx"，选中图表，切换到"图表工具－格式"选项卡，❶在"当前所选内容"组中设置图表元素为"图表区"，❷在"形状样式"组中的样式库中选择"彩色轮廓－蓝色"样式，如下图所示。

步骤 02 设置图表区样式后的效果

此时为图表区快速添加了一个蓝色的边框，图表的外围迅速得到美化，如下图所示。

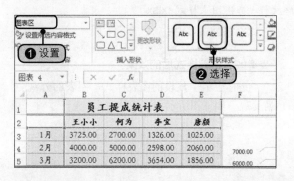

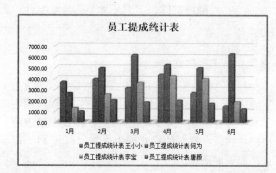

提示

通常在对图表进行格式化的过程中，都是借助鼠标单击来选中需要的对象，不过当多个对象层叠在一起时，选中需要的对象就不是那么容易了。此时，可以在"当前所选内容"组中的"图表元素"列表中进行选择。

步骤 03 选择绘图区样式

❶在"当前所选内容"组中设置图表元素为"绘图区"，❷单击"形状样式"组中的快翻按钮，在展开的样式库中选择"细微效果－蓝色，强调颜色 1"样式，如下图所示。

步骤 04 设置绘图区样式后的效果

此时为绘图区应用了现有的样式，如下图所示。

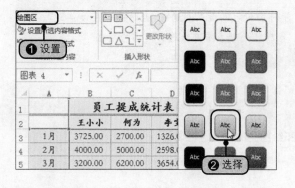

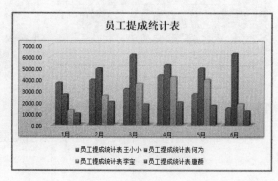

生存技巧：制作背景透明的图表

要制作背景透明的图表，只需设置图表"形状"填充颜色为"无填充颜色"。选中图表，在"图表工具—格式"选项卡单击"形状填充"按钮，在展开的下拉列表中单击"无填充颜色"选项即可。

11.3.3　设置图例格式

图例由图例项和图例标识组成，用于辨别各数据系列所代表的含义。图例的格式包括图例选项、图例填充、边框格式等内容。

原始文件： 下载资源 \ 实例文件 \11\ 原始文件 \ 设置图表区和绘图区样式 .xlsx
最终文件： 下载资源 \ 实例文件 \11\ 最终文件 \ 设置图例格式 .xlsx

步骤 01　设置图例格式

打开"下载资源 \ 实例文件 \11\ 原始文件 \ 设置图表区和绘图区样式 .xlsx"，选中图表，切换到"图表工具—格式"选项卡，❶在"当前所选内容"组中设置图表元素为"图例"，❷单击"设置所选内容格式"按钮，如下图所示。

步骤 02　选择填充颜色

弹出"设置图例格式"对话框，单击"填充线条"选项，在"填充"选项面板中，❶单击选中"纯色填充"单选按钮，❷设置颜色为"蓝色，着色 1，淡色 80%"，如下图所示。

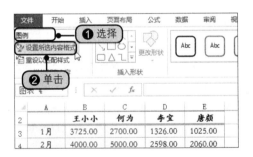

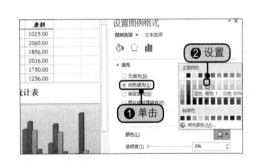

步骤 03　选择边框颜色

❶单击"边框颜色"选项，在"边框颜色"选项面板中单击选中"实线"单选按钮，❷设置颜色为"红色，着色 2"，如下图所示。

步骤 04　设置边框样式

单击"边框样式"选项，❶在"边框样式"面板中设置边框的宽度为"2.25 磅"，❷单击"短划线类型"右侧的下三角按钮，在展开的样式库中选择"圆点"样式，如下图所示。

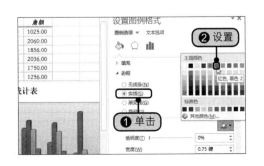

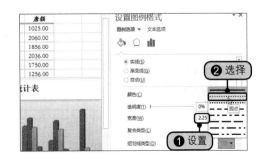

步骤 05 设置图例格式后的效果

单击"确定"按钮后，返回到工作表，此时可以看见设置好的图例格式效果，如右图所示。

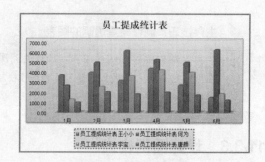

生存技巧：快速调整图例

设置图例时，在"图例选项"中可以轻松调整图例的显示位置为靠上、底部、靠左、靠右或右上。在商务图表中，为了照顾读者视线不会左右往返于图例与绘图区，通常图例的位置都设为靠上，或者直接放置在绘图区中。这时，直接用鼠标拖动图例位置会更为方便。图例的顺序由数据系列的次序决定，要调整图例顺序，可通过调整数据系列的次序来实现。

11.3.4 设置数据系列格式

设置数据系列的格式，可以改变数据系列的形状和颜色，将其与其他数据系列区分开。

原始文件： 下载资源\实例文件\11\原始文件\设置图例格式.xlsx
最终文件： 下载资源\实例文件\11\最终文件\设置数据系列格式.xlsx

生存技巧：隐藏网格线

网格线是分别对应 Y 轴和 X 轴的刻度线。一般使用水平的网格线作为比较数值大小的参考线。若数据图表中没有添加数据标签，可借助网格线查看数据的大小。若是已经添加了数据标签，为了使图表更简洁，可以隐藏网格线，在"图表工具—布局"选项卡的"坐标轴"组中单击"网格线 > 主要横网格线 > 无"选项即可，或者选中网格线，按【Delete】键直接删除。

步骤 01 设置数据系列格式

打开"下载资源\实例文件\11\原始文件\设置图例格式.xlsx"，选中图表，切换到"图表工具—格式"选项卡，❶在"当前所选内容"组中设置图表元素为"系列'员工提成统计表 王小小'"，❷单击"设置所选内容格式"按钮，如下图所示。

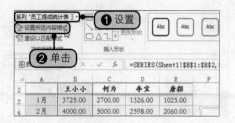

步骤 02 选择柱体形状

弹出"设置数据系列格式"对话框，单击"系列选项"选项，在"柱体形状"选项面板中，单击选中"部分棱锥"单选按钮，如下图所示。

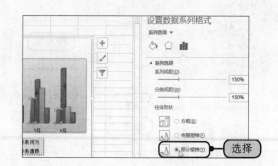

步骤03　选择填充颜色

❶单击"填充线条"选项，在"填充"选项面板中单击选中"纯色填充"单选按钮，❷选择填充颜色为"橙色，着色6"，如下图所示。

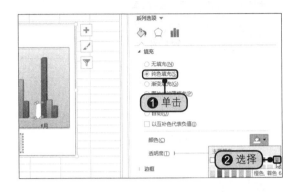

步骤04　设置后的效果

单击"关闭"按钮后，返回到图表中，此时可以看见设置了数据系列的显示效果，如下图所示。

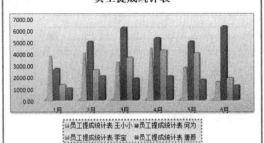

步骤05　设置形状填充

在"当前所选内容"组中设置图表元素为"系列'员工提成统计表 何为'"，❶单击"形状样式"组中的"形状填充"按钮，❷在展开的颜色库中选择"水绿色，着色5"，如下图所示。

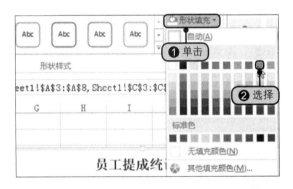

步骤06　设置后的效果

此时，为"系列'员工提成统计表 何为'"设置了填充颜色格式，如下图所示。

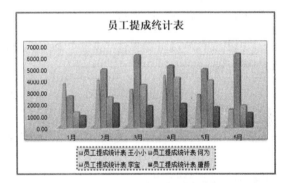

生存技巧：隐藏较小值的数据标签

在数据图表中，数据标签可用来显示数据系列的类别名称和值。若是制作数据大小较为悬殊的图表，那么假设某个数据接近于0，该系列对应的色块就会很小，以致图上可能只会出现0%的数据标签。有人为了美观会将该标签删除，但是如果数据更新，则该数据点将无法显示标签。其实，可以通过自定义数字格式来暂时隐藏这样的数据标签：在"分类"列表框选择"自定义"，在"类型"文本框中输入" [<0.01] "";0%"即可。

11.3.5　设置坐标轴样式

Excel 也为用户提供了多种坐标轴的样式，用户可以根据需求随意选择。

原始文件： 下载资源 \ 实例文件 \11\ 原始文件 \ 设置数据系列格式 .xlsx
最终文件： 下载资源 \ 实例文件 \11\ 最终文件 \ 设置坐标轴样式 .xlsx

步骤01 选择坐标轴样式

打开"下载资源 \ 实例文件 \11\ 原始文件 \ 设置数据系列格式 .xlsx"，❶在"当前所选内容"组中设置图表元素为"垂直（值）轴"，❷单击"形状样式"组中的快翻按钮，在展开的样式库中选择"粗线－深色 1"样式，如下图所示。

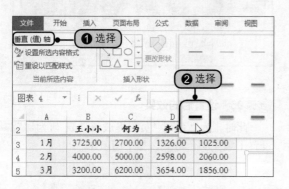

步骤02 设置样式后的效果

设置好的坐标轴格式效果如下图所示。用户也可以根据需要设置横坐标轴的格式。

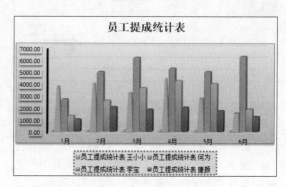

11.3.6 设置文字效果

设置图表中的文字效果包括设置字体的填充颜色、阴影、映像等。例如，为图表文字设置映像可以使文字更有立体感。

原始文件： 下载资源 \ 实例文件 \11\ 原始文件 \ 设置坐标轴样式 .xlsx
最终文件： 下载资源 \ 实例文件 \11\ 最终文件 \ 设置文字效果 .xlsx

步骤01 选择文本填充颜色

打开"下载资源 \ 实例文件 \11\ 原始文件 \ 设置坐标轴样式 .xlsx"，选中图表，切换到"图表工具－格式"选项卡，❶在"艺术字样式"组中单击"文本填充"按钮，❷在展开的颜色库中选择"深蓝，文字 2"，如下图所示。

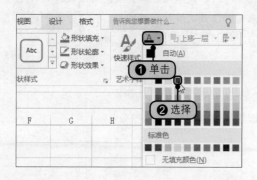

步骤02 设置映像

改变了文字的填充颜色后，设置文字的映像效果。❶在"艺术字样式"组中单击"文本效果"按钮，❷在展开的下拉列表中单击"映像＞半映像，接触"选项，如下图所示。

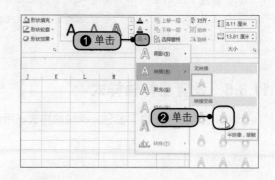

步骤03 设置文本效果后的效果

设置好图表中的文字效果后，图表更加美观、立体，如右图所示。

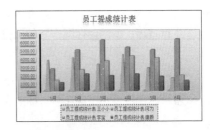

生存技巧：自定义映像效果

在映像下，用户有多种选择方式。执行"文本效果 > 映像 > 映像选项"命令，在弹出的"设置图例格式"面板的"映像"下设置透明度、大小、模糊、距离等，如右图所示。

11.4 使用迷你图分析数据

迷你图和图表一样，也可以用于数据分析。因为迷你图的大小远远小于图表，所以它可以被放置在一个单元格中。利用迷你图分析数据，首先也需要根据分析的内容创建迷你图。迷你图的类型包括三种，分别是折线图、柱形图和盈亏图。

11.4.1 创建迷你图

创建迷你图时，需要设置迷你图的数据源和迷你图放置的位置。创建一组迷你图时，可以通过填充的功能来实现。

原始文件： 下载资源\实例文件\11\原始文件\市场部业务数统计.xlsx
最终文件： 下载资源\实例文件\11\最终文件\创建迷你图.xlsx

步骤01 选择迷你图类型

打开"下载资源\实例文件\11\原始文件\市场部业务数统计.xlsx"，切换到"插入"选项卡，单击"迷你图"组中的"柱形图"按钮，如下图所示。

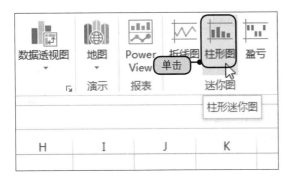

步骤02 单击单元格引用按钮

弹出"创建迷你图"对话框，单击数据范围右侧的单元格引用按钮，如下图所示。

生存技巧：使用迷你图作为单元格背景

　　与 Excel 工作表中的图表不同的是，迷你图实际上是单元格中的背景图表，之所以这样说，是因为迷你图并非是一个对象，而是直接嵌入在单元格中，以致用户可以在单元格中输入文本，并使用迷你图作为背景，如右图所示。

步骤03　选择数据区域

　　❶选择创建迷你图的数据区域 B3：B8 单元格区域，❷单击引用按钮，如下图所示。

步骤04　设置放置位置

　　返回"创建迷你图"对话框，❶在"位置范围"文本框中输入迷你图放置的位置为"$B$9"，❷单击"确定"按钮，如下图所示。

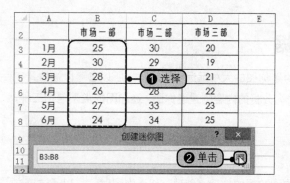

步骤05　填充迷你图

　　此时在B9单元格中创建了一个柱形迷你图，拖动 B9 单元格右下角的填充柄至 D9 单元格，如下图所示。

步骤06　创建迷你图的效果

　　释放鼠标后，就完成了工作表中所有迷你图的创建。此时 B9：D9 单元格区域中的迷你图自动组成一组迷你图组，如下图所示。

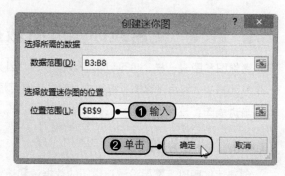

> **提示**
>
> 　　生成迷你图组后，对组中任何一个迷你图的格式修改都将应用于所有单个迷你图。若要独立编辑某个迷你图，需要将其选中，然后在"迷你图工具—设计"选项卡，单击"编辑数据"下三角按钮，在展开的下拉列表中选择"编辑单个迷你图的数据"，之后再编辑就可以了。

生存技巧：清除迷你图

　　因为迷你图是背景而非对象，所以直接选中单元格按【Delete】键是无法删除迷你图的，要清除一个迷你图或清除全部迷你图，需选中迷你图所在单元格，在"迷你图工具－设计"选项卡单击"清除"按钮，选择清除所选迷你图或迷你图组。

11.4.2　更改迷你图类型

　　迷你图的三种类型都有其不同的适用范围：折线迷你图通常用于标识一行或一列单元格数值的变动趋势，柱形图则用来比较连续单元格中数值的大小，而盈亏图只显示当年是盈利还是亏损。用户可以根据实际分析的需要来更改迷你图的类型。

原始文件： 下载资源 \ 实例文件 \11\ 原始文件 \ 创建迷你图 .xlsx
最终文件： 下载资源 \ 实例文件 \11\ 最终文件 \ 更改迷你图类型 .xlsx

步骤01 **选择迷你图类型**

　　打开"下载资源 \ 实例文件 \11\ 原始文件 \ 创建迷你图 .xlsx"，选中迷你图组中任意迷你图，切换到"迷你图工具－设计"选项卡，单击"类型"组中的"折线图"按钮，如下图所示。

步骤02 **更改迷你图类型后的效果**

　　此时迷你图组由柱形图类型变成了折线图，如下图所示。通过折线图，可以看出市场部每个部门的每月业务数的发展趋势。

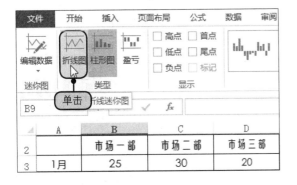

	A	B	C	D
2		市场一部	市场二部	市场三部
3	1月	25	30	20
4	2月	30	29	19
5	3月	28	31	21
6	4月	26	28	22
7	5月	27	33	23
8	6月	24	34	25
9	迷你图			

11.4.3　突出显示迷你图的点

　　迷你图比图表多出的一项功能就是可以在图中显示出数据的高点、低点、负点、首点、尾点等，有利于用户分析数据。

原始文件： 下载资源 \ 实例文件 \11\ 原始文件 \ 更改迷你图类型 .xlsx
最终文件： 下载资源 \ 实例文件 \11\ 最终文件 \ 突出显示迷你图的点 .xlsx

步骤01 勾选要突出显示的点

打开"下载资源\实例文件\11\原始文件\更改迷你图类型.xlsx",切换到"迷你图工具—设计"选项卡,勾选"显示"组中的"高点""低点"复选框,如下图所示。

步骤02 在迷你图中标记点

此时在迷你图中标记出高点和低点的位置,如下图所示。

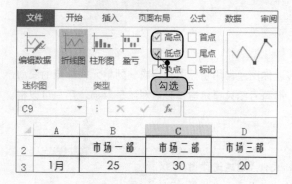

	A	B	C	D
2		市场一部	市场二部	市场三部
3	1月	25	30	20
4	2月	30	29	19
5	3月	28	31	21
6	4月	26	28	22
7	5月	27	33	23
8	6月	24	34	25
9	迷你图			

步骤03 设置高点的颜色

❶在"样式"组中单击"标记颜色"按钮,❷在展开的下拉列表中单击"高点 > 黑色"选项,如下图所示。

步骤04 设置低点的颜色

更改好迷你图中高点的颜色后,可以继续更改其低点的颜色。❶在"样式"组中单击"标记颜色"按钮,❷在展开的下拉列表中单击"低点 > 红色"选项,如下图所示。

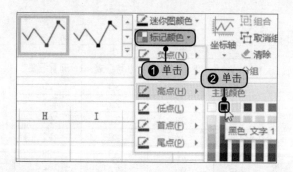

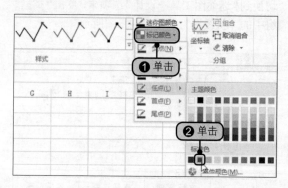

步骤05 改变颜色后的效果

对高点和低点应用了其他颜色后,用户更容易区分出现业务高峰和低谷的月份,如右图所示。

> **提示**
>
> 三种类型的迷你图都可以通过勾选"显示"组中的复选框来显示其高点、低点、负点、首点和尾点,但只有折线图才可以勾选"显示"组中的"标记"复选框,显示其标记。

	A	B	C	D
2		市场一部	市场二部	市场三部
3	1月	25	30	20
4	2月	30	29	19
5	3月	28	31	21
6	4月	26	28	22
7	5月	27	33	23
8	6月	24	34	25
9	迷你图			

生存技巧：自定义坐标轴

　　如果表格数据中的日期是不连续的时间，那么选择"日期坐标轴类型"来设置迷你图中的图表形状格式，可以更好地反映不规则的时间段。从图表中可以清楚地看到数据的间距会按照时间的比例进行调整，如右图所示。

3	日期	产品销量
4	2013-1-31	425
5	2013-3-31	476
6	2013-7-31	502
7	2013-12-31	432
8		

生存技巧：显示横坐标轴区别负值

　　如果数据中有负值，用户希望像普通的数据图表一样，有一根 0 轴的线作为正负区分，可以在迷你图中显示坐标轴，方法如下：单击"坐标轴"按钮，在"横坐标轴选项"选项组中，单击"显示坐标轴"选项，此时，含负数的任何迷你图将在值为 0 处显示一条横坐标轴，这样就更容易看出数据的正负变化了。

11.4.4　套用迷你图样式

　　为了美化迷你图，用户可以套用系统中现有的迷你图样式，也可以单独设置迷你图线条的粗细。

　　原始文件： 下载资源 \ 实例文件 \11\ 原始文件 \ 突出显示迷你图的点 .xlsx
　　最终文件： 下载资源 \ 实例文件 \11\ 最终文件 \ 套用迷你图样式 .xlsx

步骤01　选择样式

　　打开"下载资源 \ 实例文件 \11\ 原始文件 \ 突出显示迷你图的点 .xlsx"，选中迷你图，切换到"迷你图工具－设计"选项卡，单击"样式"组中的"其他"快翻按钮，在展开的样式库中选择"迷你图样式着色6，深色25%"样式，如下图所示。

步骤02　套用样式后的效果

　　此时为迷你图应用了现有的样式，使迷你图看起来更美观，如下图所示。

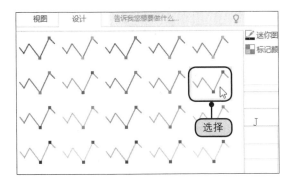

▲	A	B	C	D
2		市场一部	市场二部	市场三部
3	1月	25	30	20
4	2月	30	29	19
5	3月	28	31	21
6	4月	26	28	22
7	5月	27	33	23
8	6月	24	34	25
9	迷你图			

步骤 03 改变线条的粗细度

为了使迷你图更突出，可以改变图形的粗细度。❶在"样式"组中单击"迷你图颜色"按钮，❷在展开的下拉列表中单击"粗细>2.25磅"选项，如下图所示。

步骤 04 改变线条的粗细度后的效果

此时显示出更改后的迷你图效果，如下图所示。

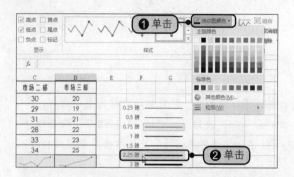

	A	B	C	D
2		市场一部	市场二部	市场三部
3	1月	25	30	20
4	2月	30	29	19
5	3月	28	31	21
6	4月	26	28	22
7	5月	27	33	23
8	6月	24	34	25
9	迷你图			

 生存技巧：空单元格的设置

若数据中存在空值，那么对应的迷你图中一定会出现空距。针对这种情况，Excel 给出了 3 种处理方案，分别是空距、零值与用直线连接数据点，用户可以根据自己的情况进行选择。

11.5 使用地图功能演示场景

在 Excel 2016 中，地图演示功能即三维地图（以前叫 Power Map），是微软推出的一个功能强大的加载项。该工具结合了 Bing 地图，可以对地理和时间数据进行绘图、动态呈现和互动操作。

 原始文件： 下载资源 \ 实例文件 \11\ 原始文件 \ 各省市工资情况表 .xlsx
最终文件： 下载资源 \ 实例文件 \11\ 最终文件 \ 地图演示功能表 .mp4

步骤 01 打开三维地图工具

打开"下载资源 \ 实例文件 \11\ 原始文件 \ 各省市工资情况表 .xlsx"，❶选中数据表中的任意单元格，然后在"插入"选项卡下，单击"演示"组中的"三维地图"下三角按钮，❷在展开的下拉列表中单击"打开三维地图"选项，如下图所示。

步骤 02 显示打开的地图演示功能表

此时，弹出了"地图演示功能表"窗口，可在该窗口中看到一个地球仪，其包含了各个国家的地图数据，并在窗口的右侧出现了一个名为"图层 1"的窗格，如下图所示。

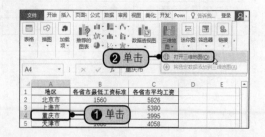

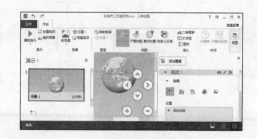

步骤03　添加字段

在"图层1"窗格中的"位置"下，❶单击"添加字段"左侧的十字符号，❷在展开的列表中选择"地区"字段，如下图所示。

步骤05　打开地图可信度报告

随后在"高度"下添加"各省市最低工资标准"和"各省市平均工资"字段，可看到"数据"的右侧出现了一个"100%"的地图可信度报告数据，单击该数据，如下图所示。

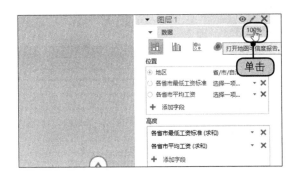

步骤07　切换到平面地图

可看到设置字段后的地图效果，单击"地图"组中的"平面地图"按钮，如下图所示。

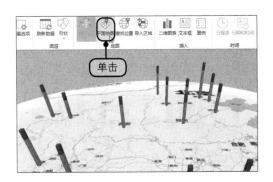

步骤04　更改字段的地理类型

❶单击"地区"字段右侧的下三角按钮，❷在展开的列表中单击"省/市/自治区"，如下图所示。

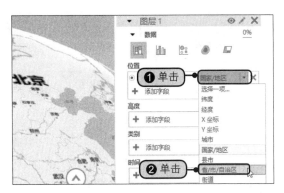

步骤06　显示打开效果

此时，弹出了"地图可信度"对话框，可看到"我们在可信度较高的图层1上绘制了所有位置"的内容，单击"确定"按钮，如下图所示。

步骤08　显示平面效果图

此时三维地图平面化了，随后单击图右下侧的箭头符号，如下图所示。可以让图向上、向下、向左或向右倾斜。而单击加号和减号，则可以让图放大或缩小。

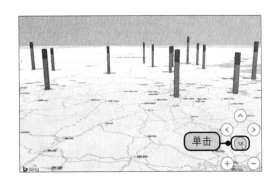

步骤09 添加场景

再次单击"平面地图"按钮，返回图表的三维效果，然后在"场景"组中单击"新场景"按钮，如下图所示。

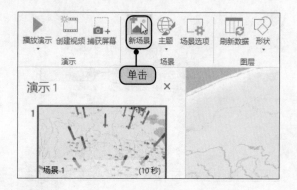

步骤11 显示改变的效果图

可看到改变可视化效果后的地图效果，然后应用相同的方法在"演示编辑器"中添加场景，并为其设置气泡图、热度地图和区域地图效果，如下图所示。

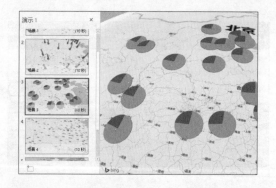

步骤13 插入二维图表

可以看到设置"图层选项"后的地图效果，然后单击"插入"组中的"二维图表"按钮，如下图所示。

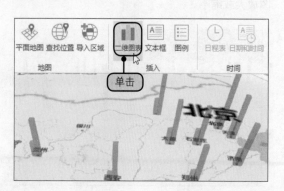

步骤10 改变数据的可视化效果

❶可在"演示编辑器"中看到添加的"场景2"，❷然后单击"数据"选项中的"将可视化更改为簇状柱形图"按钮，如下图所示。

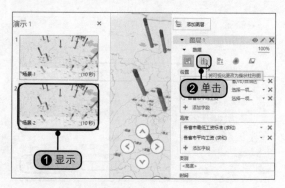

步骤12 图层选项的设置

切换到"场景2"中，然后单击任意一个数据系列，❶设置该数据系列的"不透明度"为"50%"，❷设置其"颜色"为"红色"，如下图所示。

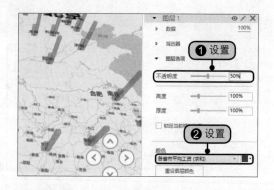

步骤14 更改二维图表类型

弹出了一个二维图表，单击该图表右上角的"更改图表类型"按钮，在展开的列表中选择"簇状条形图"，如下图所示。

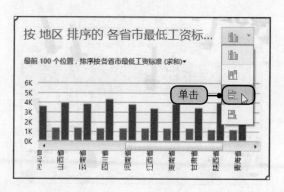

步骤15 删除二维图表

可以看到更改图表类型后的二维图表效果，❶在该图表中右击，❷在弹出的快捷菜单中单击"删除"选项，如下图所示。

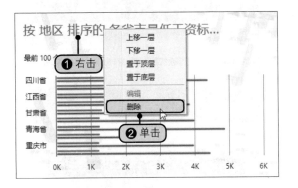

步骤16 设置场景选项

❶选中"场景1"，❷在"场景"组中单击"场景选项"按钮，如下图所示。

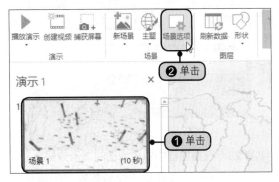

步骤17 设置场景持续时间

弹出"场景选项"对话框，设置"场景1"的"场景持续时间"为5秒，如下图所示。选中其他场景，并为其设置场景持续时间。

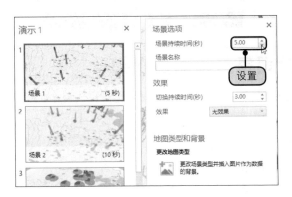

步骤18 创建视频

设置好各个场景的持续时间后，单击"演示"组中的"创建视频"按钮，如下图所示。

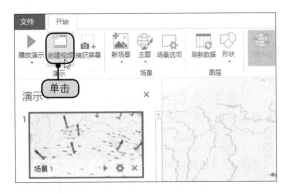

步骤19 选择创建视频的质量

弹出"创建视频"对话框，❶单击"快速导出和移动设备"单选按钮，❷单击"创建"按钮，如下图所示。

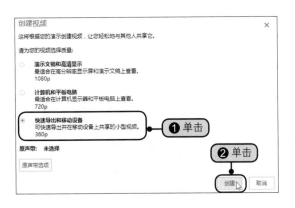

步骤20 保存影片

❶在弹出的保存影片对话框中设置好保存路径，❷设置文件名为"地图演示功能表"，❸单击"保存"按钮，如下图所示。

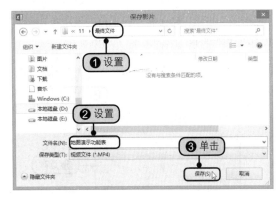

步骤 21 等待视频的创建

可以看到视频处于创建过程中，如下图所示。

步骤 22 打开创建的视频

视频创建完成后，单击"打开"按钮，如下图所示。

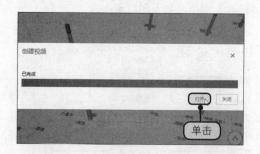

步骤 23 在播放器中播放地图的演示效果

在弹出的播放器中可看到各省市工资情况的数据可视化地图效果，如右图所示。

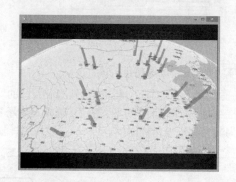

11.6 实战演练——分析公司每月差旅费报销

公司员工出差时会产生差旅费，而差旅费的金额大小往往取决于交通工具的选择，根据图表可以更直观地分析不同交通工具产生的费用，以便做适当的调整。

原始文件： 下载资源\实例文件\11\原始文件\差旅费报销比较.xlsx
最终文件： 下载资源\实例文件\11\最终文件\差旅费报销比较.xlsx

步骤 01 插入图表

打开"下载资源\实例文件\11\原始文件\差旅费报销比较.xlsx"，❶选中 A2:D8 单元格区域，切换到"插入"选项卡，❷单击"图表"组中的"柱形图"按钮，❸在展开的下拉列表中单击"百分比堆积柱形图"选项，如下图所示。

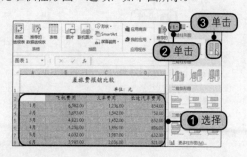

步骤 02 插入图表后的效果

此时在工作表中插入了一个百分比堆积柱形图，通过比较，可看出每月在所有交通工具所产生的费用中，飞机费用所占比例最高，如下图所示。

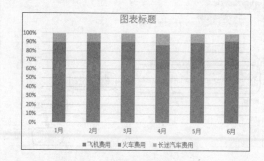

步骤03 更改布局

选中图表,切换到"图表工具－设计"选项卡,在"图表布局"组中选择布局库中的"布局3"样式,如下图所示。

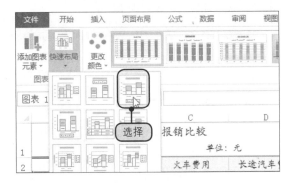

步骤05 将单元格内容链接到图表标题

选中图表标题后,在编辑栏中输入"=Sheet1!$A$1",将单元格内容链接到图表标题,如下图所示。

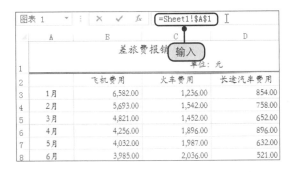

步骤07 格式化图表

依次选中各数据点,并重新设置其填充颜色,对图表进行美化,完成差旅费报销比较图的创建,如下图所示。

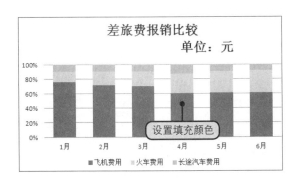

步骤04 更改布局后的效果

此时更改了图表的布局,改变了图例显示的位置并且显示了图表标题,单击图表标题,如下图所示。

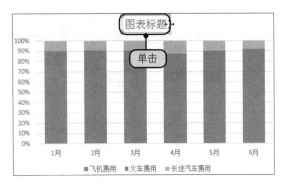

步骤06 设置好图表标题后的效果

按【Enter】键后,将工作表中的标题引用到了图表中,使图表标题和工作表的标题一致,当工作表中的标题发生变化的时候,图表中的标题将发生相应的变化,如下图所示。

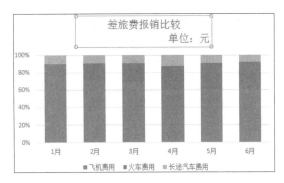

步骤08 创建折线迷你图

选中B9:D9单元格区域,切换到"插入"选项卡,单击"迷你图"组中的"折线图"按钮,如下图所示。

步骤 09   选择数据范围

　　弹出"创建迷你图"对话框，❶选择"数据范围"为"B3:D8"，❷单击"确定"按钮，如下图所示。

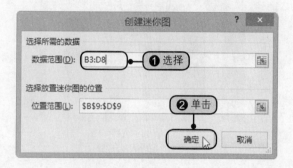

步骤 10   设置首点标记颜色

　　此时在 B3:D8 单元格区域中创建了一个折线图迷你图组。在"迷你图工具－设计"选项卡下单击"标记颜色"按钮，在展开的下拉列表中单击"首点 > 红色"选项，如下图所示。

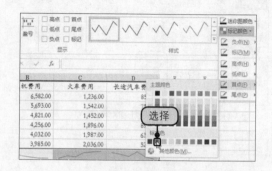

步骤 11   迷你图的最终效果

　　用同样的方法为尾点设置蓝色标记，之后完成各项差旅报销费用 1—6 月折线迷你图创建。可以了解到，虽然飞机费用在各项费用支出中所占比例较高，但是从上半年情况看，飞机费用的开支已经在逐渐缩减，如右图所示。

第 4 部分
PowerPoint 篇

第12章

PowerPoint 2016 基本操作

PowerPoint 2016 是微软公司设计的演示文稿组件。它可以在投影仪或者计算机上进行演示。在日常工作中，会议或培训课程中经常会用到 PowerPoint 演示文稿。使用 PowerPoint 制作演示文稿需要了解它不同的视图方式和幻灯片编辑中的一些基本操作。

知识点

1. 了解 PowerPoint 的视图方式
2. 插入和删除幻灯片
3. 移动和复制幻灯片
4. 运用幻灯片母版
5. 编辑和管理幻灯片
6. 应用内置主题和更改主题

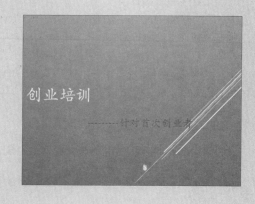

12.1　了解PowerPoint的视图方式

PowerPoint 2016 包括五种视图方式，分别是普通视图、大纲视图（将在 12.4.1 中介绍）、幻灯片浏览视图、备注页视图和阅读视图。在每种视图方式下，用户所观看到的演示文稿效果是不同的。

12.1.1　普通视图

启动 PowerPoint 2016 后，用户进入的视图界面默认为普通视图，也就是在 1.2.3 中介绍过的工作界面。

原始文件： 下载资源 \ 实例文件 \12\ 原始文件 \ 面试问题培训 .pptx

最终文件： 无

打开"下载资源 \ 实例文件 \12\ 原始文件 \ 面试问题培训 .pptx"，切换到"视图"选项卡下，在"演示文稿视图"组中，可以看见，已经选中了"普通"按钮，如右图所示。幻灯片的编辑通常都是在普通视图下进行的。

12.1.2　幻灯片浏览视图

如果需要浏览所有的幻灯片，可以使用幻灯片浏览视图，在浏览视图中，用户可以快速地选择并查看某张幻灯片。

原始文件： 下载资源 \ 实例文件 \12\ 原始文件 \ 面试问题培训 .pptx

最终文件： 下载资源 \ 实例文件 \12\ 最终文件 \ 幻灯片浏览视图 .pptx

步骤 01　单击"幻灯片浏览"按钮

打开"下载资源 \ 实例文件 \12\ 原始文件 \ 面试问题培训 .pptx"，❶切换到"视图"选项卡下，❷在"演示文稿视图"组中单击"幻灯片浏览"按钮，如下图所示。

步骤 02　幻灯片浏览视图效果

此时进入幻灯片浏览视图中，幻灯片是以缩略图形式显示的，用户可以看到每张幻灯片，以便观察是否需要重新排列幻灯片的顺序，如下图所示。在幻灯片浏览视图中，大纲选项卡、幻灯片选项卡和备注窗格都被隐藏起来了。

12.1.3　备注页视图

在备注页视图中，幻灯片窗格的下方会出现一个备注窗格。备注页视图一般用于培训课程中。讲师在培训前可以在幻灯片的下方写上关于幻灯片的备注内容，以方便记忆本张幻灯片所要表达的知识点。

原始文件： 下载资源 \ 实例文件 \12\ 原始文件 \ 面试问题培训 .pptx
最终文件： 下载资源 \ 实例文件 \12\ 最终文件 \ 备注页视图 .pptx

步骤01　单击"备注页"按钮

打开"下载资源 \ 实例文件 \12\ 原始文件 \ 面试问题培训 .pptx"，切换到"视图"选项卡下，在"演示文稿视图"组中单击"备注页"按钮，如下图所示。

步骤02　备注页视图效果

进入备注页视图后，在幻灯片窗格下方会出现一个"备注"窗格，如下图所示。用户可以在备注窗格中输入关于本张幻灯片的注释。

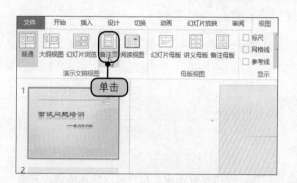

> **提示**
>
> 除了"视图"选项卡中的按钮外，用户还可以利用演示文稿窗口右下角的视图按钮来快速切换幻灯片的显示方式。

生存技巧：巧用视图快捷键

视图按钮配合键盘按键能够更快捷地切换幻灯片。按住【Shift】键再单击"普通"视图按钮，此时可以顺利切换至"幻灯片母版"视图，松开按键再单击"普通"视图按钮即可切换回来。若按住【Shift】键再单击"幻灯片浏览"视图按钮，则可以切换至"讲义母版视图"。

12.1.4　阅读视图

用户如果在幻灯片中添加了动画效果或画面的切换效果，可以使用阅读视图来阅览幻灯片。在阅读视图的状态下，不仅可以使幻灯片以全屏的方式显示出来，还可以将所有的动态效果显示出来。

原始文件：下载资源\实例文件\12\原始文件\面试问题培训.pptx
最终文件：无

步骤01 **单击"阅读视图"按钮**

打开"下载资源\实例文件\12\原始文件\面试问题培训.pptx"，切换到"视图"选项卡下，在"演示文稿视图"组中单击"阅读视图"按钮，如下图所示。

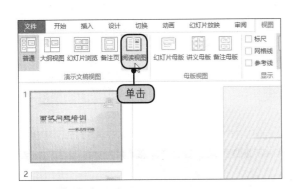

步骤02 **阅读视图效果**

此时页面进入阅读视图，如下图所示。创建者可以在此视图中观看到幻灯片中的动画和图片切换等效果。

提示

在幻灯片的阅读视图中，功能区是被隐藏起来的，即不存在任何功能按钮，所以在此视图中无法保存文稿，用户如果需要对文稿进行保存，只能按【Esc】键，返回到普通视图中，再进行演示文稿的保存。

生存技巧：更改撤销的次数

当用户在使用PowerPoint进行幻灯片编辑时，若出现操作错误，单击"撤销"按钮，即可恢复到错误操作前的状态。但撤销操作是有次数限制的，默认为20次。如果想突破此限制，需要单击"文件"按钮，在弹出的菜单中单击"选项"按钮，弹出"PowerPoint选项"对话框，切换至"高级"选项面板，设置"最多可取消操作数"，设置完毕后再单击"确定"按钮。

12.2　幻灯片的基本操作

若要学会制作演示文稿，在学会新建一个空白演示文稿的基础上，还需要掌握幻灯片的一些基本操作，包括插入幻灯片、移动幻灯片、复制幻灯片和删除幻灯片等。

12.2.1　新建空白演示文稿

新建空白演示文稿是PowerPoint 2016中最基本的操作，在每次新建的空白演示文稿中默认自带一张幻灯片。

原始文件： 无

最终文件： 下载资源 \ 实例文件 \12\ 最终文件 \ 新建空白演示文稿 .pptx

步骤 01　新建空白演示文稿

启动 PowerPoint 2016，单击"文件"按钮，❶在弹出的菜单中单击"新建"命令，❷在右侧的面板中单击"空白演示文稿"图标，如下图所示。

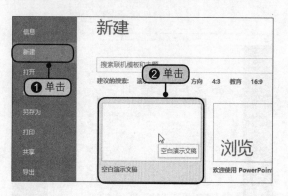

步骤 02　新建空白演示文稿的效果

此时创建了一个默认版式的空白文稿，演示文稿自动命名为"演示文稿2"，如下图所示。

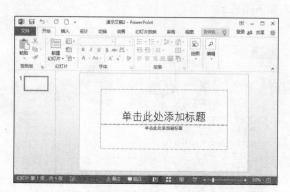

> **提示**
>
> PowerPoint 2016 为用户提供了许多演示文稿的模板，用户不仅可以创建空白的演示文稿，还可以创建基于模板的演示文稿。单击"新建"，在页面给出的选项中选择自己想要使用的模板，再在此基础上创建演示文稿即可。

生存技巧：认识幻灯片中的占位符

应用除空白版式外的其他版式后，幻灯片中都会出现相应的占位符。占位符是带有虚线或影线标记的边框，大多数幻灯片版式中都带有不同类型的占位符，包括文本占位符和内容占位符。其中，文本占位符可以容纳文本内容，在其中输入文字后原来的文字会自动消失；内容占位符可以容纳图片、图表、表格和媒体等对象。单击占位符中的不同按钮可插入相应对象。

12.2.2　插入幻灯片

一个演示文稿中通常包含多张幻灯片，但新建的空白演示文稿中只有一张幻灯片，远远不能满足用户需求，于是就需要用户插入不同的幻灯片版式。

原始文件： 下载资源 \ 实例文件 \12\ 原始文件 \ 怎样做好行政管理 .pptx

最终文件： 下载资源 \ 实例文件 \12\ 最终文件 \ 插入幻灯片 .pptx

步骤01 选择幻灯片版式

打开"下载资源\实例文件\12\原始文件\怎样做好行政管理.pptx",在"开始"选项卡下，❶单击"幻灯片"组中的"新建幻灯片"按钮下的下三角按钮，❷在展开的库中选择"标题和内容"样式，如下图所示。

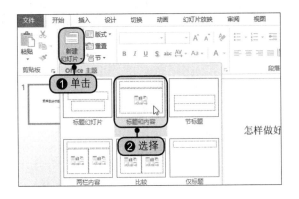

步骤02 插入幻灯片的效果

此时，插入了一个"标题和内容"样式的幻灯片，即左栏中显示的序号为"2"的幻灯片，如下图所示。

步骤03 输入文本内容

采用同样的方法，插入其他样式的幻灯片，并编辑好幻灯片的内容，完成一个演示文稿的制作，如右图所示。

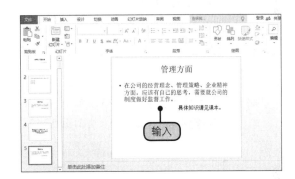

提示

在"新建幻灯片"所给的幻灯片库中选择某个样式的幻灯片进行插入后，如选择"标题幻灯片"样式，那么当需要再次插入幻灯片而直接单击"新建幻灯片"按钮时，系统自动默认插入样式为之前所选择的"标题幻灯片"。

12.2.3 移动幻灯片

当用户插入多个幻灯片并输入文本内容后，可能需要调整某些幻灯片的位置，此时就要移动幻灯片，当幻灯片被移动后，在幻灯片浏览窗格中幻灯片的编号将发生相应变化。

原始文件： 下载资源\实例文件\12\原始文件\插入幻灯片.pptx
最终文件： 下载资源\实例文件\12\最终文件\移动幻灯片.pptx

步骤01 移动幻灯片

　　打开"下载资源\实例文件\12\原始文件\插入幻灯片.pptx"，在左栏中选中要移动的幻灯片"5"，拖动鼠标至合适的位置处，如拖动至第三张幻灯片的上方，如下图所示。

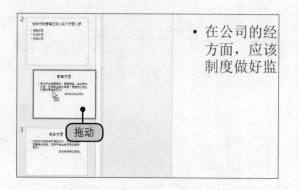

步骤02 移动幻灯片的效果

　　释放鼠标后，将第五张幻灯片移动到了第三张幻灯片的位置，幻灯片的编号自动更新，如下图所示。

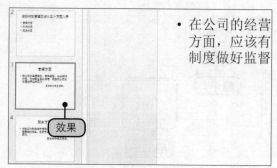

12.2.4　复制幻灯片

　　为了提高工作效率，当需要制作一张相同格式或内容差不多的幻灯片时，可以选择复制已有的幻灯片，在新生成的幻灯片中保留原来可用的内容，稍做修改，即可快速完成一张新幻灯片的制作。

原始文件： 下载资源\实例文件\12\原始文件\插入幻灯片.pptx
最终文件： 下载资源\实例文件\12\最终文件\复制幻灯片.pptx

步骤01 复制幻灯片

　　打开"下载资源\实例文件\12\原始文件\插入幻灯片.pptx"，右击需要复制的幻灯片，在弹出的快捷菜单中单击"复制幻灯片"命令，如下图所示。

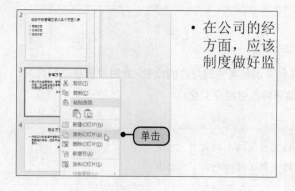

步骤02 复制幻灯片的效果

　　此时在选中的幻灯片下方自动生成了一张相同的幻灯片，如下图所示。

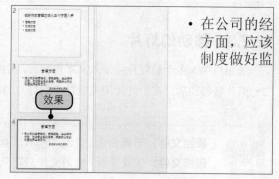

步骤03 **修改幻灯片的内容**

在复制生成的新幻灯片中，根据需要保留幻灯片中的某些内容和格式，并更新幻灯片的其他内容，如右图所示。

生存技巧：重用幻灯片及合并演示文稿

在制作幻灯片时，用户可能会需要重复使用其他演示文稿中的幻灯片，此时可以应用 PowerPoint 2016 中的"重用幻灯片"功能。首先在幻灯片浏览窗格中要放置重用幻灯片的位置单击，再在"开始"选项卡中单击"新建幻灯片"下三角按钮，在展开的下拉列表中单击"重用幻灯片"选项，然后在打开的"重用幻灯片"任务窗格中选择要使用的演示文稿，并选择相应幻灯片即可。如果希望插入的重用幻灯片保留原本的格式，则要勾选"保留源格式"复选框。

如果需要把多个演示文稿的幻灯片合并，并且希望它们分别保持原样，则首先打开需要合并的某一演示文稿，在"审阅"选项卡中单击"比较"按钮，弹出"选择要与当前演示文稿合并的文件"对话框，在对话框中选择要与当前演示文稿合并的另一个演示文稿，单击"合并"按钮，然后执行接受修订操作，即可实现两个演示文稿的合并。实际上，利用"重用幻灯片"功能也可实现演示文稿的合并，读者可自己尝试操作。

12.2.5　删除幻灯片

如果创建了一组幻灯片，当发现某张幻灯片不满足需要的时候可将其删除。删除幻灯片后，该幻灯片之后的其他幻灯片的编号将发生相应变化。

原始文件： 下载资源 \ 实例文件 \12\ 原始文件 \ 复制幻灯片 .pptx
最终文件： 下载资源 \ 实例文件 \12\ 最终文件 \ 删除幻灯片 .pptx

步骤01 **删除幻灯片**

打开"下载资源 \ 实例文件 \12\ 原始文件 \ 复制幻灯片 .pptx"，❶右击要删除的幻灯片，❷在弹出的快捷菜单中单击"删除幻灯片"命令，如下图所示。

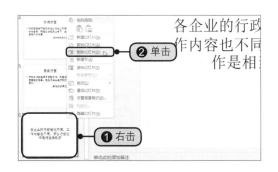

步骤02 **删除幻灯片的效果**

此时即删除了一张幻灯片，幻灯片数量由 6 张变为 5 张，幻灯片序号发生相应的变化，如下图所示。

提示

删除幻灯片的时候，还可以选中幻灯片，按【Delete】键进行删除。

12.3 母版的运用

母版的作用主要是统一每张幻灯片的格式、背景以及其他美化效果等。母版的应用有三个方面，即幻灯片母版、讲义母版和备注母版。

生存技巧：准备更多套的幻灯片版式

在新建幻灯片库中，用户有多种版式可以选择，这些版式实际是通过当前幻灯片母版中的设计反映的。如果用户希望版式库中有更多套设计方案以供选择，可以在幻灯片母版中再新建其他的幻灯片母版，并应用其他的主题等设计方案，或者在母版中再自定义新建其他版式，这样，新建幻灯片版式库中就会有更多选择方案了。

12.3.1 幻灯片母版

幻灯片母版中可以储存多种信息，具体包括文本、占位符、背景、颜色主题、效果和动画等，用户可以根据需要将这些信息插入到幻灯片母版中。

原始文件：下载资源\实例文件\12\原始文件\职业生涯规划.pptx
最终文件：下载资源\实例文件\12\最终文件\幻灯片母版.pptx

步骤01 单击"幻灯片母版"按钮

打开"下载资源\实例文件\12\原始文件\职业生涯规划.pptx"，切换到"视图"选项卡，单击"母版视图"组中的"幻灯片母版"按钮，如下图所示。

步骤02 设置字体

此时进入到"幻灯片母版"选项卡，选中第一张幻灯片，❶在"背景"组中单击"字体"按钮，❷在展开的下拉列表中单击"office2007-2010"选项，如下图所示。

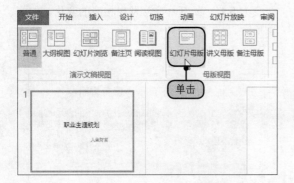

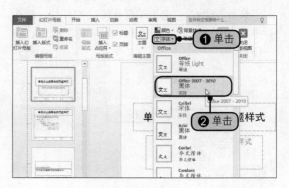

步骤 03　设置背景

在"背景"组中单击"背景样式"按钮，在展开的背景库中选择"样式9"，如下图所示。

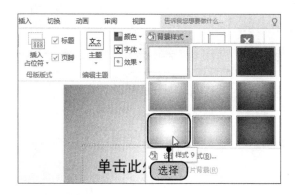

步骤 04　关闭母版视图

此时即为母版设置好了字体和背景，在"关闭"组中单击"关闭母版视图"按钮，如下图所示。

> **提示**
>
> 为了快速美化母版，也可以在"编辑主题"组中，单击"主题"按钮，在展开的下拉列表中选择默认的主题样式，即可为母版应用系统中自带的主题。

步骤 05　设置幻灯片母版的效果

返回到普通视图中，可以看见演示文稿中的所有幻灯片都应用了母版的字体和背景样式，如右图所示。

生存技巧：把公司 LOGO 放到所有幻灯片上

在制作企业的幻灯片时，为了增加专业性，通常会把公司的 LOGO 放进幻灯片中，为了避免误删 LOGO 图片，以及让 LOGO 图片能显示在所有幻灯片中，可以在"幻灯片母版"中插入 LOGO 图片，并设置好图片格式，这样当退出母版视图后，所有的幻灯片都会统一添加上公司的 LOGO。

12.3.2　讲义母版

如果要打印幻灯片，则可以使用讲义母版的功能，它可将多张幻灯片排列在一张打印纸中，以便节约纸张。在讲义母版中也可以对幻灯片的主题、颜色等做设置。

原始文件： 下载资源 \ 实例文件 \12\ 原始文件 \ 幻灯片母版 .pptx
最终文件： 下载资源 \ 实例文件 \12\ 最终文件 \ 讲义母版 .pptx

步骤01 单击"讲义母版"按钮

打开"下载资源\实例文件\12\原始文件\幻灯片母版.pptx",在"母版视图"组中单击"讲义母版"按钮,如下图所示。

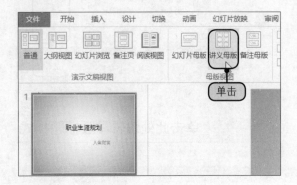

步骤02 设置幻灯片的数量

进入到"讲义母版"选项卡,❶在"页面设置"选项卡下单击"每页幻灯片数量"按钮,❷在展开的下拉列表中单击"3张幻灯片"选项,如下图所示。

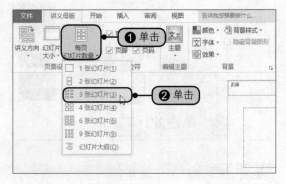

步骤03 设置数量后的效果

此时在一个页面中排列了3张幻灯片,即可以将这3张幻灯片打印在一张纸上面,如下图所示。

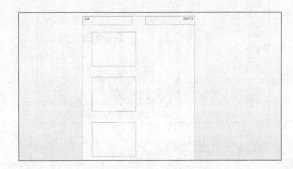

步骤04 设置讲义方向

❶在"页面设置"组中单击"讲义方向"按钮,❷在展开的下拉列表中单击"横向"选项,如下图所示。

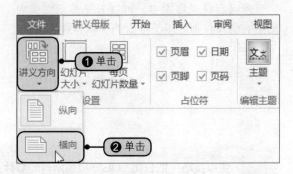

步骤05 关闭母版视图

此时将3张幻灯片的布局由纵向变为横向,充分利用了纸张上半部分。如果要退出"讲义母版"视图,可在"关闭"组中单击"关闭母版视图"按钮,如右图所示。

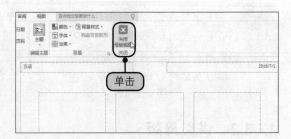

 生存技巧:打印讲义

在做演讲时经常会用到 PowerPoint,有时演讲者会提前将讲义分发给在场听众,以便更好地针对内容进行交流,这时就涉及讲义的打印。打印讲义前要设置好讲义母版,然后使用"文件"菜单中的"打印"命令,设置好打印份数、每页幻灯片数、纸张方向、颜色等选项,再单击"打印"按钮即可。

12.3.3 备注母版

在备注母版中有一个备注窗格，用户可以在备注窗格中添加文本框、艺术字、图片等内容，使其与幻灯片一起打印在一张打印纸上面。

原始文件： 下载资源 \ 实例文件 \12\ 原始文件 \ 讲义母版 .pptx
最终文件： 下载资源 \ 实例文件 \12\ 最终文件 \ 备注母版 .pptx

步骤 01 单击"备注母版"按钮

打开"下载资源 \ 实例文件 \12\ 原始文件 \ 讲义母版 .pptx"，切换到"视图"选项卡，单击"母版视图"组中的"备注母版"按钮，如下图所示。

步骤 02 备注母版的显示效果

此时自动切换到"备注母版"选项卡，在备注母版视图中可以看见，在一个页面上不仅显示了幻灯片图像，还在图像下方出现了一个备注文本框，如下图所示。

步骤 03 单击"页面设置"按钮

为了使幻灯片图像和备注文本框大小相符合，可以改变幻灯片的大小。在"页面设置"组中单击"幻灯片大小"按钮，在弹出的下拉菜单中单击"自定义幻灯片大小"选项，如下图所示。

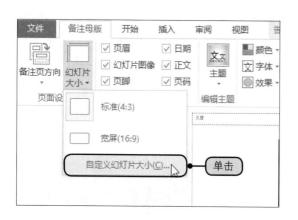

步骤 04 设置幻灯片的大小

弹出"幻灯片大小"对话框，❶在"幻灯片大小"选项组下设置宽度为"50"、高度为"30"，❷在"方向"选项组下单击"纵向"单选按钮，❸单击"确定"按钮，如下图所示。

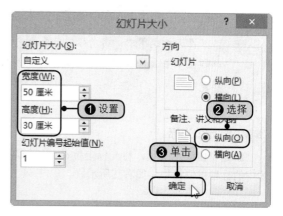

步骤 05 设置后的效果

改变幻灯片图像大小后,可以看见在页面中图像和备注文本框几乎各占一半,如右图所示。

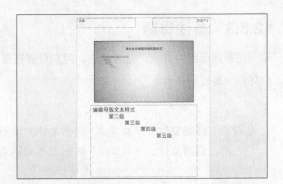

 提示

在设置了讲义母版和备注母版后,打印文稿的时候,就可以选择打印的版式为讲义或备注页。

 生存技巧: 在幻灯片中插入批注

在制作演示文稿时,可将需要展示给观众的内容做在幻灯片中,而不需要展示的内容就可写到备注里。如果有重要的内容需要在幻灯片中提示,也可以添加批注。如果要在幻灯片中插入批注,只需在幻灯片中选择需要批注的位置,并切换至"审阅"组中单击"新建批注"按钮,插入批注,出现批注框后,输入批注内容即可。

12.4　编辑与管理幻灯片

编辑幻灯片主要是指在幻灯片中输入文本、设置文本的格式,而管理幻灯片一般可以使用幻灯片节的功能来实现。

12.4.1　在幻灯片中输入文本

在幻灯片中输入文本有两种方式,一种是在幻灯片的占位符中输入,一种是利用"大纲"选项,在大纲窗格中输入。

 原始文件: 无
最终文件: 下载资源\实例文件\12\最终文件\输入文本.pptx

 生存技巧: 在大纲视图中使用快捷键调整文本级别

在大纲视图中,将光标定位在要更改大纲级别的标题文本中,按下【Tab】键,则该行标题文本会自动降级为内容文本。如果要将内容文本升级为标题文本,按下【Shift+Tab】组合键即可。

步骤 01 定位光标

新建空白演示文稿,将光标定位在标题幻灯片中的标题占位符中,如右图所示。

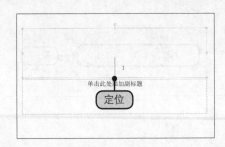

步骤02 输入文本

将输入法切换到中文状态后，直接输入文本内容"考核制度培训"，如下图所示。

步骤04 输入文本

切换到"大纲"选项卡后，将光标定位在第2张幻灯片图标右侧，输入需要的文字，如下图所示。

步骤03 单击"大纲视图"选项

插入新的幻灯片，切换到"视图"选项卡，单击"大纲视图"选项，如下图所示。

步骤05 定位光标

单击幻灯片中的内容占位符后，将光标定位在下一行中，如下图所示。

提示

如果不通过单击幻灯片中的内容占位符来定位光标，而试图按【Enter】键定位光标，系统将自动默认为添加一个新的幻灯片，而不会切换到内容占位符中。

步骤06 继续输入文本

此时可继续输入相应的文本内容。在同一个占位符中输入的时候，可以按【Enter】键进行换行，如下图所示。

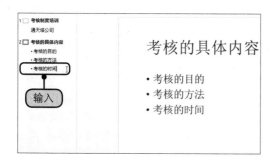

步骤07 完成演示文稿

根据需要，插入其他新的幻灯片，并输入文本内容，完成演示文稿的制作，如下图所示。

生存技巧：快速切换字母大小写

　　有的用户在打字时经常会按到【Caps Lock】键，从而改变字母的大小写状态，有什么方法能将大写字母改为小写，而无须重新输入呢？可以选中需要改写的文本内容，再按【Shift+F3】组合键，此时会发现大写字母都变成了小写，再按一下变成首字母大写，再按一下则又会变成全部大写。

12.4.2　编辑幻灯片文本

　　编辑幻灯片的文本主要包括设置占位符中文字的大小、对齐方式和设置段落的行距等。编辑幻灯片后可以使文本内容更好地分布在幻灯片中。

 原始文件： 下载资源\实例文件\12\原始文件\输入文本.pptx
最终文件： 下载资源\实例文件\12\最终文件\编辑文本.pptx

步骤01　设置文本的对齐方式

　　打开"下载资源\实例文件\12\原始文件\输入文本.pptx"，单击第1张幻灯片，选中标题占位符中的文本内容，❶在"开始"选项卡下，单击"段落"组中的"对齐文本"按钮，❷在展开的下拉列表中单击"顶端对齐"选项，如下图所示。

步骤02　设置文本的对齐方式后的效果

　　此时标题文本内容自动显示在占位符的顶端位置上，如下图所示。

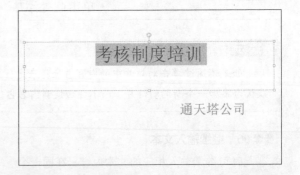

 生存技巧：将文本转换成 SmartArt 图形

　　将文本转换为 SmartArt 图形是一种将现有幻灯片转换为商业设计插图的快速方法。只需要在幻灯片中选中目标文本，在"开始"选项卡单击"转换为 SmartArt"按钮，在弹出的 SmartArt 样式库中选择图形样式，或单击"其他 SmartArt 图形"选项，在弹出的对话框中选择更多图形即可。

步骤03 设置段落对齐方式

切换至第2张幻灯片，❶选中内容占位符中的文本，❷在"段落"组中单击"居中"按钮，如下图所示。

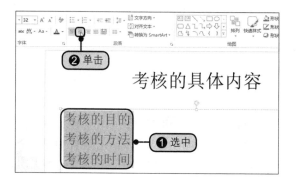

步骤05 设置段落后的效果

此时已设置了行距，段落更美观地分布在幻灯片中，如下图所示。

步骤04 设置行距

此时文本显示在占位符的居中位置上，❶单击"段落"组中的"行距"按钮，❷在展开的下拉列表中单击"2.5"选项，如下图所示。

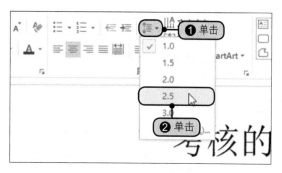

步骤06 设置字体

切换至第3张幻灯片，❶选中占位符中的文本，❷单击"字体"右侧的下三角按钮，❸在展开的下拉列表中单击"华文琥珀"选项，如下图所示。

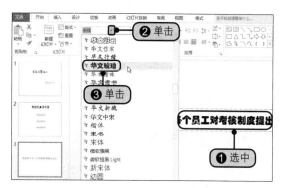

步骤07 设置字体后的效果

此时可以看见设置字体后的效果，如右图所示。

希望各个员工对考核制度提出建议

生存技巧：自动更新日期和时间

有时用户需要在PowerPoint幻灯片中插入自动更新的日期和时间，这时可以在"插入"选项卡单击"日期和时间"按钮，弹出"页眉和页脚"对话框，勾选"日期和时间"复选框，单击选中"自动更新"单选按钮，再选择日期和时间的格式，最后单击"全部应用"按钮即可。

12.4.3 更改版式

当插入了一个版式的幻灯片并添加好文本内容后，用户依然可以对幻灯片的版式做出更改。更改版式后，若新版式相较于旧版式有多余的占位符，将会自行添加出来。若新版式占位符减少，则原内容将重叠。

原始文件: 下载资源 \ 实例文件 \12\ 原始文件 \ 编辑文本 .pptx
最终文件: 下载资源 \ 实例文件 \12\ 最终文件 \ 更改版式 .pptx

步骤01 选择版式

打开"下载资源 \ 实例文件 \12\ 原始文件 \ 编辑文本 .pptx"，切换至第3张幻灯片，❶在"开始"选项卡下，单击"幻灯片"组中的"版式"按钮，❷在展开的样式库中选择"标题幻灯片"样式，如下图所示。

步骤02 更改版式后的效果

此时为幻灯片更改了版式，自动增加了一个占位符，在占位符中输入所需要的文字，如下图所示。

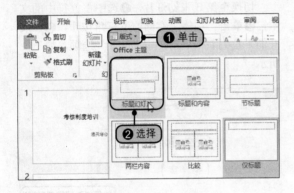

12.4.4 使用节管理幻灯片

如果在一个包含了很多幻灯片的演示文稿中，标题幻灯片和表示正文内容的幻灯片混杂在一起，使用户不能正确地选择幻灯片，就需要插入节来导航演示文稿。

原始文件: 下载资源 \ 实例文件 \12\ 原始文件 \ 更改版式 .pptx
最终文件: 下载资源 \ 实例文件 \12\ 最终文件 \ 应用幻灯片节 .pptx

步骤01 插入新幻灯片定位光标

打开"下载资源 \ 实例文件 \12\ 原始文件 \ 更改版式 .pptx"，根据需要插入新的幻灯片，将光标定位在第2张和第3张幻灯片之间，如右图所示。

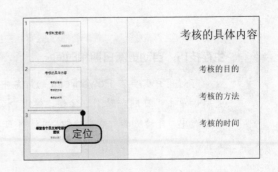

生存技巧：计算字数和页数

如果需要了解整个演示文稿中的信息，例如页数、字数、隐藏幻灯片张数等内容，可以在 PowerPoint 中单击"开始"按钮，在弹出的菜单中单击"信息"命令，在右侧会出现"属性"窗格，单击底部的"显示所有属性"按钮，即可展开详细的属性信息，在其中可以查看当前演示文稿中的详细内容。

步骤02　新增节

在"开始"选项卡下，❶单击"幻灯片"组中的"节"按钮，❷在展开的下拉列表中单击"新增节"选项，如下图所示。

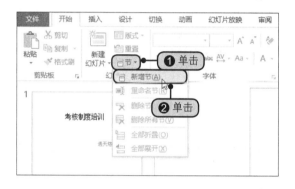

步骤03　新增节的效果

此时在幻灯片浏览窗格中插入了两个幻灯片节，一个默认显示在第一张幻灯片之上，即为"默认节"，另一个显示在光标定位的位置上，自动命名为"无标题节"，如下图所示。

步骤04　重命名节

❶选中"默认节"，然后右击鼠标，❷在弹出的快捷菜单中单击"重命名节"命令，如下图所示。

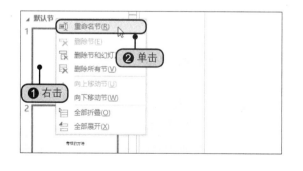

步骤05　设置节的名称

弹出"重命名节"对话框，❶在"节名称"文本框中输入"考核制度培训"，❷单击"重命名"按钮，如下图所示。

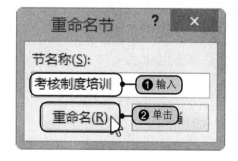

生存技巧：使用制表位设置段落格式

用户不仅能在 Word 2016 中应用制表位设置段落，还能在 PowerPoint 2016 中使用制表位设置段落格式，只需要选择要设置的文本内容，单击"段落"组对话框启动器，在"段落"对话框中单击"制表位"按钮，弹出"制表位"对话框，设置"制表位位置"和"默认制表位"以及"对齐方式"，完毕后单击"确定"按钮即可。

步骤 06 重命名后的效果

此时默认节被重新命名，采用同样的方法，将另一个节命名为"第一部分：考核内容"，如下图所示。

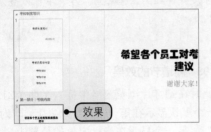

步骤 07 折叠幻灯片

如果要将节下面的幻灯片隐藏起来，可以单击节左侧的"折叠节"按钮，如下图所示。

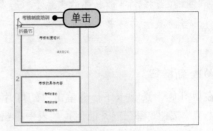

步骤 08 折叠幻灯片的效果

此时将节下的幻灯片折叠了起来，如果要重新显示幻灯片，只需要单击"展开节"按钮即可，如右图所示。

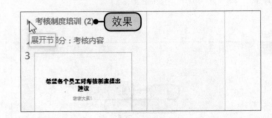

12.5 应用主题

一个主题拥有一组统一的设计元素，包括颜色、字体和图形等。主题用于设置演示文稿的外观；应用主题包括了使用内置的主题和对内置的主题进行更改。

12.5.1 应用内置主题

要快速地美化演示文稿，可以为文稿套用内置的主题。PowerPoint 2016 内置主题的样式十分丰富，用户可以根据文稿的用途来选择适合的样式。

> **原始文件：** 下载资源 \ 实例文件 \12\ 原始文件 \ 创业培训 .pptx
> **最终文件：** 下载资源 \ 实例文件 \12\ 最终文件 \ 应用内置主题 .pptx

步骤 01 选择主题样式

打开"下载资源 \ 实例文件 \12\ 原始文件 \ 创业培训 .pptx"，切换到"设计"选项卡，在"主题"组中的主题样式库中选择样式为"切片"的主题，如下图所示。

步骤 02 应用主题的效果

此时为幻灯片应用了内置的主题。使用冷色调的主题样式，不仅美化了演示文稿，还使演示文稿看起来更专业，如下图所示。

生存技巧：模板与主题的区别

在制作演示文稿的过程中，大家常常会把主题与模板搞混淆。其实，模板的概念要远比主题大。模板是一个或一组幻灯片的模式或设计图，它通常包含版式、主题等内容。模板不仅包含主题颜色、字体和效果，还包括各种内容，用户直接编辑模板中的内容就可以马上制作出一份完整的演示文稿。而主题仅仅是一组外观，应用主题只是在表格、形状图形中看到设计的变化。

12.5.2　更改主题

应用了内置的主题后，如果对主题的颜色、主题中的字体等不满意，还可以使用相应的功能按钮，对主题中的颜色或字体进行局部更改。

原始文件： 下载资源 \ 实例文件 \12\ 原始文件 \ 应用内置主题 .pptx
最终文件： 下载资源 \ 实例文件 \12\ 最终文件 \ 更改主题 .pptx

步骤 01 更改主题颜色

打开"下载资源 \ 实例文件 \12\ 原始文件 \ 应用内置主题 .pptx"，切换到"设计"选项卡，单击"变体"组中的快翻按钮，在"颜色"选项中单击"绿色"选项，如下图所示。

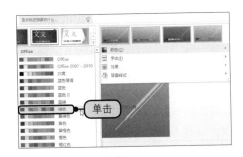

步骤 02 更改颜色后的效果

此时可以看见更改了主题的颜色，如下图所示。

步骤 03 更改主题的字体

根据需要更改主题中文本的字体。❶单击"变体"组中的快翻按钮，然后单击"字体"选项，❷在展开的下拉列表中选择"华文楷体"选项，如下图所示。

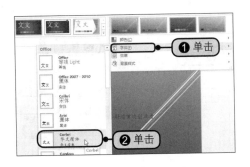

步骤 04 更改字体后的效果

此时可以看见主题应用了新的字体样式，如下图所示。

最新 Office 2016高效办公三合一

 生存技巧：添加或更改幻灯片的背景图片

在 PowerPoint 幻灯片中，用户不仅可以使用主题样式美化幻灯片背景，还能将图片作为幻灯片背景，在"设计"选项卡单击"背景"对话框启动器，打开"设置背景格式"对话框，在"填充"选项面板中单击选中"图片或纹理填充"单选按钮，然后选择插入文件中的图片，或插入剪贴画图片作为背景即可。

12.6 实战演练——公司简介演示文稿

公司简介一般是对公司的文化、公司的结构、公司的经营项目等做出简明扼要的介绍。要制作一个公司简介文件，可以使用 PowerPoint 软件，因为它具有图文并茂的简洁性与丰富性。

原始文件： 下载资源 \ 实例文件 \12\ 原始文件 \ 公司简介 .pptx
最终文件： 下载资源 \ 实例文件 \12\ 最终文件 \ 公司简介 .pptx

步骤 01　选择版式

打开"下载资源 \ 实例文件 \12\ 原始文件 \ 公司简介 .pptx"，❶在"开始"选项卡下，单击"幻灯片"组中的"新建幻灯片"按钮下的下三角按钮，❷在展开的样式库中选择"标题幻灯片"样式，如下图所示。

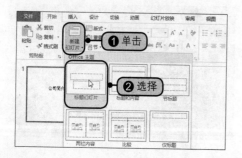

步骤 03　输入文本

输入相应的文本内容后，插入其他幻灯片，输入文本内容，并拖动占位符调整好文本的位置，打开幻灯片母版视图，如下图所示。

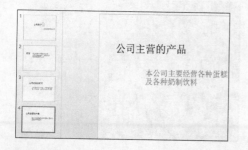

步骤 02　插入幻灯片的效果

此时插入了一个新的标题幻灯片，将光标定位在幻灯片中的标题占位符中，如下图所示。

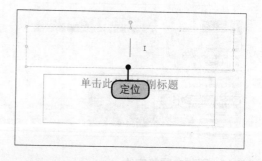

步骤 04　设置幻灯片的主题样式

❶切换到"幻灯片母版"选项卡，选中第 2 张幻灯片，❷在"母版版式"组中单击"主题"按钮，❸在展开的样式库中选择"电路"样式，如下图所示。

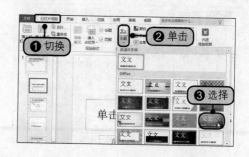

256

步骤05　套用主题样式后的效果

此时，幻灯片母版应用了所选择的主题样式，如下图所示。

步骤06　设置主题颜色

❶在"背景"组中单击"颜色"按钮，❷在展开的下拉列表中单击"纸张"选项，如下图所示。

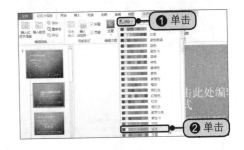

步骤07　设置主题的字体

❶在"背景"组中单击"字体"按钮，❷在展开的下拉列表中单击"华文新魏"选项，如下图所示。

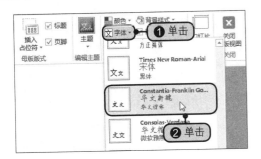

步骤08　关闭母版视图

此时主题的颜色和字体已被改变，在"关闭"组中单击"关闭母版视图"按钮，如下图所示。

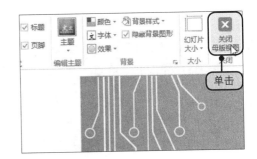

步骤09　应用了母版后的效果

返回到普通视图中，为已有的幻灯片应用设置好的主题，如下图所示。

步骤10　设置幻灯片的背景

切换到"设计"选项卡，单击"变体"组中的快翻按钮，在"背景样式"选项中选择"样式5"，如下图所示。

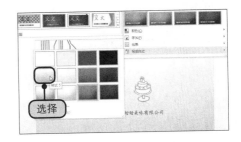

步骤11　设置幻灯片的背景后的效果

此时在已有主题的基础上为所有幻灯片添加了背景，如右图所示。

第13章

制作声色俱备的幻灯片

如果幻灯片中只包含有文本内容，就会使幻灯片显得非常单调，不能吸引观看者的眼球。在幻灯片中插入一些精美的图片，或一段动听的音乐，或一段和幻灯片内容相关的视频，整个演示文稿就会变得声色俱全，也会更有吸引力。

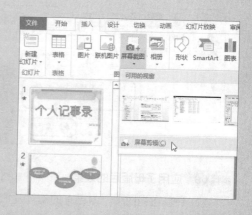

知识点

1. 插入图片和自选图形
2. 插入联机图片和屏幕截图
3. 插入相册
4. 插入声音并设置声音效果
5. 插入视频并设置影片效果
6. 录制和隐藏旁白

13.1 插入图形图像

在演示文稿中，用户既可以使用文字，也可以利用相关的图片，增添幻灯片的趣味性。在幻灯片中插入的图片可以是来自文件中的图片、自选图形、联机图片和屏幕截图等。

13.1.1 插入图片并设置

如果已经在计算机中储存有和演示文稿内容相关的图片，那么用户可以直接选择文件中的图片插入到幻灯片中，为了让图片满足需求，对插入的图片可以做出适当的设置。

原始文件： 下载资源 \ 实例文件 \13\ 原始文件 \ 个人记事录 .pptx
最终文件： 下载资源 \ 实例文件 \13\ 最终文件 \ 插入图片 .pptx

步骤 01 插入图片

打开"下载资源 \ 实例文件 \13\ 原始文件 \ 个人记事录 .pptx"，❶选中第 1 张幻灯片，准备为其设计图片背景，❷切换到"插入"选项卡，单击"图片"按钮，如下图所示。

步骤 02 选择图片

弹出"插入图片"对话框，❶选择图片保存的路径后，选中要插入的图片，❷单击"插入"按钮，如下图所示。

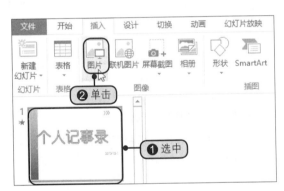

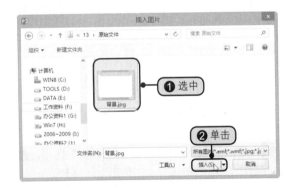

步骤 03 插入图片后的效果

此时可以看见在幻灯片中插入了一张图片。但是图片过大，覆盖了整张幻灯片，使幻灯片中的文本内容被隐藏了起来，如下图所示。

步骤 04 设置图片的叠放次序

右击图片，在弹出的快捷菜单中单击"置于底层 > 置于底层"命令，如下图所示。

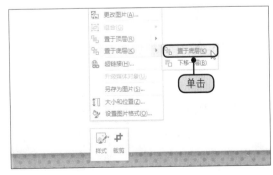

生存技巧：调整幻灯片的对象布局

为了更好地展示自己所要表达的内容，用户通常会在 PowerPoint 中插入大量的图片、形状、表格、文本框等对象，那如何才能让这些对象快速进行排列呢？这时就要用到排列功能了。以排列对齐三张图片为例，选中所有图片后，在"图片工具—格式"选项卡下单击"对齐"按钮，在展开的下拉列表中选择相应的排列选项，比如顶端对齐、纵向分布或横向分布等。

步骤05　应用图片样式

将图片放置在最底层后，可见幻灯片中的文本内容显现出来了，切换到"图片工具—格式"选项卡，在"图片样式"组中，选择样式库中的"棱台亚光，白色"样式，如下图所示。

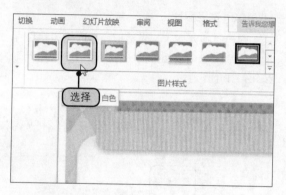

步骤06　应用样式后的效果

为图片应用了默认的样式后，图片看起来更美观了，如下图所示。

步骤07　裁剪图片

❶在"大小"组中单击"裁剪"按钮，❷在展开的下拉列表中单击"裁剪为形状"选项，❸在展开的形状库中选择"折角形"，如下图所示。

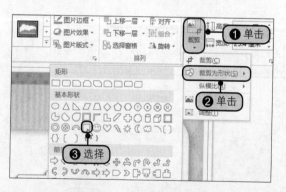

步骤08　裁剪图片后的效果

此时可以看见图片被裁剪成了折角形，更富有立体感，如下图所示。

 生存技巧：快速导出幻灯片中的图片

若需要获取幻灯片中的图片，用户可以直接选中该图片，并右击鼠标，在弹出的菜单中单击"另存为图片"命令，在弹出的对话框中选择图片路径和位置，再单击"保存"按钮即可。

13.1.2 插入自选图形

自选图形包含圆、方形、箭头等图形。用户可以根据这些图形设计出自己需要的图案，以表达幻灯片的内容层次、流程等。

 原始文件： 下载资源 \ 实例文件 \13\ 原始文件 \ 插入图片 .pptx
最终文件： 下载资源 \ 实例文件 \13\ 最终文件 \ 插入自选图形 .pptx

步骤 01 选择形状

打开"下载资源 \ 实例文件 \13\ 原始文件 \ 插入图片 .pptx"，切换至第 2 张幻灯片，❶单击"插入"选项卡下"插图"组中的"形状"按钮，❷在形状库中选择"椭圆"，如下图所示。

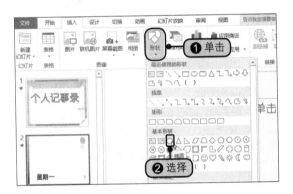

步骤 02 绘制形状

此时鼠标指针呈现十字形，在幻灯片的合适位置处拖动鼠标绘制一个椭圆形，如下图所示。

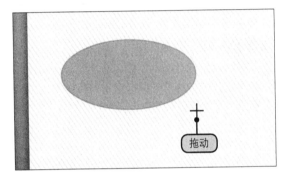

步骤 03 绘制所有形状后的效果

释放鼠标后绘制出了一个椭圆，根据需要绘制其他的椭圆形，并利用同样的方法绘制出两个环形箭头，如下图所示。

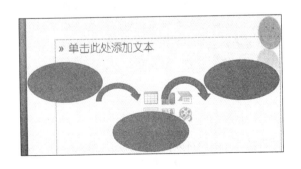

步骤 04 设置对齐方式

选中最左边的椭圆形状，切换到"绘图工具—格式"选项卡，❶单击"排列"组中的"对齐"按钮，❷在展开的下拉列表中单击"左对齐"选项，如下图所示。

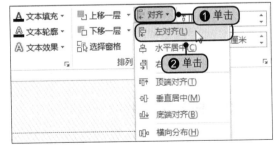

 生存技巧：添加辅助线

用户在制作幻灯片时，可以使用辅助线（即网格线和参考线）来规划对象位置，只需要在"视图"选项卡的"显示"组中勾选"网格线"和"参考线"复选框，即可显示幻灯片的辅助线，如右图所示。

步骤05 设置第二种对齐方式

选中最右边的椭圆形状，❶单击"排列"组中的"对齐"按钮，❷在展开的下拉列表中单击"右对齐"选项，如下图所示。

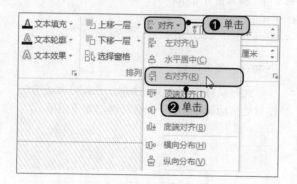

步骤06 选择形状

再次设置中间的椭圆形状的对齐方式为"水平居中"，设置好椭圆形状的布局后，选中最左边的环形箭头，拖动形状中的旋转控点至适合的角度，如下图所示。

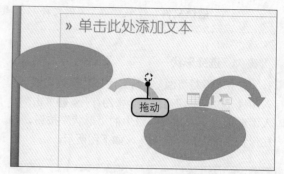

步骤07 调整形状后的效果

释放鼠标后，改变了环形箭头的显示角度，使箭头正好连接两个椭圆形状。利用同样的方法设置第二个环形箭头的方向。分别选中每个形状，在形状中输入相应的文本内容，便完成了一个自定义的流程图，如右图所示。

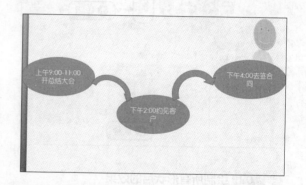

 生存技巧：更为丰富的形状设置

当PowerPoint中内置的形状不能满足需要时，用户可以使用组合形状和剪除功能。在默认情况下，很多功能是不显示的，因此首先要添加命令。单击"文件"菜单中的"选项"按钮，弹出"PowerPoint选项"对话框，在"自定义功能区"选项面板中，设置"从下列位置选择命令"为"不在功能区中的命令"，在下方的列表框中依次添加"形状剪除""形状交点""形状联合"和"形状组合"四个功能按钮，之后就可以随意使用了。

13.1.3 插入联机图片

联机图片通常是一些矢量图片，具有抽象性、趣味性等特点。用户可以使用联机图片来点缀幻灯片。

 原始文件： 下载资源\实例文件\13\原始文件\插入自选图形.pptx
最终文件： 下载资源\实例文件\13\最终文件\插入联机图片1.pptx

步骤01 单击联机图片

　　打开"下载资源\实例文件\13\原始文件\插入自选图形.pptx"，选中第3张幻灯片，切换到"插入"选项卡，单击"图像"组中的"联机图片"按钮，如下图所示。

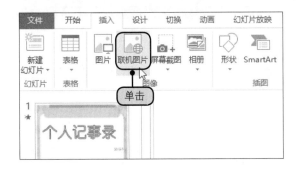

步骤03 插入联机图片后的效果

　　选中要插入的图片，单击"插入"按钮，此时在幻灯片中插入了一个和内容相关并且富有趣味的图片，如右图所示。

步骤02 搜索联机图片

　　打开"插入图片"对话框，❶设置搜索文字为"咖啡"，❷单击"搜索"按钮，如下图所示。

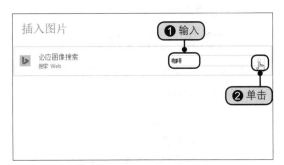

13.1.4　插入屏幕截图

　　当用户打开一个窗口后，如果发现这个窗口或窗口中的某一部分很适合应用到幻灯片中，可以利用屏幕截图的功能将想用的部分插入幻灯片中。

　　原始文件： 下载资源\实例文件\13\原始文件\插入联机图片.pptx
　　最终文件： 下载资源\实例文件\13\最终文件\插入屏幕截图.pptx

步骤01 插入屏幕剪辑

　　打开"下载资源\实例文件\13\原始文件\插入联机图片.pptx"，切换至第4张幻灯片，切换到"插入"选项卡，❶单击"图像"组中的"屏幕截图"按钮，❷在展开的下拉列表中单击"屏幕剪辑"选项，如下图所示。

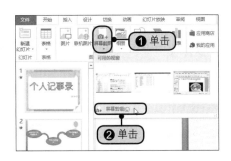

步骤02 截图

　　此时桌面上的窗口呈现剪辑状态，鼠标指针呈现十字形，在窗口中拖动鼠标截取需要的部分，如下图所示。

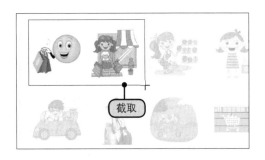

步骤03 插入截图后的效果

释放鼠标，返回到幻灯片中，可见在幻灯片中插入了屏幕截图，如右图所示。

13.2 插入相册

人们在外出旅游的时候会拍下许多相片留作纪念。为了将这些相片更好地保存在一起，可以使用 PowerPoint 的相册制作功能。

 原始文件：无

最终文件：下载资源 \ 实例文件 \13\ 最终文件 \ 插入相册 .pptx

步骤01 新建相册

启动 PowerPoint 2016，打开一个空白的演示文稿，切换到"插入"选项卡，❶单击"图像"组中的"相册"按钮，❷在展开的下拉列表中单击"新建相册"选项，如下图所示。

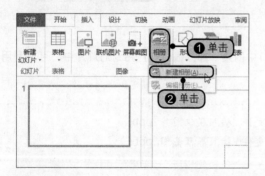

步骤02 选择图片来源

弹出"相册"对话框后，在"相册内容"选项组中，单击"文件 / 磁盘"按钮，如下图所示。

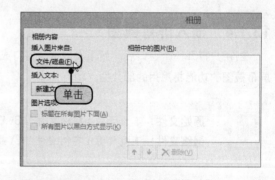

步骤03 选择图片

此时屏幕弹出"插入新图片"对话框，打开图片保存的路径，❶单击要加入相册的图片，❷单击"插入"按钮，如下图所示。

步骤04 添加图片的效果

返回到"相册"对话框，在"相册中的图片"列表框中可见已经插入的图片，单击"文件 / 磁盘"按钮，如下图所示。

生存技巧：选择特定格式的图片类型

在"插入新图片"对话框中，可看到"文件名"后的图片类型下拉列表，单击它就可看到各种图片类型，如右图所示，用户可根据需要选择特定的图片类型。

步骤05 选择第二张图片

弹出"插入新图片"对话框，打开图片保存的路径后，❶单击第二张要加入相册的图片，❷单击"插入"按钮，如下图所示。

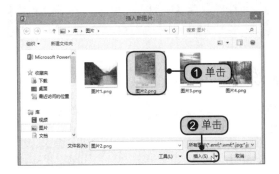

步骤06 完成图片的添加

返回到"相册"对话框，在"相册中的图片"列表框中可见已插入第二张图片，利用同样的方法添加其他图片，直到将所有图片编进相册。在"主题"选项中，单击"浏览"按钮，如下图所示。

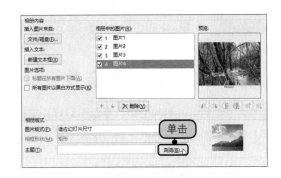

步骤07 选择相册的版式

弹出"选择主题"对话框，系统默认进入主题路径，❶单击要使用的主题名称，❷单击"选择"按钮，如下图所示。

步骤08 设置图片的标题位置

返回到"相册"对话框，在"主题"文本框中显示了主题路径，❶在"相册版式"选项组中设置图片版式为"1张图片"，❷在"图片选项"选项组中勾选"标题在所有图片下面"复选框，❸单击"创建"按钮，如下图所示。

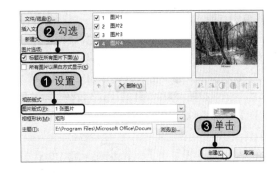

生存技巧：改变相册图片的相框形状

在相册中添加图片后，为了使图片的相框更美观，可在"相册"对话框的"相册版式"下设置"相框形状"，如右图所示。

步骤 09　创建相册的效果

此时生成了一个新的演示文稿，并在其中创建了一个相册，选中第1张幻灯片中的占位符，输入相册的名称为"九寨沟旅游"，如下图所示。

步骤 10　修改图片标题的内容

选中第2张幻灯片，单击图片下方的标题，设置图片的标题为"美丽的大龙潭"，如下图所示。用户可根据需要设置其他图片的标题，以完成整个相册的制作。

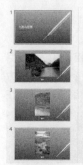

13.3　插入声音并设置声音效果

为了让幻灯片更加生动，可以在幻灯片中插入音频文件。对插入的音频文件可进行适当的编辑，例如为音频添加书签、剪裁音频和设置音频的播放选项等。

13.3.1　插入音频文件

演示离不开声音。PowerPoint 2016为用户提供了音频文件的添加功能。用户既可以插入来自计算机中的音乐，也可以在"联机音频"中找到所需的音频文件，插入到幻灯片中。

原始文件： 下载资源\实例文件\13\原始文件\旅游分享 .pptx
最终文件： 下载资源\实例文件\13\最终文件\插入音频文件 .pptx

步骤 01　插入音频

打开"下载资源\实例文件\13\原始文件\旅游分享 .pptx"，选中第1张幻灯片，切换到"插入"选项卡下，❶单击"媒体"组中"音频"选项的下三角按钮，❷在展开的下拉列表中单击"PC上的音频"选项，如下图所示。

步骤 02　选择音频

打开"插入音频"对话框，❶选中要插入的音频文件，❷单击"插入"按钮，如下图所示。

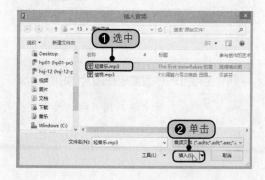

步骤 03 插入音频后的效果

在搜索到的列表框中选择并插入音频，此时在幻灯片中出现了一个声音图标，如右图所示，即在幻灯片中插入了一个来自计算机的音频文件。

提示

除了可以选择 PC 上的音频外，还可以将自己录制的音频插入到幻灯片中。只需要在"音频"下拉列表中单击"录制音频"选项，进行录制即可。

生存技巧：改进的音频功能

早期版本的 PowerPoint 只支持 WAV 格式文件的嵌入，其他格式的音频文件均是链接，必须一起打包才行。而在 PowerPoint 2016 中，可直接内嵌 MP3 格式的音频文件，不用再担心音频文件会丢失。

13.3.2 在幻灯片中预览音频文件

插入音频后，想要知道音频是否适合应用到你的幻灯片中，可以对音频文件进行预览。

原始文件： 下载资源 \ 实例文件 \13\ 原始文件 \ 插入音频 .pptx
最终文件： 无

步骤 01 单击"播放"按钮

打开"下载资源 \ 实例文件 \13\ 原始文件 \ 插入音频 .pptx"，切换到"音频工具-播放"选项卡，单击"预览"组中的"播放"按钮，如下图所示。

步骤 02 收听播放效果

此时音频进入播放状态。用户可以听到音频的播放效果，在音频控制栏中还能看见声音播放的进度，如下图所示。

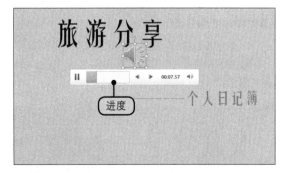

提示

除了在"预览"组中单击"播放"按钮来预览音频文件外，也可以直接在音频控制器中单击"播放"按钮来播放音频。

生存技巧：兼容模式下不能使用音频

　　PowerPoint 2016 插入 MP3 音频文件比较缓慢，而且不能在兼容模式下使用，必须当对方也是 PowerPoint 2016 版本时，嵌入的 MP3 音频文件才可以完全播放。如果将文件另存为 97-2003 兼容模式，音频文件会自动转换成图片，无法播放。这点用户需要注意。

13.3.3　在声音中添加或者删除书签

　　为了快速地跳转到音频文件中的某个关键位置或某个声音的转折点，用户可以在这些位置上添加书签，单击书签后就可快速定位音频。

 原始文件： 下载资源 \ 实例文件 \13\ 原始文件 \ 插入音频 .pptx
　　　　最终文件： 下载资源 \ 实例文件 \13\ 最终文件 \ 添加书签 .pptx

步骤 01　添加书签

　　打开"下载资源 \ 实例文件 \13\ 原始文件 \ 插入音频 .pptx"，将声音暂停在要添加书签的位置，单击"书签"组中的"添加书签"按钮，如下图所示。

步骤 02　添加书签的效果

　　此时可以在控制栏中看见添加了一个书签标志，如下图所示。

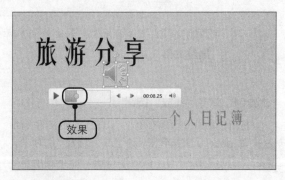

步骤 03　使用书签

　　根据需要继续添加其他的书签，单击书签即可实现声音的跳转。例如，单击第 3 个书签，如下图所示。

步骤 04　删除书签

　　如果书签位置不合适，可以删除书签。在"书签"组中单击"删除书签"按钮，如下图所示。

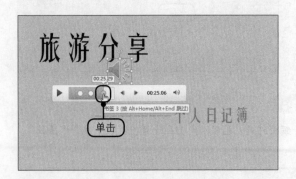

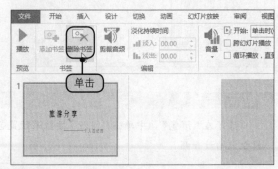

步骤 05 **删除书签后的效果**

暂时不需要的书签被删除，如右图所示。

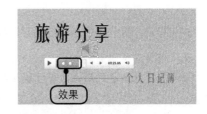

生存技巧：添加书签便于定位与剪裁

在音频中添加书签不仅可以帮助用户快速查找某段音频的特定时间点，还有助于提示用户可以在音频开头或结尾处裁剪掉多长时间的内容，所以添加书签的功能与剪裁音频的功能常常结合使用。

13.3.4　剪裁音频

如果添加到幻灯片中的整段音频只有其中的某一部分适合幻灯片的情景需要，这时可以通过剪裁音频的功能将不需要的部分剪裁掉。

原始文件：下载资源 \ 实例文件 \13\ 原始文件 \ 添加书签 .pptx
最终文件：下载资源 \ 实例文件 \13\ 最终文件 \ 剪裁音频 .pptx

步骤 01 **剪裁音频**

打开"下载资源 \ 实例文件 \13\ 原始文件 \ 添加书签 .pptx"，切换到"音频工具－播放"选项卡，单击"编辑"组中的"剪裁音频"按钮，如下图所示。

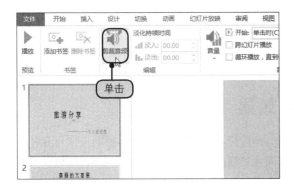

步骤 02 **剪裁音频的开始**

弹出"剪裁音频"对话框，拖动开始处的剪裁片至适合的位置，对声音的开始时间进行剪裁，如下图所示。

步骤 03 **剪裁音频的结尾**

❶拖动结尾处的剪裁片，剪裁掉结尾处不需要的部分，❷单击"确定"按钮，完成裁剪，如右图所示。

生存技巧：如何避免剪裁的音频听起来很突兀

有时剪裁后的音频插入到幻灯片中后听起来会比较突兀，这时可以在"编辑"组中设置音频的淡入淡出时间，这样就能使音频播放效果显得比较自然。

13.3.5　设置声音播放选项

为了使音频在幻灯片演示过程中有更好的播放效果，可以对音频进行播放设置，例如设置音频开始播放的方式、播放时的显示效果和播放的音量大小等。

 原始文件： 下载资源\实例文件\13\原始文件\剪裁音频.pptx
最终文件： 下载资源\实例文件\13\最终文件\设置声音播放选项.pptx

步骤01 设置音频的播放

打开"下载资源\实例文件\13\原始文件\剪裁音频.pptx"，切换到"音频工具－播放"选项卡，在"音频选项"组中勾选开始方式为"跨幻灯片播放""循环播放，直到停止""播完返回开头""放映时隐藏"复选框，如下图所示。

步骤02 设置音量

❶单击"音频选项"组中的"音量"按钮，❷在展开的下拉列表中单击"中"，如下图所示。设置完播放选项后，放映幻灯片，即可查看设置后的播放效果。进行以上设置后，放映每张幻灯片时，会一直播放音乐，且音频文件图标不显示。

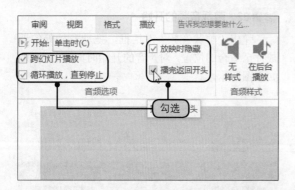

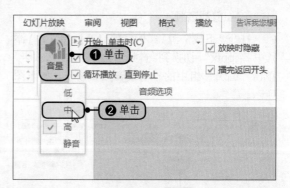

13.4　插入视频并设置影片效果

在幻灯片中除了可以插入音频外，还可以插入视频。一般情况下，如果用户在计算机中保存有可用的视频，就可以选择插入这些视频。如果计算机中没有可用的视频文件，那么可以在网络或联机视频中寻找满足需要的视频文件。

13.4.1　插入视频文件

为了让视频文件符合幻灯片的需求，通常情况下，用户可以选择计算机中已有的视频文件插入到幻灯片中，例如在《我的旅游日记》中就可以插入自己拍摄的视频文件。

原始文件： 下载资源 \ 实例文件 \13\ 原始文件 \ 我的旅游日记 .pptx
最终文件： 下载资源 \ 实例文件 \13\ 最终文件 \ 插入视频 .pptx

步骤01　插入视频

打开"下载资源 \ 实例文件 \13\ 原始文件 \ 我的旅游日记 .pptx"，选中第2张幻灯片，切换到"插入"选项卡，❶单击"媒体"组中的"视频"按钮，❷在展开的下拉列表中单击"PC上的视频"选项，如下图所示。

步骤02　选择视频

弹出"插入视频文件"对话框，找到视频保存的路径后，❶选中要插入的视频，❷单击"插入"按钮，如下图所示。

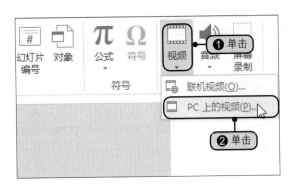

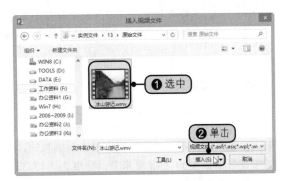

步骤03　插入视频后的效果

此时可以看见在幻灯片中插入了一个视频，视频默认显示为最开始的画面，如右图所示。

提示

除了可以插入PC上的视频外，用户还可以在"视频"下拉列表中单击"联机视频"选项，选择免费的视频文件插入到幻灯片中。采用这种途径插入视频可以增加用户的选择面。

生存技巧：从演示文稿链接到视频文件

用户可以从PowerPoint 2016链接外部视频文件，以减小演示文稿的大小。从"视频"下拉列表中单击"PC上的视频"，选择要链接的视频文件，单击"插入"选项右侧的下三角按钮，选择"链接到文件"即可。为了防止链接断开，最好将视频复制到演示文稿所在文件夹后再链接。

13.4.2 设置视频

设置视频包括设置视频的大小、视频在幻灯片中的对齐方式及视频的样式等内容。

原始文件： 下载资源\实例文件\13\原始文件\插入视频 .pptx
最终文件： 下载资源\实例文件\13\最终文件\设置视频 .pptx

生存技巧：插入 Flash 文件

在 PowerPoint 2016 中插入 Flash 文件，只需要在"插入"选项卡单击"插入对象"按钮，在弹出的对话框中单击"由文件创建"按钮，再单击"浏览"按钮，在弹出的"浏览"对话框中设置 Flash 文件所在的路径，并将其选中，再单击"打开"按钮即可。

步骤01 设置视频的大小

打开"下载资源\实例文件\13\原始文件\插入视频 .pptx"，选中视频，切换到"视频工具—格式"选项卡，在"大小"组中单击微调按钮，调整视频的高度为"13 厘米"、宽度为"17.33 厘米"，如下图所示。

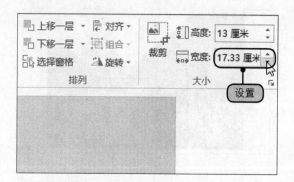

步骤02 设置对齐方式1

❶在"排列"组中单击"对齐"按钮，❷在展开的下拉列表中单击"水平居中"选项，如下图所示。

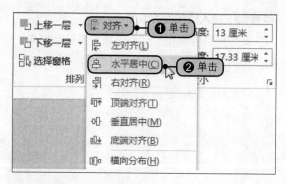

步骤03 设置对齐方式2

在"对齐"下拉列表中单击"垂直居中"选项，如下图所示。

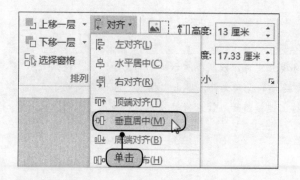

步骤04 设置后的效果

设置好视频的大小和对齐方式后，可见其效果，如下图所示。

步骤 05　选择样式

在"视频样式"组中，单击快翻按钮，在展开的样式库中选择"画布，灰色"样式，如下图所示。

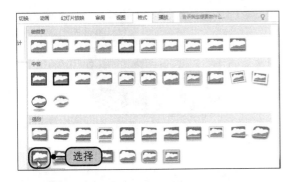

步骤 06　设置样式的效果

为视频套用了现有的样式后，视频更加美观了，如下图所示。

生存技巧：为视频添加标牌框架

标牌框架提供了预览视频内容的功能。用户可以选择插入文件中的图片作为标牌框架，也可以选择视频中的某一幅画面作为标牌框架。在"视频工具－格式"选项卡单击"标牌框架"按钮，在列表中选择"文件中的图像"，可以从电脑中选择图片；选择"当前框架"，即可将当前画面作为标牌框架。

13.4.3　剪裁视频

对于视频的开头和结尾，用户可以根据需要进行剪裁，保留所需要的中间部分；但是不能剪裁视频的中间位置，而只保留开头和结尾部分。

原始文件： 下载资源 \ 实例文件 \13\ 原始文件 \ 设置视频 .pptx
最终文件： 下载资源 \ 实例文件 \13\ 最终文件 \ 剪裁视频 .pptx

步骤 01　单击"剪裁视频"按钮

打开"下载资源 \ 实例文件 \13\ 原始文件 \ 设置视频 .pptx"，切换到"视频工具－播放"选项卡，单击"编辑"组中的"剪裁视频"按钮，如下图所示。

步骤 02　设置剪裁的位置

弹出"剪裁视频"对话框，此时可对视频进行播放，当播放到需要开始剪裁的画面时，暂停播放，❶拖动剪裁片至画面位置处，❷单击"确定"按钮，如下图所示。

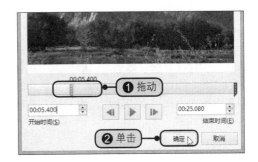

提示

> 除了运用拖动剪裁片来剪裁视频外，还可以直接设置视频的开始时间或结束时间，以对视频的开始和结束部分进行剪裁。

步骤03 剪裁后的效果

返回到幻灯片中，播放视频，可见视频的前半部分被剪裁掉了，如右图所示。如果拖动结尾部分的剪裁片，就可以对视频的结尾部分进行剪裁。

生存技巧：为视频添加播放标记

若需要在播放视频时随时跳转到指定的某个片段，也可以像音频一样为视频添加书签。在播放视频时，用鼠标单击视频下方的播放条至需要的位置，再切换至"视频工具—播放"选项卡，单击"添加书签"按钮，此时在播放条中显示了一个黄色圆点，在放映幻灯片中播放视频时，单击该黄色圆点，即可跳转到之前设置的位置，如右图所示。

13.5 添加旁白

除了利用音频和视频的功能来让幻灯片更有声色外，用户还可以在幻灯片中添加旁白内容来解释幻灯片，使观看者更容易理解幻灯片所要表达的内容。

13.5.1 录制旁白

录制旁白的时候，幻灯片会自动开始放映，使制作者把握好录制旁白的时间。

原始文件： 下载资源 \ 实例文件 \13\ 原始文件 \ 让客户不能拒绝你 .pptx
最终文件： 下载资源 \ 实例文件 \13\ 最终文件 \ 录制旁白 .pptx

 步骤01 录制旁白

打开"下载资源 \ 实例文件 \13\ 原始文件 \ 让客户不能拒绝你 .pptx"，打开第 2 张幻灯片，切换到"幻灯片放映"选项卡，❶单击"设置"组中的"录制幻灯片演示"按钮，❷在展开的下拉列表中单击"从当前幻灯片开始录制"选项，如右图所示。

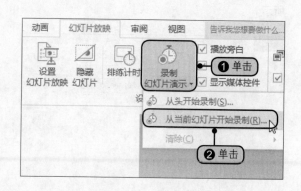

步骤02 选择录制的内容

弹出"录制幻灯片演示"对话框，❶勾选"旁白、墨迹和激光笔"复选框，❷单击"开始录制"按钮，如下图所示。

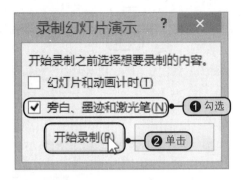

步骤03 单击"下一项"按钮

此时进入到放映状态中，开始录制旁白。当前幻灯片录制完成后，单击"下一项"按钮，如下图所示。

步骤04 关闭录制

进入下一张幻灯片中，继续录制旁白。录制完成后，单击"关闭"按钮，如下图所示。

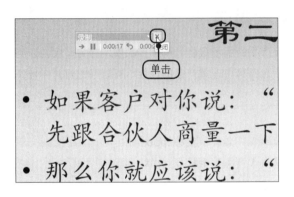

步骤05 录制后的效果

切换到幻灯片浏览视图中，可以看见第2张和第3张幻灯片中都含有旁白标志，即在幻灯片中出现了音频图标，如下图所示。

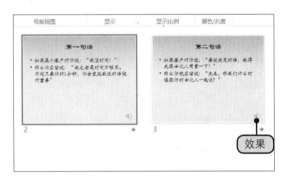

 生存技巧：让字的出现与旁白同步

为使字与旁白一起出现，可以对文本应用"擦除"动画效果。在"动画"选项卡单击"效果选项"按钮，在展开的下拉列表中单击"自左侧"选项即可。但如果文字过多，仍然会使字的出现速度过快。这时可将文字分成一行一行的文字块，再分别按顺序设置每个文字块中文字的动画形式，并在时间项中设置成与前一动作间隔 1～3 秒，这样就可使文字的出现速度和旁白一致了。

13.5.2 隐藏旁白

用户在幻灯片中录制了旁白，但有时并不需要播放旁白。对于暂时不需要播放的旁白，用户可以将其隐藏起来。

原始文件： 下载资源 \ 实例文件 \13\ 原始文件 \ 录制旁白 .pptx
最终文件： 下载资源 \ 实例文件 \13\ 最终文件 \ 隐藏旁白 .pptx

打开"下载资源 \ 实例文件 \13\ 原始文件 \ 录制旁白 .pptx"，切换到"幻灯片放映"选项卡，取消勾选选项组中的"播放旁白"复选框，如右图所示。于是在放映幻灯片时，将不播放旁白。

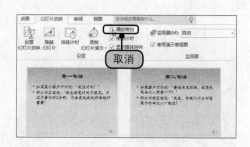

生存技巧：录制幻灯片演示与排练计时的区别

"排练计时"是早期版本的 PowerPoint 就有的功能，目的是在排练时自动设置每张幻灯片的播放时间，以便下次可以自动播放。"录制幻灯片演示"是在该功能基础上的进一步扩展，不仅能够记录幻灯片播放时间，还可以录制旁白和激光笔。

13.6 实战演练——产品展示报告

当公司发布一个新产品的时候，往往会制作关于该产品的展示报告。制作产品展示报告，会力求将幻灯片制作得有声有色，迅速引起人们的关注。为了让人们尽快理解产品的性能，可以在幻灯片中添加旁白。

 原始文件： 下载资源 \ 实例文件 \13\ 原始文件 \ 产品展示报告 .pptx
最终文件： 下载资源 \ 实例文件 \13\ 最终文件 \ 产品展示报告 .pptx

步骤01 单击"联机图片"按钮

打开"下载资源 \ 实例文件 \13\ 原始文件 \ 产品展示报告 .pptx"，选中第 1 张幻灯片，在"插入"选项卡下，单击"图像"组中的"联机图片"按钮，如下图所示。

步骤02 搜索联机图片

打开"插入图片"对话框，❶设置搜索文字为"钻石"，❷单击"搜索"按钮，如下图所示。

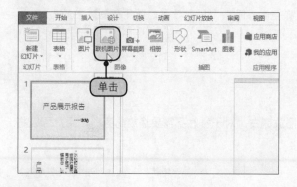

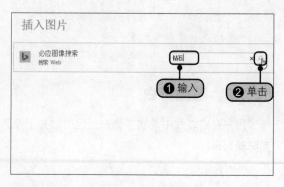

步骤03 插入图片后的效果

搜索出结果后，选中并插入图片，此时为幻灯片插入了一个来自联机图片的图片，根据需要对图片做出适当的调整，如下图所示。

步骤05 选择音频

弹出"插入音频"对话框，❶选中要插入的音频文件，❷单击"插入"按钮，如下图所示。

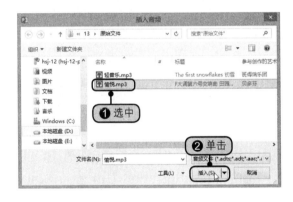

步骤07 录制旁白

切换到"幻灯片放映"选项卡，❶单击"设置"组中的"录制幻灯片演示"按钮，❷在展开的下拉列表中单击"从头开始录制"选项，如下图所示。

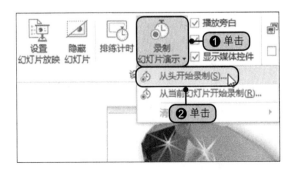

步骤04 插入音频

切换到"插入"选项卡下，❶单击"媒体"组中的"音频"下三角按钮，❷在展开的下拉列表中单击"PC上的音频"选项，如下图所示。

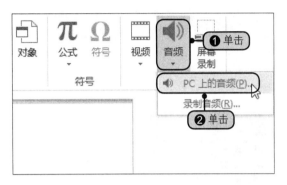

步骤06 预览音频

此时可见，在幻灯片中插入了一个音频文件，单击"播放"按钮，可对音频进行预览，如下图所示。

步骤08 选择录制的内容

弹出"录制幻灯片演示"对话框，❶勾选"幻灯片和动画计时"和"旁白、墨迹和激光笔"复选框，❷单击"开始录制"按钮，如下图所示。

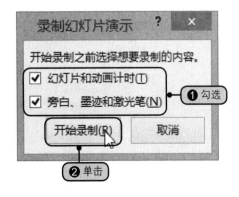

步骤 09　暂停录制

此时进入到放映状态中，开始录制旁白，如果在录制途中需要暂停录制，可以单击"暂停录制"按钮，如下图所示。

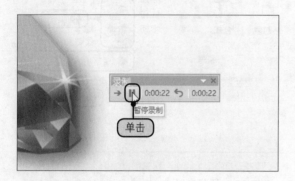

步骤 11　完成录制后的效果

结束录制后，切换到幻灯片浏览视图中，可以看见所有幻灯片都录制了旁白，并记录了录制的时间，如右图所示。

步骤 10　继续录制

此时弹出一个提示框，提示用户录制已暂停，如果需要继续录制，单击"继续录制"按钮。继续录制当前幻灯片和其他幻灯片中的旁白，直到录制完毕，如下图所示。

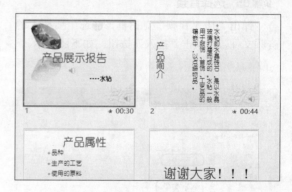

第14章

为幻灯片增添动态效果

如何让幻灯片动起来，使幻灯片更富有生命力呢？可以通过设置幻灯片的切换效果，使幻灯片活跃起来，同时可以为幻灯片中的对象添加动画效果，使幻灯片中的对象也跟着活跃起来，那么此时的幻灯片就"全身"都动起来了。

知识点

1. 添加和设置幻灯片切换效果
2. 添加进入、退出或强调动画效果
3. 自定义动画效果
4. 动画效果的高级设置

14.1 应用幻灯片切换效果

幻灯片的切换效果是指在放映幻灯片时，两张连续的幻灯片之间的过渡效果，可以通过设置切换效果来实现。

14.1.1 添加幻灯片切换效果

为幻灯片添加切换效果，能够使幻灯片间的切换由普通的过渡变为有样式的过渡。系统中为用户提供了多种切换效果，用户可以根据需要任意地选择。

 原始文件： 下载资源\实例文件\14\原始文件\新员工培训.pptx
最终文件： 下载资源\实例文件\14\最终文件\添加幻灯片切换效果.pptx

步骤01 选择切换效果

打开"下载资源\实例文件\14\原始文件\新员工培训.pptx"，选中第一张幻灯片，❶单击切换到"切换"选项卡，❷在"切换到此幻灯片"组中选择"推进"，如下图所示。

步骤02 添加切换效果后的效果

此时，为第一张幻灯片设置了切换效果，在幻灯片浏览窗格中，可以看见切换效果的标志，如下图所示。

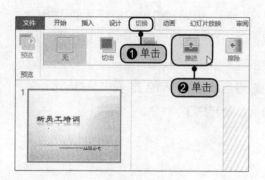

步骤03 选择第二种切换效果

切换至第二张幻灯片，单击"切换到此幻灯片"组中的快翻按钮，在展开效果样式库中的"华丽型"选项组中选择"棋盘"，如下图所示。

步骤04 单击"预览"按钮

在幻灯片浏览窗格中可以看见为第二张幻灯片设置好了切换效果，如下图所示。采用同样的方法分别为第三张和第四张幻灯片设置切换效果为"摩天轮"和"旋转"。选中第四张幻灯片，在"预览"组中单击"预览"按钮。

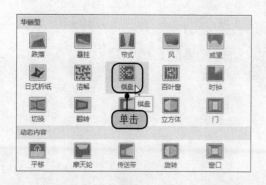

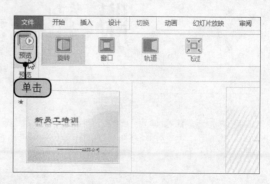

步骤 05 预览效果

此时进入幻灯片切换效果的预览中，可以看见切换方式为"旋转"效果，如右图所示。

 提示

如果演示文稿中包含多张幻灯片，当需要为这些幻灯片设置相同的切换效果时，只要为一张幻灯片设置切换方式，然后在"切换"选项卡下，单击"计时"组中的"全部应用"按钮，就可以将当前幻灯片中的切换效果应用到其他所有幻灯片中。

 生存技巧：PowerPoint 2016 **提供的全新切换**

PowerPoint 2016 为用户提供了大量的幻灯片切换效果，包括大量的 3D 切换特效，以及内容切换特效，能够帮助我们轻松制作出具有较强视觉冲击的幻灯片。运用时只需要在切换库中选择需要的切换样式即可。

14.1.2 设置切换效果

默认的幻灯片切换效果方式是固定的，但用户可以在已有的切换效果基础上做一些更改，使幻灯片的切换效果更符合用户的需求。设置切换效果包括设置效果显示的方向、效果持续的时间以及播放效果时伴随的声音等。

原始文件： 下载资源 \ 实例文件 \14\ 原始文件 \ 添加幻灯片切换效果 .pptx
最终文件： 下载资源 \ 实例文件 \14\ 最终文件 \ 设置切换效果 .pptx

步骤 01 选择效果的方向

打开"下载资源 \ 实例文件 \14\ 原始文件 \ 添加幻灯片切换效果 .pptx"，选中第一张幻灯片，切换到"切换"选项卡，❶单击"切换到此幻灯片"组中的"效果选项"按钮，❷在展开的下拉列表中单击"自左侧"选项，如下图所示。

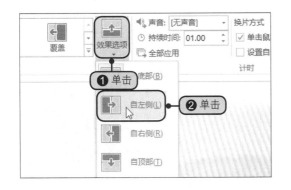

步骤 02 设置持续时间

❶在"计时"组中，设置持续时间为"04.00"，❷在"换片方式"选项组中勾选"单击鼠标时"复选框，如下图所示。

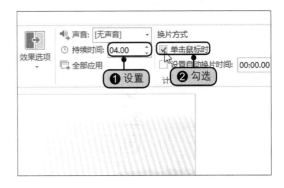

步骤03 预览效果

单击"预览"按钮，当第一张幻灯片进入预览后，可以看见切换方向改变成了自左侧，如下图所示，也可以发现切换效果持续的时间变长了。

步骤04 设置声音和持续时间

切换到第二张幻灯片，在"计时"组中，设置切换的声音为"推动"，持续的时间为"03.00"，如下图所示。单击"预览"按钮，预览第二张幻灯片的切换效果。用户也可以根据需要对其他幻灯片的切换效果进行设置。

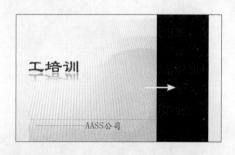

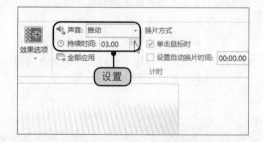

 生存技巧：利用换片方式制作倒计时效果

PowerPoint 的自动换片方式可以帮助用户制作倒计时效果。在第一张幻灯片中输入"10"，然后使用【Ctrl+C】与【Ctrl+V】组合键复制粘贴生成其他 9 张幻灯片，并依次修改数字，完成后，选中所有幻灯片，切换到"切换"选项卡，取消勾选"单击鼠标时"复选框，勾选"设置自动换片方式"复选框，并调整时间间隔为"00:01"，放映幻灯片，就可以看到倒计时效果了。

14.1.3 动作按钮的使用

用户可以在幻灯片中添加动作按钮，将动作按钮链接到某一个对象上，在放映幻灯片时，单击动作按钮，就可以实现幻灯片的跳转。

 原始文件： 下载资源 \ 实例文件 \14\ 原始文件 \ 设置切换效果 .pptx
最终文件： 下载资源 \ 实例文件 \14\ 最终文件 \ 动作按钮的使用 .pptx

步骤01 选择动作按钮

打开"下载资源 \ 实例文件 \14\ 原始文件 \ 设置切换效果 .pptx"，选中第一张幻灯片，切换到"插入"选项卡，❶单击"插图"组中的"形状"按钮，❷在展开的形状库中选择"动作按钮：结束"，如下图所示。

步骤02 绘制动作按钮

此时鼠标指针呈现十字形，在幻灯片的合适位置上拖动鼠标绘制形状，如下图所示。

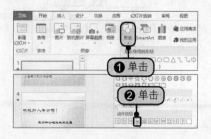

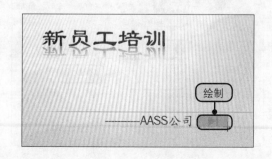

步骤03　设置动作

释放鼠标后，页面自动弹出"操作设置"对话框，在"单击鼠标"选项卡下，默认选中"超链接到"单选按钮，此时链接位置为"最后一张幻灯片"，勾选"播放声音"复选框，设置声音为"单击"，如下图所示。

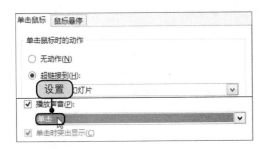

步骤05　选择动作按钮

切换至第二张幻灯片，❶单击"插图"组中的"形状"按钮，❷在展开的形状库中选择"动作按钮：前进或下一项"，如下图所示。

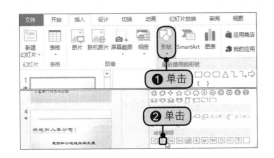

步骤07　设置动作

释放鼠标后，自动弹出"操作设置"对话框，在"单击鼠标"选项卡的"单击鼠标时的动作"选项组中，默认选中"超链接到"单选按钮，且链接位置设置为"下一张幻灯片"，如下图所示。

步骤04　预览动作

单击"确定"按钮，进入幻灯片放映状态后，单击所插入的动作按钮，此时可以听到单击鼠标的声音，同时，画面切换至最后一张幻灯片，如下图所示。

步骤06　绘制动作按钮

在幻灯片中适合的位置处拖动鼠标绘制形状，如下图所示。

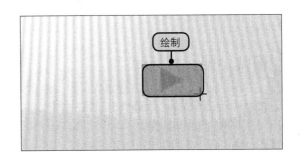

步骤08　完成所有动作按钮的添加

单击"确定"按钮，返回到幻灯片中，可看见设置好的动作按钮，如下图所示。采用同样的方法，在已完成的动作按钮的左侧插入另一个动作按钮为"动作按钮：后退或前一项"。根据需要分别为其他幻灯片设置动作按钮为"前进或下一项"和"动作按钮：后退或前一项"。放映幻灯片，单击动作按钮，将实现相应的动作。

14.2 应用动画效果

人们通常使用 Flash 来制作图片的动画效果，其实，PowerPoint 也能让幻灯片中的对象动起来。用户可以为幻灯片中的对象添加现有的动画效果，也可以为对象设置自定义动画。

14.2.1 添加进入、退出或强调动画效果

在 PowerPoint 中，添加动画效果包括为对象添加进入效果、退出效果或强调效果。添加这些效果可以让动画贯穿整个放映过程，使幻灯片更生动。

原始文件： 下载资源 \ 实例文件 \14\ 原始文件 \ 办公行为规范培训 .pptx
最终文件： 下载资源 \ 实例文件 \14\ 最终文件 \ 添加动画效果 .pptx

 生存技巧： 设置动画选项

在 PowerPoint 2016 中，当用户为幻灯片添加动画效果后，可以自定义该动画的效果选项，例如"进入—劈裂"动画，默认情况下是"左右向中央收缩"效果，但用户可以单击"效果选项"按钮，在展开的下拉列表中选择"上下向中央收缩""中央向上下展开""中央向左右展开"三种更多的选项，其他动画类似。所以即便是同样的动画，也能展现出不同的出入场效果。

步骤01 选择进入动画效果

打开"下载资源 \ 实例文件 \14\ 原始文件 \ 办公行为规范培训 .pptx"，❶选中标题占位符，切换到"动画"选项卡，单击"动画"组中的快翻按钮，❷在动画样式库中，选择"进入"选项组中的"飞入"，如下图所示。

步骤02 设置动画效果后的效果

此时在幻灯片浏览窗格中，可以看见为第一张幻灯片中对象添加了动画效果，并可以看见其动画效果的编号为"1"，如下图所示，即表示此动画为幻灯片中的第一个动画。

 生存技巧： 让数据图表动起来

在 PowerPoint 中为了让幻灯片中的图表演示更具特色，用户可以为图表设置按系列进入的动画。首先添加进入动画，接着在"动画"组中单击"效果选项"，在展开的下拉列表中，设置按系列或按类别的演示效果。通常这样的演示效果比整个图表的直接出现更加动态，更具吸引力。

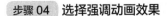

步骤03　预览效果

为对象添加动画效果后，系统会自动进入动画预览，此时可以预览到标题对象"飞入"的效果，如下图所示。

步骤05　预览效果

此时进入动画预览状态中，可以预览到图片"陀螺旋"的强调动画效果，如下图所示。

步骤07　预览效果

此时进入动画预览状态中，可以预览到该内容以"轮子"形式的动画效果退出播放，如右图所示。

步骤04　选择强调动画效果

选中第一张幻灯片中的图片，单击"动画"组中的快翻按钮，在动画样式库中，选择"强调"选项组中的"陀螺旋"，如下图所示。

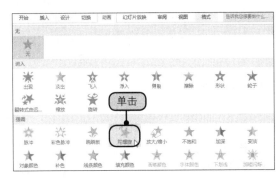

步骤06　选择退出动画效果

选中标题幻灯片下方的文本框内容，单击"动画"组中的快翻按钮，在动画样式库中，选择"退出"选项组中的"轮子"，如下图所示。

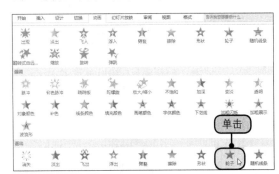

生存技巧：线条动画的制作

一些经典的线条动画，例如表示物理实验的电路闭合，或抛物线运动线条动画轨迹的线条动画，也可以用于动感的商务演示中。制作这种风格的动画，需要设置动画的进入方式为"擦除"，擦除的方向根据线条的方式选择上下左右等。连续的线条动画则需设置动画同步方式为"上一动画结束后"，这样才能保证动画播放的连续性。

14.2.2 自定义动画效果

如果已有的动画效果不能满足用户的需要，用户可以使用自定义动画效果的方法，绘制对象运动的路径。

原始文件： 下载资源 \ 实例文件 \14\ 原始文件 \ 添加动画效果 .pptx
最终文件： 下载资源 \ 实例文件 \14\ 最终文件 \ 自定义动画效果 .pptx

步骤 01　自定义路径

打开"下载资源 \ 实例文件 \14\ 原始文件 \ 添加动画效果 .pptx"，选中第二张幻灯片的标题占位符，切换到"动画"选项卡，单击"动画"组中的快翻按钮，在动画样式库中，选择"动作路径"选项组中的"自定义路径"，如下图所示。

步骤 02　绘制运动路径

此时，可以在幻灯片中任意拖动鼠标，绘制出动画运动的路径，如下图所示。

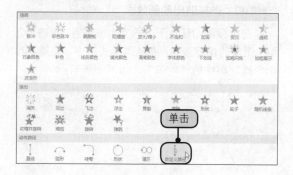

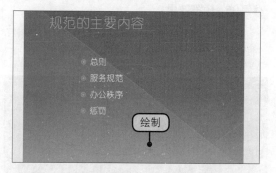

步骤 03　预览效果

释放鼠标后，进入动画预览状态，此时可以看见，设置对象在之前绘制的路径上运动，如右图所示。

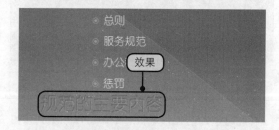

 生存技巧：让文字闪烁

在 PowerPoint 中用户可以利用"计时"功能来制作闪烁文字。选中要设置的文本对象，在动画样式库中单击"更多强调效果"选项，在弹出的对话框中单击"闪烁"选项，再单击"确定"按钮，单击"动画窗格"，在打开的任务窗格中单击该动画的下三角按钮，在展开的下拉列表中单击"计时"选项，在弹出的对话框中设置"重复"的次数，再单击"确定"按钮。

14.3　动画效果的高级设置

为对象添加了动画效果后，可以对动画效果进行高级设置。设置的内容包括在一个对象上添加多个动画效果、利用动画刷复制动画、为动画设置时间和为动画重新排列播放顺序等。

14.3.1 在已有动画上添加新的动画

当为一个对象设置动画后，如果再将"动画"组中的动画效果添加到这个对象上，新的动画效果就会覆盖已有的动画；但是如果使用"高级动画"组中的设置来添加动画，就可以让一个对象同时显示多个动画效果。

原始文件： 下载资源 \ 实例文件 \14\ 原始文件 \ 服务规范 .pptx
最终文件： 下载资源 \ 实例文件 \14\ 最终文件 \ 添加新动画 .pptx

步骤 01 添加动画

打开"下载资源 \ 实例文件 \14\ 原始文件 \ 服务规范 .pptx"，选中第一张幻灯片中的图片，❶切换到"动画"选项卡，单击"高级动画"组中的"添加动画"按钮，❷在展开的动画样式库中选择"退出"选项组中的"形状"，如下图所示。

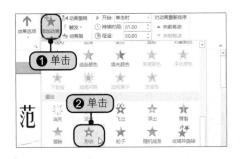

步骤 02 添加动画后效果

此时为图片设置了一个新的退出动画效果，动画的编号为"3"，与原有的编号"2"的动画同时应用在了图片上，如下图所示。用户可以进入预览状态，预览图片的两种动画效果。

生存技巧：选择更多的动画效果

在"添加动画"列表库中，用户可以选择常用的"进入""强调""退出""动作路径"等效果，但如果用户有更多需求，也可以在展开的下拉列表中选择"更多进入效果""更多强调效果""更多退出效果""其他动作路径"等选项来获取更多的动画选择。

14.3.2 使用"动画刷"复制动画

复制动画可以使用动画刷来实现，使用动画刷可以将一个对象中的动画复制到另一个对象上。

原始文件： 下载资源 \ 实例文件 \14\ 原始文件 \ 添加新动画 .pptx
最终文件： 下载资源 \ 实例文件 \14\ 最终文件 \ 使用动画刷 .pptx

步骤 01 使用动画刷

打开"下载资源 \ 实例文件 \14\ 原始文件 \ 添加新动画 .pptx"，选中第一张幻灯片中的图片，切换到"动画"选项卡，单击"高级动画"组中的"动画刷"按钮，如右图所示。

步骤02 复制动画

此时鼠标指针呈现刷子形，单击需要应用的此动画的对象，即最下方的文本内容，进行动画的复制，如下图所示。

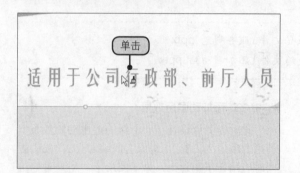

步骤03 复制动画后效果

释放鼠标，动画效果已复制，可看见，此时该对象包含了两个动画编号，如下图所示。预览动画，可发现，此动画和图片中的动画是一样的。

提示

双击动画刷，可以将动画重复应用到多个对象上。如果你已经为此对象设置了其他动画，则使用动画刷后，该对象的其他动画都将消失。因此应用时首先使用动画刷，而后再设置其他动画。

生存技巧：使用 PowerPoint 2016 隐藏的动画

用户在使用 PowerPoint 2016 时会发现，早期版本中的一些层叠、伸展等动画效果不见了，但用早期版本添加这些效果后再在 PowerPoint 2016 中打开时，这些效果仍然能显示。如果想要在 PowerPoint 2016 中使用这些动画，只需在早期版本中添加这些效果，然后在 PowerPoint 2016 中使用"动画刷"功能，将动画效果复制到当前版本的对象中就可以了。

14.3.3 设置动画计时选项

要控制动画播放的速度，可以为动画设置时间：时间越长，播放速度越慢；时间越短，播放速度越快。

原始文件： 下载资源 \ 实例文件 \14\ 原始文件 \ 使用动画刷 .pptx
最终文件： 下载资源 \ 实例文件 \14\ 最终文件 \ 设置动画计时选项 .pptx

步骤01 设置第一个动画的持续时间

打开"下载资源 \ 实例文件 \14\ 原始文件 \ 使用动画刷 .pptx"，选中第一张幻灯片中的图片，切换到"动画"选项卡，单击"计时"组中的"持续时间"右侧的微调按钮，设置动画的持续时间为"03.00"，如右图所示。

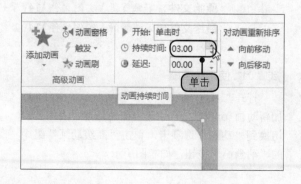

步骤02 设置第二个动画

选中最下方的文本框,在"计时"组中,设置动画的开始方式为"上一动画之后",设置动画的持续时间为"02.00"。设置完毕后,进行预览,可看到设置后的效果,如右图所示。

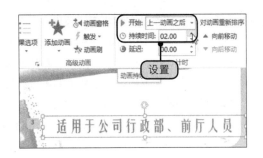

14.3.4 重新排序动画

当为幻灯片中的多种对象设置了动画后,可以先预览整张幻灯片中的动画播放效果,如果发现某些动画播放的顺序不合理,可以在动画窗格中修改播放顺序,以达到更好的整体播放效果。

 原始文件: 下载资源 \ 实例文件 \14\ 原始文件 \ 设置动画计时选项 .pptx
最终文件: 下载资源 \ 实例文件 \14\ 最终文件 \ 重新排序动画 .pptx

步骤01 单击"动画窗格"按钮

打开"下载资源\实例文件\14\原始文件\设置动画计时选项.pptx",选中第一张幻灯片,切换到"动画"选项卡,单击"高级动画"组中的"动画窗格"按钮,如下图所示。

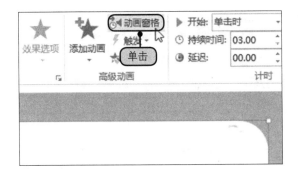

步骤02 调整顺序

此时打开了"动画窗格",单击需要排序的动画,例如第四个动画,将其拖动到第三个动画之上,如下图所示。

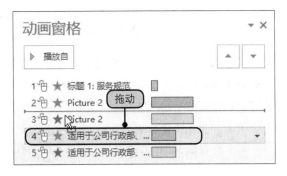

步骤03 调整顺序后的效果

释放鼠标后,可以看见原来的第四个动画移动到了第三个动画的位置上,如下图所示。

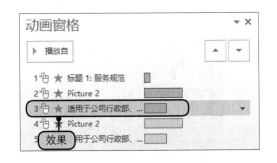

步骤04 调整播放方式

❶单击第五个动画,单击右侧显示出的下三角按钮,❷在展开的下拉列表中单击"从上一项开始"选项,如下图所示。

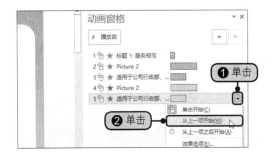

289

步骤05 调整完所有动画顺序后的效果

此时，在幻灯片中可以看到动画的编号发生了变化，如右图所示。在播放动画时，将按照编号的大小顺序进行播放，当两个动画的编号相同时，则会同时播放这两个动画。

提示

在动画窗格中，除了可以很方便地调整每个动画的播放顺序、播放方式以外，用户还可以拖动每个动画右侧的黄色时间条，通过调整时间条的长短来控制动画播放的开始时间和结束时间。

生存技巧：其他方式排序动画以及对动画持续时间的快速设置

用户也可以直接单击"计时"组中的"向前移动"或者是"向后移动"按钮，还可以直接单击"动画窗格"中的"向前移动"和"向后移动"按钮。此外，在"动画窗格"中，用户还可以快速地以拖动的方式来设置每一个动画的持续时间，如右图所示。

14.4 实战演练——企业培训管理制度演示文稿

每个企业都有自己的培训管理制度，为了让每位员工都清楚了解公司的制度，可以把企业培训管理制度制作成演示文稿。为了达到更好的放映效果，可以为演示文稿添加切换效果、动画效果等。

原始文件： 下载资源\实例文件\14\原始文件\企业培训管理制度.pptx
最终文件： 下载资源\实例文件\14\最终文件\企业培训管理制度.pptx

步骤01 添加切换效果

打开"下载资源\实例文件\14\原始文件\企业培训管理制度.pptx"，选中第一张幻灯片，切换到"切换"选项卡，在"切换到此幻灯片"组的切换效果样式库中选择"擦除"样式，如下图所示。

步骤02 预览效果

此时进入幻灯片切换效果的预览中，可以看见切换方式为"擦除"效果，如下图所示。

步骤03 全部应用切换效果

❶在"计时"组中，设置持续时间为"03.00"，在"换片方式"选项组中勾选"单击鼠标时"复选框，❷单击"全部应用"按钮，如下图所示。

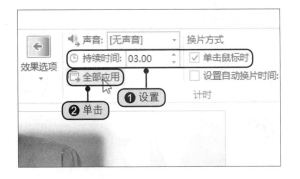

步骤04 全部应用切换效果后的效果

此时，在幻灯片浏览窗格中，可以看见，所有幻灯片都应用了和第一张幻灯片相同的切换效果，如下图所示。

步骤05 添加进入动画

选中第一张幻灯片中的图片，切换到"动画"选项卡，在动画样式库中，选择"进入"选项组中的"劈裂"，如下图所示。

步骤06 添加退出动画

为图片设置了进入动画效果后，❶单击"高级动画"组中的"添加动画"按钮，❷在展开的动画样式库中选择"退出"选项组中的"缩放"，如下图所示。

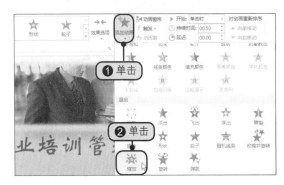

步骤07 使用动画刷

此时为图片再次应用了退出动画效果，选中图片，双击"高级动画"组中的"动画刷"按钮，如下图所示。

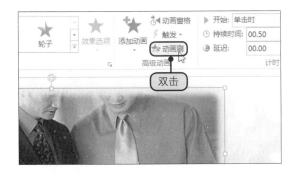

步骤08 复制动画

此时鼠标指针呈现刷子形，切换到第二张幻灯片，单击标题占位符，进行动画的复制，如下图所示。

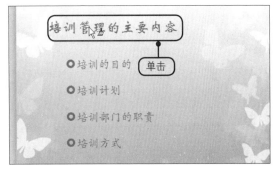

步骤09 复制动画后的效果

❶此时可以看见，在标题占位符左侧出现了动画的编号，表示此时已经完成了动画的复制应用。❷单击第三张幻灯片中的"培训的目的"文本框，如下图所示。

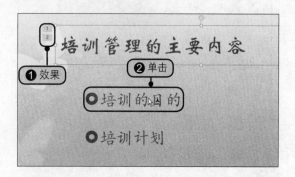

步骤11 更改动画的播放顺序后效果

此时更改了动画播放的顺序，在幻灯片中可以看见动画编号发生了变化。对"企业培训管理制度"演示文稿设置完毕后，可进入到放映状态，预览所有的播放效果，如右图所示。

步骤10 更改动画的播放顺序

❶释放鼠标后，为"培训的目的"文本应用了同样的动画效果。用户可以根据需要利用动画刷在其他幻灯片中应用相同的动画效果。❷选中内容占位符，在"计时"组中单击"向前移动"按钮，如下图所示。

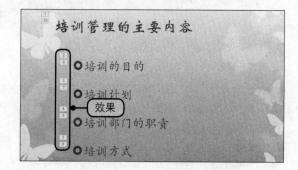

第15章

幻灯片的放映与发布

幻灯片的放映与发布是用户检验幻灯片制作成果的阶段，为了理想地展示幻灯片的效果，用户可根据不同的场合选择不同的放映方式，并控制好幻灯片的放映过程。也可根据实际需要将幻灯片输出为其他类型的文件，以便保留或传送给他人观看。

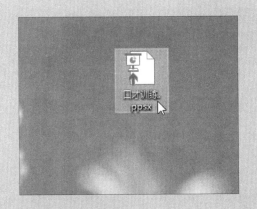

知识点

1. 设置幻灯片的放映方式
2. 控制幻灯片的放映过程
3. 输出幻灯片
4. 设置和打印演示文稿

15.1 设置幻灯片的放映

放映幻灯片时，用户可以选择系统中现有的放映方式，也可以根据自己的需求隐藏暂时不放映的幻灯片，或者创建自定义放映方案。

15.1.1 设置幻灯片的放映方式

在放映幻灯片之前，用户就应该设置好幻灯片的放映方式。幻灯片的放映方式包括3种，即演讲者放映、观众自行浏览和在展台浏览。

1．演讲者放映

演讲者放映是指创建者自己放映幻灯片。在放映幻灯片时，幻灯片处于全屏状态，界面有控制按钮，演讲者可以根据讲述的需要控制幻灯片的放映，例如控制幻灯片的切换、使用记号笔标注重点内容等。

 原始文件： 下载资源 \ 实例文件 \15\ 原始文件 \ 工作中隐藏的潜规则 .pptx
最终文件： 下载资源 \ 实例文件 \15\ 最终文件 \ 演讲者放映 .pptx

步骤01 单击"设置幻灯片放映"按钮

打开"下载资源 \ 实例文件 \15\ 原始文件 \ 工作中隐藏的潜规则 .pptx"，❶切换到"幻灯片放映"选项卡，❷单击"设置幻灯片放映"按钮，如下图所示。

步骤02 选择演讲者放映方式

弹出"设置放映方式"对话框，❶单击"演讲者放映"单选按钮，❷在"换片方式"选项组中单击"手动"按钮，如下图所示。

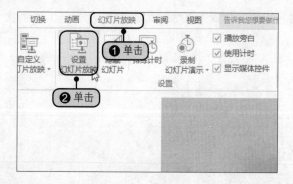

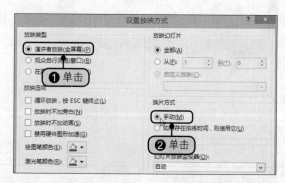

步骤03 选择演讲者放映方式

单击"确定"按钮后，页面切换到放映状态中。此时将鼠标指向幻灯片的左下方，可以看见一些控制按钮，利用这些按钮可以控制幻灯片的放映，如右图所示。

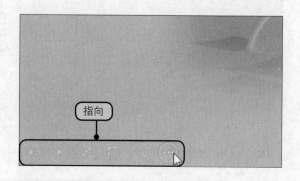

生存技巧：自动演示文稿

　　用户可以应用"录制幻灯片演示"功能来实现自动演示文稿。在"幻灯片放映"选项卡单击"录制幻灯片演示"下三角按钮，在展开的下拉列表中单击"从头开始录制"，弹出"录制幻灯片演示"对话框，单击"开始录制"按钮，此时开始放映幻灯片，并记录每张幻灯片的放映时间。结束录制后，再单击"从头开始"按钮，就可观看所录制的幻灯片。

2. 观众自行浏览

　　在观众自行浏览方式下，幻灯片放映处于窗口状态，观众可以调节放映窗口的大小，并能在放映幻灯片的同时进行其他操作。

原始文件： 下载资源\实例文件\15\原始文件\工作中隐藏的潜规则.pptx
最终文件： 下载资源\实例文件\15\最终文件\观众自行浏览.pptx

步骤01 选择观众自行浏览方式

　　打开"下载资源\实例文件\15\原始文件\工作中隐藏的潜规则.pptx"，打开"设置放映方式"对话框，❶单击选中"观众自行浏览"单选按钮，❷设置幻灯片放映的页数为从2到5，❸勾选"循环放映，按ESC键终止"复选框，如下图所示。

步骤02 放映的效果

　　单击"确定"按钮后，页面切换到放映状态中，此时幻灯片的放映窗口可任意调整大小。由于不是全屏模式，因此可以随意切换应用其他程序，如下图所示。

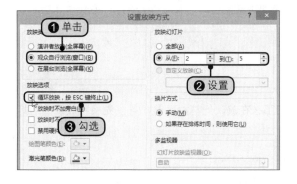

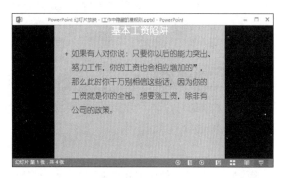

生存技巧：窗口播放模式的快速启动

　　在实际放映幻灯片时，用户往往需要配合使用其他程序以增强演示效果，此时全屏播放模式就会使操作不方便，用户可快速切换至观众自行浏览放映方式。在播放幻灯片时，先按住【Alt】键，再依次按【D】和【V】键激活播放，幻灯片放映模式即切换为带标题栏和状态栏的窗口模式，方便用户在播放幻灯片时对窗口或其他程序进行操作。

3. 在展台浏览

　　在展台浏览方式下放映幻灯片，任何人在放映过程中不能对幻灯片做任何操作。

原始文件： 下载资源 \ 实例文件 \15\ 原始文件 \ 工作中隐藏的潜规则 .pptx
最终文件： 下载资源 \ 实例文件 \15\ 最终文件 \ 在展台浏览 .pptx

步骤01 选择展台浏览方式

打开"下载资源 \ 实例文件 \15\ 原始文件 \ 工作中隐藏的潜规则 .pptx"，打开"设置放映方式"对话框，在"放映类型"选项组中单击"在展台浏览"单选按钮，如下图所示。

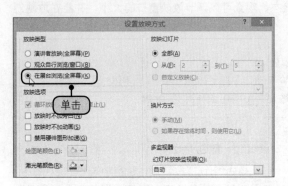

步骤02 放映的效果

单击"确定"按钮后，页面进入到放映状态中。此时将鼠标指向幻灯片的左下角，可以看见没有任何控制按钮，说明此状态下不能对幻灯片做任何设置，如下图所示。

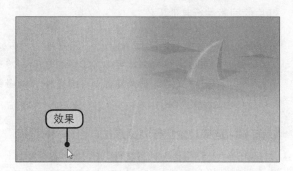

生存技巧：快速在放映时切换至白屏或黑屏

在放映幻灯片时，用户有时需要让屏幕暂时显示白屏或黑屏。幻灯片开始放映后，在键盘上按【W】键，即可使屏幕迅速显示白屏，若想恢复就再按一次【W】键；若要变为黑屏，则按【B】键。

15.1.2 隐藏幻灯片

如果放映幻灯片时，有暂时不需要放映的幻灯片，那么在放映幻灯片之前，可以先将不放映的幻灯片隐藏起来。

原始文件： 下载资源 \ 实例文件 \15\ 原始文件 \ 工作中隐藏的潜规则 .pptx
最终文件： 下载资源 \ 实例文件 \15\ 最终文件 \ 隐藏幻灯片 .pptx

步骤01 隐藏幻灯片

打开"下载资源 \ 实例文件 \15\ 原始文件 \ 工作中隐藏的潜规则 .pptx"，切换至第二张幻灯片，切换到"幻灯片放映"选项卡，单击"隐藏幻灯片"按钮，如右图所示。

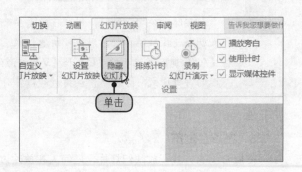

步骤02　隐藏幻灯片的效果

此时在幻灯片浏览窗格中，可以看见在第二张幻灯片左侧出现了一个隐藏符号。在放映时，这张幻灯片将不会被放映，如右图所示。

生存技巧：在演示文稿中自己看到备注信息

在幻灯片中添加备注信息可以在演讲时起到提示作用。用户可以令备注信息只出现在自己的计算机上供自己查看而不被观众看到，但是此功能需要两个或两个以上的监视器。在Windows 8操作系统中打开"屏幕分辨率"窗口，设置"显示器"和"多显示器"，并在"放映幻灯片"选项卡中勾选"使用演示者视图"复选框，再设置"显示位置"即可。

15.1.3　创建放映方案

如果要选择演示文稿中的某一些幻灯片进行放映，可以创建一个放映方案，只放映选中的幻灯片。

原始文件： 下载资源 \ 实例文件 \15\ 原始文件 \ 工作中隐藏的潜规则 .pptx

最终文件： 下载资源 \ 实例文件 \15\ 最终文件 \ 创建放映方案 .pptx

步骤01　自定义放映

打开"下载资源 \ 实例文件 \15\ 原始文件 \ 工作中隐藏的潜规则 .pptx"，❶在"开始放映幻灯片"组中单击"自定义幻灯片放映"按钮，❷在展开的下拉列表中单击"自定义放映"选项，如下图所示。

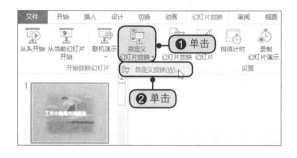

步骤02　新建自定义放映

弹出"自定义放映"对话框，单击"新建"按钮，如下图所示。

步骤03　添加放映幻灯片

弹出"定义自定义放映"对话框，❶在"幻灯片放映名称"文本框中输入"潜规则的主要内容"，❷在"在演示文稿中的幻灯片"列表框中勾选"2.基本工资陷阱"选项，❸单击"添加"按钮，如右图所示。

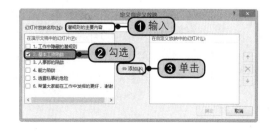

步骤04　添加幻灯片

此时在"在自定义放映中的幻灯片"列表框中可以看见添加了选中的幻灯片，❶再在"在演示文稿中的幻灯片"列表框中单击"3.人事部的陷阱"选项，❷单击"添加"按钮，如下图所示。

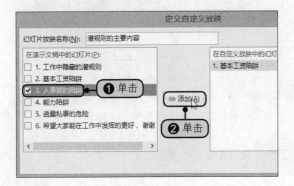

步骤05　单击"确定"按钮

采用同样的方法，在"在自定义放映中的幻灯片"列表框中添加其他幻灯片，单击"确定"按钮，如下图所示。

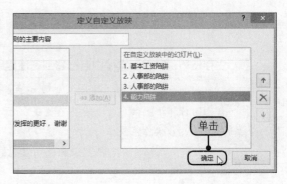

步骤06　单击"关闭"按钮

返回到"自定义放映"对话框中，在"自定义放映"列表框中可以看见所创建的放映方案，单击"关闭"按钮，如下图所示。

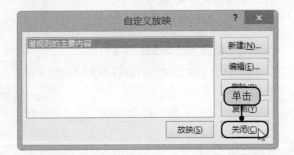

步骤07　预览创建的方案

返回到演示文稿中，❶在"开始放映幻灯片"组中单击"自定义幻灯片放映"按钮，❷在展开的下拉列表中单击所创建的方案名称，如下图所示，即可放映此方案。

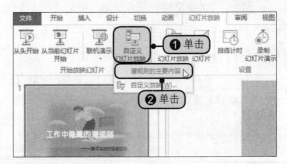

提示

在创建放映方案过程中或创建完成后，都可以在"自定义放映"对话框中，单击"编辑"按钮，在弹出的"定义自定义放映"对话框中设置幻灯片的放映顺序。

 生存技巧：嵌入特殊字体避免影响演示效果

为了获得好的演示效果，用户通常会在幻灯片中使用一些漂亮的第三方字体，但将演示文稿复制到演示现场的计算机上时，这些字体可能会被替换为当前计算机中的其他字体，导致格式错乱，影响演示效果。为避免这种情况，可在保存演示文稿时，在"另存为"对话框单击"工具"按钮，选择"保存选项"，在弹出的对话框中勾选"将字体嵌入文件"复选框，然后根据需要选择嵌入所使用的字符，再保存文件。

15.2 控制幻灯片放映过程

在实际放映时,用户可能需要控制幻灯片的放映过程,如切换幻灯片,或在幻灯片中标注重点内容等。

生存技巧:放映时鼠标指针的隐藏与显现

在放映幻灯片时,为了让屏幕的放映效果更加理想,当想要隐藏鼠标指针时,按【Ctrl+H】组合键;若要重新显示鼠标指针,则按【Ctrl+A】组合键。

15.2.1 控制幻灯片的切换

在放映幻灯片时,幻灯片的左下角会显示控制按钮,用户可以使用这些按钮来控制幻灯片的切换。

原始文件: 下载资源\实例文件\15\原始文件\如何提高中层的职业素养.pptx
最终文件: 无

步骤 01 放映幻灯片

打开"下载资源\实例文件\15\原始文件\如何提高中层的职业素养.pptx",切换到"幻灯片放映"选项卡,单击"开始放映幻灯片"组中的"从头开始"按钮,如下图所示。

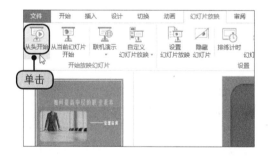

步骤 03 单击"下一张"选项

此时切换到了下一张幻灯片中。❶右击幻灯片中任意位置,❷在弹出的菜单中单击"下一张"选项,如下图所示。

步骤 02 使用控制按钮

此时进入到幻灯片的放映中,单击幻灯片左下角第二个控制按钮,即"下一项",如下图所示。

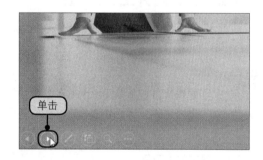

步骤 04 定位幻灯片

此时进入第三张幻灯片。要切换到不相邻的幻灯片中,可右击幻灯片任意位置,在展开的下拉列表中单击"查看所有幻灯片"选项,在新窗口中选择要跳转到的幻灯片,如下图所示。

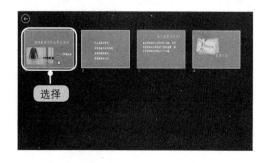

步骤05 切换屏幕

此时跳转到了所选择的幻灯片中。当放映者需要暂时停止放映时，单击"…"控制按钮，在展开的下拉列表中单击"屏幕"选项，在展开的下级列表中单击"黑屏"选项，如下图所示。

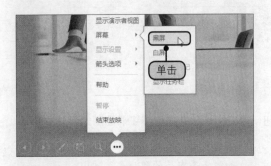

步骤06 结束放映

此时幻灯片进入黑屏状态。如果要结束放映，单击"…"控制按钮，在展开的下拉列表中单击"结束放映"即可，如下图所示。

 生存技巧：放映时快速跳到指定的某张幻灯片

如果在放映过程中需要临时跳转到某一张幻灯片，除了使用定位至幻灯片功能外，也可直接输入所要跳转到的幻灯片的编号，然后按【Enter】键。例如要跳转到第5张幻灯片，输入"5"，然后按【Enter】键，就会快速跳转到第5张幻灯片。

15.2.2 在幻灯片上标注重点

在放映幻灯片时，用户也许会需要突出幻灯片中的重点内容，这时可以在幻灯片中标注重点，引起观看者的重视。

 原始文件： 下载资源\实例文件\15\原始文件\如何提高中层的职业素养.pptx
最终文件： 下载资源\实例文件\15\最终文件\在幻灯片上标注重点.pptx

步骤01 设置墨迹颜色

打开"下载资源\实例文件\15\原始文件\如何提高中层的职业素养.pptx"，❶进入到幻灯片的放映中，单击"✍"控制按钮，❷在展开的颜色选项中单击"红色"，如下图所示。

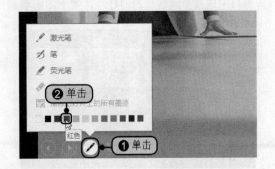

步骤02 使用笔

在"✍"控制按钮的下拉列表中单击"笔"选项，如下图所示。

生存技巧：使用键盘快速更改墨迹标记

若要快速使用墨迹标记，可在放映幻灯片时按【Ctrl+P】组合键，鼠标指针将变成绘图笔，拖动鼠标即可在幻灯片中进行标记；按【Ctrl+A】组合键，即可将鼠标指针从绘图笔状态恢复为默认状态。

步骤03 标记内容

此时鼠标指针显示为红色圆点，拖动鼠标，绘制图形，标记出所要突出的内容，如下图所示。

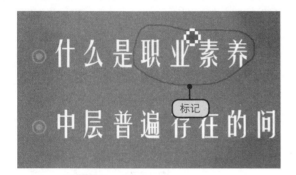

步骤04 结束放映

标记了多个重点内容后，右击鼠标，在弹出的快捷菜单中单击"结束放映"命令，如下图所示。

步骤05 保留墨迹

弹出提示框，提示用户是否保留墨迹注释，如果需要保留，则单击"保留"按钮，如下图所示。

步骤06 保留墨迹的效果

结束放映，返回到普通视图中后，可以看见幻灯片中保留了在放映状态时所做的标记，如下图所示。

生存技巧：隐藏墨迹标记

如果想要隐藏在幻灯片中标记的墨迹，可以按【Ctrl+M】组合键；若要重新显示，则再按一次【Ctrl+M】组合键。

15.3 输出幻灯片

制作完成一个演示文稿后，可以将此文稿输出设置为其他类型的文件，例如输出为视频文件、放入幻灯片库或输出为讲义等，以便演示文稿的传输及在其他状态下播放。

15.3.1 输出为自动放映文件

将演示文稿的类型保存为"PowerPoint放映",即可实现打开文件时演示文稿自动播放的效果。

 原始文件: 下载资源 \ 实例文件 \15\ 原始文件 \ 口才训练 .pptx
最终文件: 下载资源 \ 实例文件 \15\ 最终文件 \ 输出为自动放映文件 .ppsx

步骤 01 单击"另存为"命令

打开"下载资源 \ 实例文件 \15\ 原始文件 \ 口才训练 .pptx",单击"文件"按钮,在弹出的菜单中单击"另存为 > 浏览"命令,如下图所示。

步骤 02 选择保存类型

弹出"另存为"对话框,选择保存路径,❶设置保存类型为"PowerPoint 放映",❷单击"保存"按钮,如下图所示。

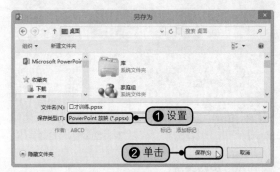

步骤 03 输出为自动放映文件的效果

在另存为的位置可以看见自动放映文件的图标,双击此图标,演示文稿将进行自动放映,如右图所示。

 生存技巧:放映时快速进入下一张幻灯片

在放映时,若想快速进入下一张幻灯片,可以用键盘来操作,并且有多种方法:①按【→】键;②按【↓】键;③按【Spacebar】键。

15.3.2 输出为视频文件

将演示文稿输出为视频文件,更利于演示文稿的保存。在视频格式下,演示文稿不可能被修改,而且在没有安装 PowerPoint 2016 的计算机中也能放映演示文稿。

 原始文件: 下载资源 \ 实例文件 \15\ 原始文件 \ 口才训练 .pptx
最终文件: 下载资源 \ 实例文件 \15\ 最终文件 \ 输出为视频文件 .wmv

步骤01　创建视频

打开"下载资源\实例文件\15\原始文件\口才训练.pptx"，单击"文件"按钮，❶在弹出的菜单中单击"导出"，❷在右侧的面板中单击"创建视频"，如下图所示。

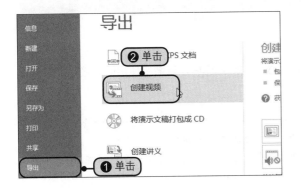

步骤02　设置放映时间

❶在右侧展开的列表中，设置每张幻灯片的放映秒数为"30.00"，❷单击"创建视频"按钮，如下图所示。

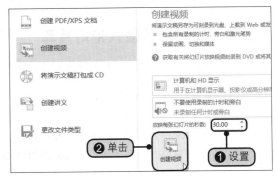

步骤03　选择保存路径

弹出"另存为"对话框，❶选择文件保存的路径后，❷单击"保存"按钮，如下图所示。

步骤04　显示创建视频的进度

返回到幻灯片中，可以看见创建视频的进度，如下图所示。

步骤05　创建视频文件的效果

视频创建成功后，双击创建的视频文件图标，如下图所示。

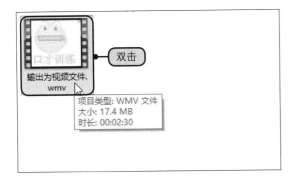

步骤06　预览视频

此时，利用已有的播放器开始播放视频文件，如下图所示。

生存技巧：为输出的视频录制计时和旁白

如果用户想要为输出的视频录制计时和旁白，则可以单击"不要使用录制的计时和旁白"下三角按钮，在展开的列表中选择"录制计时和旁白"，然后在弹出的"录制幻灯片演示"对话框中单击"开始录制"即可。

15.3.3　将幻灯片放入幻灯片库

用户可以将演示文稿的幻灯片或平时收集的幻灯片放入幻灯片库中，当需要使用时直接从幻灯片库中查找，而不需要再花时间去搜索。

 原始文件： 下载资源＼实例文件＼15＼原始文件＼口才训练.pptx
　　　　最终文件： 下载资源＼实例文件＼15＼最终文件＼口才训练–001.pptx ~ 口才训练–005.pptx

步骤01　发布幻灯片

打开"下载资源＼实例文件＼15＼原始文件＼口才训练.pptx"，❶单击"文件"，在菜单中单击"共享"，❷在右侧的面板中单击"发布幻灯片"，❸在展开的列表中单击"发布幻灯片"，如下图所示。

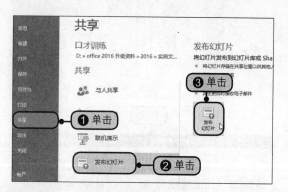

步骤02　选择要发布的幻灯片

弹出"发布幻灯片"对话框，❶在"选择要发布的幻灯片"列表框中勾选要发布的幻灯片，❷单击"浏览"按钮，如下图所示。

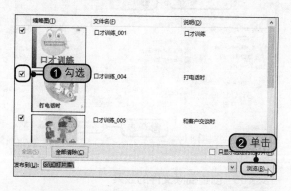

步骤03　选择幻灯片库的位置

弹出"选择幻灯片库"对话框，选择好幻灯片的放置位置后，单击"选择"按钮，如下图所示。

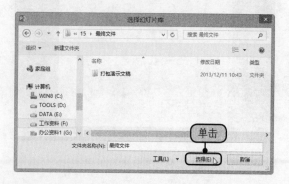

步骤04　单击"发布"按钮

返回到"发布幻灯片"对话框中，单击"发布"按钮，如下图所示。

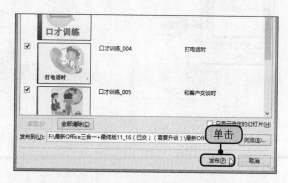

步骤05 发布幻灯片的效果

发布成功后，打开保存的文件夹，可以看到
已经发布的幻灯片，如右图所示。

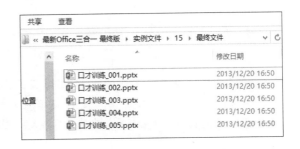

15.3.4 输出为讲义

讲义就是一个包含了幻灯片和备注的 Word 文档。如果用户设置了粘贴链接，当演示文稿发生改变
时，讲义中的幻灯片将自动更新。

原始文件：下载资源 \ 实例文件 \15\ 原始文件 \ 口才训练 .pptx
最终文件：下载资源 \ 实例文件 \15\ 最终文件 \ 输出为讲义 .docx

步骤01 创建讲义

打开"下载资源 \ 实例文件 \15\ 原始文件 \ 口
才训练 .pptx"，单击"文件"按钮，在弹出的菜
单中单击"导出"命令，❶在右侧的面板中单击"创
建讲义"，❷在右侧展开的列表中单击"创建讲义"，
如下图所示。

步骤02 设置版式

弹出"发送到 Microsoft Word"对话框，❶
单击选中"备注在幻灯片下"单选按钮，❷单击"粘
贴链接"单选按钮，❸单击"确定"按钮，如下
图所示。

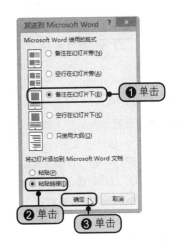

步骤03 创建讲义的效果

此时打开了 Word 文档，创建了一个讲义文
件。当双击文件中的图片时，将打开相应的幻灯
片，如右图所示。

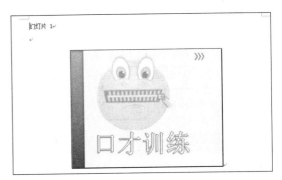

生存技巧：将幻灯片输出为图片

在 PowerPoint 2016 中，用户可以将演示文稿中的每张幻灯片单独存为图片，便于使用照片查看器查看。PowerPoint 2016 提供了两种图片格式，即 PNG 可移植网络图形格式和 JPEG 文件交换格式。在"文件"菜单中单击"导出"命令，选择"更改文件类型"，在"图片文件类型"下选择要保存的图片格式，双击，保存即可。

15.3.5　打包演示文稿

打包演示文稿分为将演示文稿复制到 CD 和复制到文件夹两种。当计算机上没有安装 CD 刻录器的时候，可以将演示文稿复制到文件夹，以达到打包的目的。

 原始文件： 下载资源 \ 实例文件 \15\ 原始文件 \ 口才训练 .pptx
最终文件： 下载资源 \ 实例文件 \15\ 最终文件 \ 打包演示文稿 (文件夹)

 生存技巧：将演示文稿打包成可自动播放的 CD

若要将演示文稿打包成可自动播放的 CD 文件，只需要单击"文件"，在弹出的菜单中单击"导出"命令，在右侧选项面板中单击"将演示文稿打包成 CD"选项，在右侧再单击"打包成 CD"按钮，在弹出的对话框中为 CD 命名文件名称，再选择要复制的文件，最后单击"复制到 CD"按钮即可。

步骤 01　打包文稿

打开"下载资源 \ 实例文件 \15\ 原始文件 \ 口才训练 .pptx"，单击"文件"，在弹出的菜单中单击"导出"命令，❶在右侧面板中单击"将演示文稿打包成 CD"选项，❷在展开的列表中单击"打包成 CD"按钮，如下图所示。

步骤 02　输入名称

弹出"打包成 CD"对话框，❶在"将 CD 命名为"文本框中输入"口才训练"，❷单击"复制到文件夹"按钮，如下图所示。

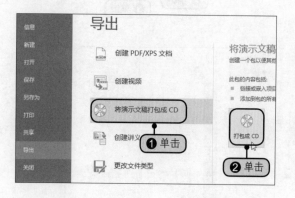

步骤 03 选择保存的路径

弹出"复制到文件夹"对话框，选择好文件保存的位置后，单击"确定"按钮，如下图所示。

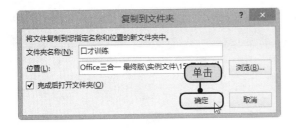

步骤 04 单击"是"按钮

弹出提示框，提示用户是否要在包中包含链接文件。单击"是"按钮，如下图所示。

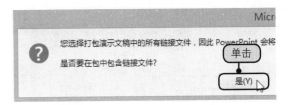

步骤 05 打包的效果

将演示文稿打包后，打开保存的路径，可以查看打包的效果，如右图所示。

生存技巧：将演示文稿生成为 Flash 文件

要将演示文稿生成为 Flash 文件，首先要安装 FlashSpring 插件，然后在"加载项"选项卡中单击"发布"按钮，弹出"发布为 Flash"对话框，在左侧单击"我的电脑"按钮，在右侧切换至"发布"选项卡，选择目标文件，再设置"输出"格式，完毕后再单击"发布"按钮。

15.4 设置和打印演示文稿

演示文稿制作完成后，可以设置幻灯片的大小，将演示文稿打印出来，以纸质文件形式保存。

15.4.1 设置幻灯片的大小

为了配合工作中的具体需要，在打印幻灯片时，用户可以自定义设置幻灯片的不同宽度和高度。

原始文件： 下载资源 \ 实例文件 \15\ 原始文件 \ 口才训练 .pptx
最终文件： 下载资源 \ 实例文件 \15\ 最终文件 \ 设置幻灯片的大小 .pptx

步骤 01 单击"页面设置"按钮

打开"下载资源 \ 实例文件 \15\ 原始文件 \ 口才训练 .pptx"，切换到"设计"选项卡，单击"幻灯片大小"下拉菜单中的"自定义幻灯片大小"按钮，如右图所示。

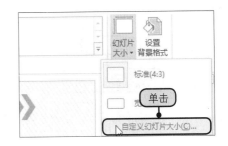

步骤02 自定义幻灯片的大小

　　弹出"幻灯片大小"对话框，❶在"幻灯片大小"选项组中设置幻灯片的宽度为"12厘米"、高度为"15厘米"，❷单击"确定"按钮，如下图所示。

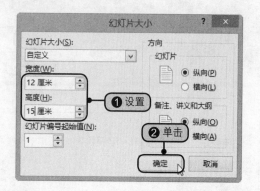

步骤03 设置大小后的效果

　　此时可以看见设置了幻灯片大小后的效果，如下图所示。

> **提示**
>
> 　　除了可以通过设置幻灯片的宽度和高度来改变幻灯片的大小，还可以在"幻灯片大小"对话框中，单击"幻灯片大小"下三角按钮，在展开的下拉列表中选择需要的尺寸类型。

15.4.2　打印演示文稿

　　用户如果想保留演示文稿的纸质文件，可以打印演示文稿，也可以根据具体需要设置打印颜色。

原始文件： 下载资源\实例文件\15\原始文件\口才训练.pptx
最终文件： 下载资源\实例文件\15\最终文件\打印演示文稿.pptx

步骤01 设置打印版式

　　打开"下载资源\实例文件\15\原始文件\口才训练.pptx"，在"文件"菜单中单击"打印"命令，❶在右侧的面板中单击"整页幻灯片"按钮，❷在展开的下拉列表中设置打印版式，如单击"备注页"选项，如下图所示。

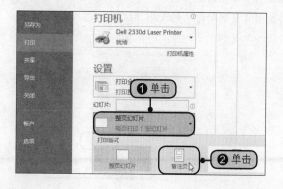

步骤02 设置打印颜色

　　单击"颜色"按钮，在展开的下拉列表中单击"纯黑白"选项，如下图所示。

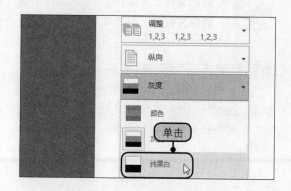

步骤03 预览打印效果

设置完成打印版式和颜色后，在右侧可以预览到幻灯片的打印效果，如下图所示。

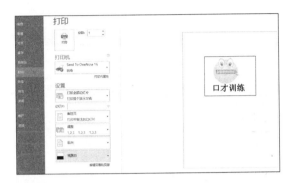

步骤04 打印文件

❶设置打印份数为"2"，❷单击"打印"按钮，即可开始打印，如下图所示。

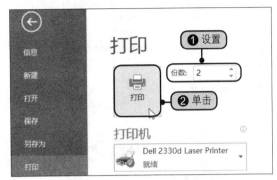

提示

在打印演示文稿时，用户可以在"打印"选项面板中单击"编辑页眉和页脚"按钮，为演示文稿添加页眉和页脚的信息，例如公司名称、日期等。

生存技巧：只打印需要的节

若用户想要选择性打印幻灯片，有以下两种方式：①在"幻灯片"窗格中按住【Ctrl】键，选择要打印的幻灯片，再单击"文件"按钮，在弹出的菜单中单击"打印"命令，单击"打印全部幻灯片"按钮，在展开的下拉列表中单击"打印所选幻灯片"，再单击"打印"按钮；②在"打印"选项面板中单击"打印全部幻灯片"按钮，在展开的下拉列表中单击"自定义范围"选项，在"幻灯片"文本框中输入幻灯片编号或幻灯片范围，例如"1，4，7，9–13"。

15.5 实战演练——放映产品展示文稿

制作产品展示文稿是将产品的名称、性能、外观等内容制作成幻灯片，展示给相关人员观看，以使观看者了解这个产品。

原始文件： 下载资源\实例文件\15\原始文件\产品图片展示.pptx
最终文件： 下载资源\实例文件\15\最终文件\产品图片展示.wmv、产品图片展示.pptx

步骤01 设置幻灯片放映

打开"下载资源\实例文件\15\原始文件\产品图片展示.pptx"，切换到"幻灯片放映"选项卡，单击"设置"组中的"设置幻灯片放映"按钮，如右图所示。

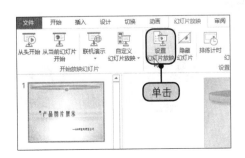

步骤02　选择放映方式

弹出"设置放映方式"对话框，❶在"放映类型"选项组中单击"演讲者放映"单选按钮，❷设置"换片方式"为"手动"，❸设置绘图笔颜色为"黑色"，如下图所示。

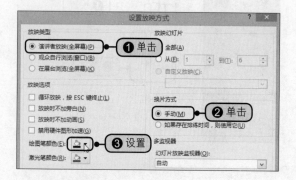

步骤03　从头开始放映

单击"确定"按钮后，单击"开始放映幻灯片"组中的"从头开始"按钮，如下图所示。

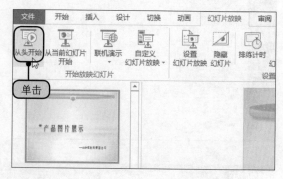

步骤04　放映下一张

此时进入到放映状态中，右击鼠标，在弹出的快捷菜单中单击"下一张"命令，如下图所示。

步骤05　使用笔

切换到下一张幻灯片的放映中，右击鼠标，在弹出的快捷菜单中单击"指针选项"，在弹出的下级菜单中单击"笔"，如下图所示。

步骤06　标注重点

此时鼠标指针显示为黑色圆点，拖动鼠标，绘制线条，在幻灯片中做出标记，如下图所示。

步骤07　完成放映

继续放映幻灯片，直到放映到最后一张幻灯片。右击鼠标，在弹出的快捷菜单中单击"结束放映"命令，如下图所示。

步骤 08　单击"放弃"按钮

此时因为有注释，所以会弹出提示框，提示用户是否保留墨迹注释。若不需要保留墨迹，单击"放弃"按钮，如下图所示。

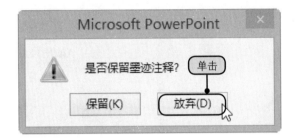

步骤 10　单击"关闭"按钮

此时进入到第一张幻灯片的排练计时中，当前幻灯片计时完毕后，单击"关闭"按钮，如下图所示。

步骤 12　预览时间

进入到幻灯片浏览视图中，显示第一张幻灯片的排练时间为"00:22"，如下图所示。因为演示文稿中的幻灯片大都为图片，放映的时间大致相同，所以预估每张幻灯片的排练计时都为 20 秒左右。

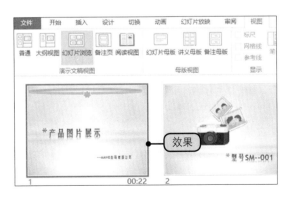

步骤 09　排练计时

为了制作视频文件，可以先对幻灯片进行排练计时。在"设置"组中单击"排练计时"按钮，如下图所示。

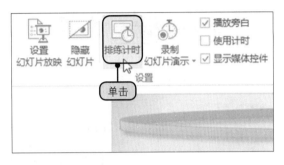

步骤 11　保留时间

弹出提示框，提示用户幻灯片放映的时间，以及是否保留新的幻灯片排练时间。单击"是"按钮，保留排练时间，如下图所示。

步骤 13　创建视频

单击"文件"按钮，在弹出的菜单中单击"导出"命令，❶在右侧的面板中单击"创建视频"图标，❷因预估排练时间为 20 秒，所以在展开的列表中设置放映每张幻灯片的时间为"20.00"，❸单击"创建视频"按钮，如下图所示。

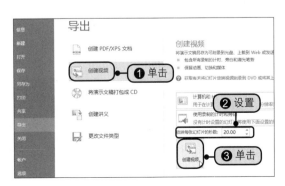

步骤14 保存文件

弹出"另存为"对话框,在"文件名"文本框中设置好文件的名称后,❶选择视频文件保存路径,❷单击"保存"按钮,如下图所示。

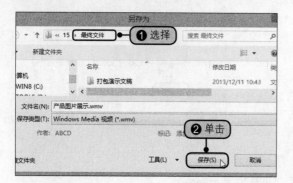

步骤16 创建视频的效果

视频创建成功后,双击视频文件图标,可预览视频文件。将演示文稿创建为视频后,用户可以在电脑中以视频的形式放映演示文稿,如右图所示。

步骤15 显示创建视频的进度

返回到幻灯片中,在主界面的最下方可以看见创建视频的进度,如下图所示。

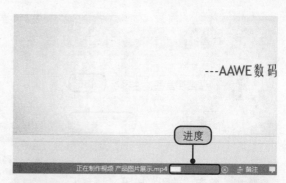

第 5 部分
Office 协同篇

第16章

与Internet协同处理及局域网共享

进入 21 世纪，人们的日常工作已经离不开 Internet 了，Office 与 Internet 的协作能帮助我们对文档、数据、演示文稿进行使用与分享。例如在组件中创建超链接、创建和发布网页、使用电子邮件发送 Office 文档、在网络中创建 Office 文档以及与他人协同编辑 Office 文档等。

知识点

1. 在 Office 组件中创建超链接
2. 创建和发布网页
3. 使用电子邮件发送 Office 文档
4. 将数据保存到 Web 中
5. 在网络中创建 Office 文档
6. 使用家庭组实现 Office 文档共享

16.1　在Office 组件中创建超链接

Office 2016 中的所有组件都有超链接功能，例如在 PowerPoint 中使用超链接直接跳转到另一张幻灯片、在 Excel 中使用超链接打开另一个工作簿等。而最具特色的是 Word，它具有自动识别网址或电子邮件地址的功能，当用户在 Word 文档中输入以 "http://" 或 "www" 开头的字符串时，Word 会自动将其识别为超链接。

16.1.1　创建超链接的方法

每个组件插入超链接的方法都相同，可以设置链接到文件、网页、文档中的位置、新建文档以及电子邮件等。下面以在 Word 文档中创建链接网页的方法为例进行介绍。

> **原始文件：** 下载资源 \ 实例文件 \16\ 原始文件 \ 创建超链接的方法 .docx
> **最终文件：** 下载资源 \ 实例文件 \16\ 最终文件 \ 创建超链接的方法 .docx

步骤01　单击"超链接"按钮

打开"下载资源 \ 实例文件 \16\ 原始文件 \ 创建超链接的方法 .docx"，❶选中标题文本，切换至"插入"选项卡，❷单击"超链接"，如下图所示。

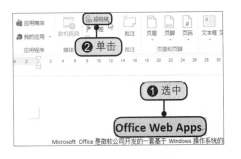

步骤02　单击"浏览Web"按钮

弹出"插入超链接"对话框，❶在左侧列表框中单击"现有文件或网页"按钮，❷在右侧单击"浏览 Web"按钮，如下图所示。

> **提 示**
>
> 在"插入超链接"对话框中单击"浏览 Web"按钮，是为了确认超链接对象网页的正确性，如果用户很熟悉要链接的网页，可以直接在"地址"文本框中输入网页地址。

步骤03　输入超链接网址

弹出浏览器，在地址栏中输入要超链接的网页地址"http://office.microsoft.com"，如下图所示。

步骤04　打开网页

按【Enter】键，即可在浏览器中打开对应的网页，如下图所示。

步骤05 单击"确定"按钮

返回"插入超链接"对话框，❶下方的"地址"文本框中将显示之前所打开网页的地址，❷确认后单击"确定"按钮，如下图所示。

步骤06 显示创建的超链接

返回 Word 文档，❶此时创建的超链接文本呈蓝色下画线，将鼠标指向文本，❷会显示超链接提示信息，如下图所示。

 生存技巧：更改超链接文本的颜色

在 Office 组件中，超链接文本的颜色是根据"主题"颜色进行配置的，默认为蓝色文本。如果要更改超链接文本颜色，只需要在"主题"组中单击"颜色"按钮，在展开的下拉列表中单击"新建主题颜色"选项，在弹出的对话框中单击"超链接"右侧的下三角按钮，在展开的下拉列表中选择颜色，再单击"保存"按钮即可。

16.1.2 编辑超链接

默认情况下，超链接显示的文字是所选的文本，屏幕提示信息是链接的网站地址，用户可以对它们进行重新编辑。

 原始文件： 下载资源\实例文件\16\原始文件\编辑超链接.docx
最终文件： 下载资源\实例文件\16\最终文件\编辑超链接.docx

步骤01 单击"编辑超链接"命令

打开"下载资源\实例文件\16\原始文件\编辑超链接.docx"，❶在文档中右击含有超链接的标题文本，❷在弹出的快捷菜单中单击"编辑超链接"命令，如下图所示。

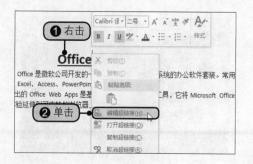

步骤02 编辑显示文字

弹出"编辑超链接"对话框，❶在"要显示的文字"文本框中输入"在线 Office"，❷单击"屏幕提示"按钮，如下图所示。

步骤03　编辑屏幕提示

弹出"设置超链接屏幕提示"对话框，❶在"屏幕提示文字"文本框中输入"微软中国官网"，❷单击"确定"按钮，如下图所示。

步骤04　确认编辑超链接

返回"编辑超链接"对话框，确认编辑后，单击"确定"按钮，如下图所示。

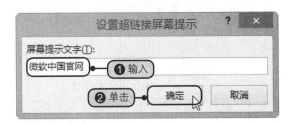

步骤05　显示更改后的超链接

返回文档，此时超链接显示的文字为"在线Office"，❶将鼠标指向该文本，❷会出现屏幕提示信息"微软中国官网"，如右图所示。

生存技巧：超链接到其他地方

在 Office 2016 中，用户可以设置超链接到多个地方，例如本文档的标题或书签、新建的文档以及电子邮件地址等。在"插入超链接"对话框左侧的"链接到"列表框中可以选择"现有文件或网页""本文档中的位置""新建文档""电子邮件地址"四种方式，选择后在右侧进行相应的设置，完毕后单击"确定"按钮即可。

16.1.3　激活超链接

含有超链接的 Office 组件，其激活方式都一样，可以从右键菜单激活，也可以直接使用【Ctrl】键激活。

原始文件： 下载资源 \ 实例文件 \16\ 原始文件 \ 编辑超链接 1.docx
最终文件： 无

步骤01　按【Ctrl】键单击超链接

打开"下载资源 \ 实例文件 \16\ 原始文件 \ 编辑超链接 1.docx"，将鼠标指向超链接文本，按住【Ctrl】键，此时鼠标指针呈手指状，单击链接地址，如右图所示。

步骤02 显示链接的网页

❶此时会打开链接的"微软中国官网"网站，
❷而文档中的超链接文本将变为淡紫色，如右图
所示。

生存技巧：取消自动生成超链接

有时用户不需要输入网址生成超链接，可以单击"文件"按钮，在弹出的菜单中单击"选项"命令，在打开的"Word选项"对话框中，切换至"校对"选项卡，并在"自动更正选项"区域单击"自动更正选项"按钮，打开"自动更正"对话框，切换到"键入时自动套用格式"选项卡，在"键入时自动替换"选项组中取消勾选"Internet及网络路径替换为超链接"复选框，单击"确定"按钮，返回"Word选项"对话框，单击"确定"按钮即可。

16.2 创建和发布为网页

Office 2016 中的 Word 与 Excel 文件均可以被保存为网页。在 Word 中，在保存文档为网页前，可先在"Web 版式视图"下预览网页效果，满意后再进行发布。

原始文件： 下载资源 \ 实例文件 \16\ 原始文件 \ 创建和发布为网页 .docx
最终文件： 下载资源 \ 实例文件 \16\ 最终文件 \ 创建和发布为网页 .htm

步骤01 单击"Web版式视图"按钮

打开"下载资源 \ 实例文件 \16\ 原始文件 \ 创建和发布为网页 .docx"，在"视图"选项卡的"视图"组中单击"Web 版式视图"按钮，如下图所示。

步骤02 最小化功能区

为了能更好地展示 Web 版式效果，可以将文档的功能区最小化，单击文档右上角的"折叠功能区"按钮，如下图所示。

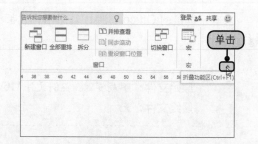

生存技巧：预览网页效果的原因

同一个文档在"页面视图"和"Web 版式视图"下的显示效果可能会有差异，如图片的位置和文字绕排方式可能会改变。因此，在保存文档为网页前，最好在"Web 版式视图"下预览网页效果，如果发现版面有变动，可直接修改，这样才能保证最终得到的网页的显示效果符合自己的需要。

步骤 03　显示Web版式效果

此时显示文档的 Web 版式效果，可以发现图片右侧还有许多空白，并不是很美观，如下图所示。

步骤 04　移动图片

选中图片，按住鼠标左键，将其拖动至适当的位置，如下图所示。

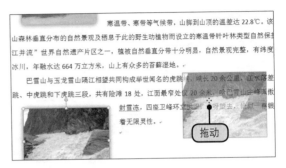

步骤 05　显示完整的网页效果

释放鼠标，完成调整图片的操作，如下图所示。

步骤 06　单击"另存为"命令

确认调整后，单击"文件"按钮，在弹出的菜单中单击"另存为 > 浏览"命令，如下图所示。

步骤 07　选择保存类型

弹出"另存为"对话框，设置文件的保存路径，❶单击"保存类型"右侧的下三角按钮，❷在展开的下拉列表中单击"网页"选项，如右图所示。

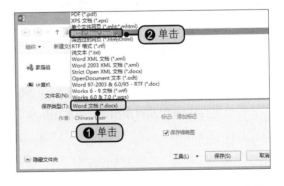

生存技巧：不同网页保存类型的区别

在 Word 软件中，除了"网页"类型外，还支持多种保存类型，其中与"网页"类型相关的还有"单个文件网页"和"筛选过的网页"。"网页"类型指的是除了主文件外，还带有一个存储资源的同名文件夹，即该类型是由多个文件组成了一个网页格式文件，而"单个文件网页"指的是生成的文档只有一个文件，且所有资源都集合在这个文件中，"筛选过的网页"则是指去除了无用的格式代码的网页文件。

步骤08　单击"更改标题"按钮

❶在"文件名"文本框中输入"创建和发布为网页"，❷勾选"保存缩略图"复选框，❸单击"更改标题"按钮，如下图所示。

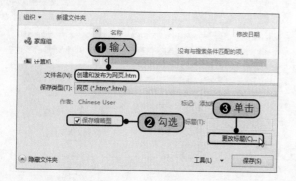

步骤09　输入页标题

弹出"输入文字"对话框，❶在"页标题"文本框中输入"哈巴雪山"，❷单击"确定"按钮，如下图所示。

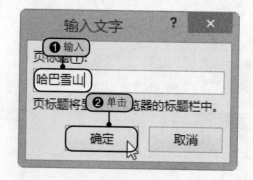

步骤10　确认保存

返回"另存为"对话框，确认设置后单击"保存"按钮，如下图所示。

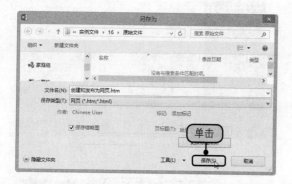

步骤11　双击保存的网页文件

随后打开文件的保存路径，可以看到"创建和发布为网页 .files"文件夹和对应的网页文件，双击该网页文件，如下图所示。

步骤12　显示打开的网页

经过操作后，用户再打开保存的网页，在网页标签中显示网页标题为"哈巴雪山"，其显示格式与预览的 Web 版式视图相同，如右图所示。

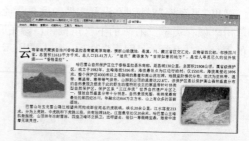

 生存技巧：网页保存类型的巧用

通过上面小节的介绍，可以发现使用"网页"保存类型的最终结果，除了让用户得到了一个对应的网页文件以外，还得到了一个名称中带有"files"的文件夹，打开该文件夹后，可以看到其包含了该网页文件的全部图片。由此可以知道，如果用户想要提取一个文档中的全部图片，不必在 Word 中逐张寻找和另存为，只需将该文档保存为网页类型，就可得到一个包含该文档全部图片的文件夹。

16.3　使用电子邮件发送Office文档

在 Microsoft Office 的众多组件中，Outlook 具有收发电子邮件的功能，它还可以用于管理联系人信息、记日记、安排日程、分配任务等。用户可以将编辑好的文档用电子邮件形式发送出去，发送的形式有多种，包括作为附件发送、发送链接、以 PDF 形式发送、以 XPS 形式发送、以 Internet 传真形式发送等。下面以作为附件发送 Office 文档为例进行介绍。

原始文件： 下载资源 \ 实例文件 \16\ 原始文件 \ 使用电子邮件发送 Office 文档 .docx
最终文件： 无

步骤 01　单击"作为附件发送"按钮

打开"下载资源 \ 实例文件 \16\ 原始文件 \ 使用电子邮件发送 Office 文档 .docx"，❶单击"文件"，在弹出的菜单中单击"共享"命令，❷在"共享"选项面板中单击"电子邮件"选项，❸单击右侧的"作为附件发送"按钮，如下图所示。

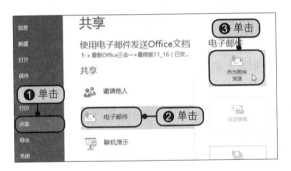

步骤 02　设置收件人

自动弹出 Outlook 窗口，在"邮件"选项卡中，可以看到电子邮件的发送界面，❶在"收件人"文本框中输入对方邮箱地址，❷需要发送的文档已作为"附件"形式自动添加在附件列表框中，如下图所示。

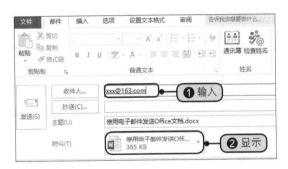

步骤 03　发送邮件

❶在"主题"文本框中输入文档主题，如"景区介绍"，❷在下方文本框中输入邮件内容，❸确认完成后单击"发送"按钮，如右图所示。

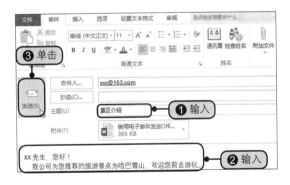

生存技巧：添加 Outlook 组件

当需要发送电子邮件时，用户可以选择使用 Outlook 组件。如果在安装时没有安装 Outlook，可重新运行 Office 2016 的安装程序，弹出安装向导，单击选中"添加或删除功能"单选按钮，单击"继续"按钮，在"安装选项"选项卡中单击"Microsoft Outlook> 从本机运行"选项，再单击"继续"按钮，即可完成 Outlook 组件的安装。

生存技巧：配置 Microsoft Outlook 2016

　　第一次使用 Outlook 组件，需要对其进行配置，在桌面上单击"开始"按钮，在弹出的菜单中依次单击"所有程序 >Microsoft Office>Microsoft Outlook 2016"选项，弹出"Microsoft Outlook 2016 启动"向导，单击"下一步"按钮，切换至"电子邮件账户"界面，单击"是"按钮，再单击"下一步"按钮，在"自动账户设置"界面中单击"电子邮件账户"按钮，再对邮箱地址进行设置，单击"下一步"按钮，设置成功后单击"完成"按钮，退出即可。

16.4 将数据保存到Web

　　"保存到 Web"功能即将文档保存在 OneDrive 中，这样即使用户不是在使用文档所在的计算机，只要具有 Web 连接，也可以处理文档，同时还可以轻松地与他人共享文档。Office 2016 的所有组件都有"保存到 Web"功能，在使用此功能时，需要登录 Windows Live ID 账户。这里以 Excel 组件为例，介绍这个功能的使用方法。

 原始文件： 下载资源 \ 实例文件 \16\ 原始文件 \ 将数据保存到 Web.xlsx
最终文件： 无

步骤01 将文档保存到Web

　　打开"下载资源 \ 实例文件 \16\ 原始文件 \ 将数据保存到 Web.xlsx"，单击"文件"按钮，❶在弹出的菜单中单击"另存为"命令，❷在"另存为"选项面板中单击"OneDrive"选项，❸单击右侧的"Sign In"按钮，如下图所示。

步骤02 输入电子邮箱地址

　　弹出"登录"对话框，❶输入需要登录的电子邮箱地址，❷单击"下一步"按钮，如下图所示。

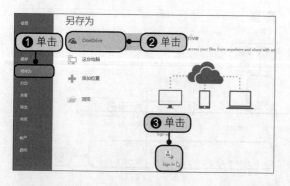

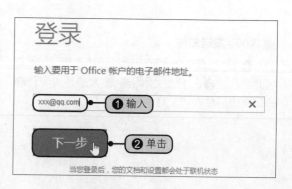

步骤03 输入密码

　　弹出"登录"对话框，❶在密码文本框中输入密码，❷完毕后单击"登录"按钮，如右图所示。

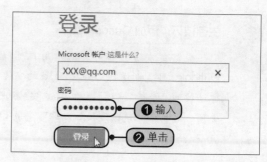

步骤04 选择保存位置

返回工作簿，此时在"另存为"选项右侧显示"×××的OneDrive"界面，单击"OneDrive–个人"按钮，如下图所示。

步骤05 保存工作簿

弹出"另存为"对话框，选择要保存的位置，❶在"文件名"文本框中输入工作簿名称，❷完毕后单击"保存"按钮，即可将其保存到OneDrive中，如下图所示。

生存技巧：加载 Windows Live 登录助手

Windows Live 登录助手可以帮助用户在不同的 Windows 产品上进行登录，若要安装登录助手，在进入OneDrive主页面时，会弹出提示框，给出 Windows Live 登录助手的简单介绍，单击右侧的"安装登录助手"链接，再根据提示完成安装操作即可。

16.5 在网络中创建Office文档

Microsoft Office Web Apps 是由微软推出的基于 Web 端的在线办公工具，它将 Microsoft Office 2016 产品的体验延伸到可支持该软件的浏览器上。作为在线版 Office 2016，它可为用户提供随时随地的办公服务，而且无需用户在本地安装微软 Office 客户端。

16.5.1 登录与创建在线文档

要使用 Office Web Apps，用户需使用有效的 Windows Live ID 进行登录，再选择相应的 Office 组件，在浏览器内使用该服务。

生存技巧：注册 Windows Live ID

如果用户没有Windows Live ID，就需要注册一个。在OneDrive登录界面中，单击"注册"按钮，进入"创建你的 Windows Live ID"页面，输入邮箱用户名、密码、备选电子邮件地址、姓氏、名字等信息，完毕后单击"接受"按钮，若输入的信息符合要求，即可注册成功。

步骤01 输入网址

打开 IE 浏览器,在地址栏中输入网址"https://onedrive.live.com/",如下图所示。

步骤03 选择Word组件

进入 OneDrive 主页面,❶在菜单栏中单击"新建"按钮,❷在展开的下拉列表中单击"Word文档"选项,如下图所示。

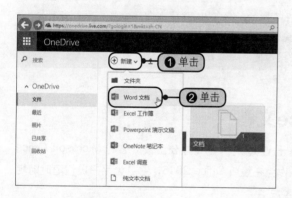

步骤05 设置标题文本格式

在完成文档输入后,❶选中标题文本,切换至"开始"选项卡,❷设置"字号"为"26",再单击"加粗"按钮,在"段落"组中单击"居中"按钮,如下图所示。

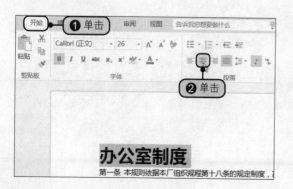

步骤02 输入Windows Live ID账户

打开 OneDrive 登录界面,❶在 Windows Live ID 文本框中输入邮箱地址,再输入密码,❷确认后单击"登录"按钮,如下图所示。

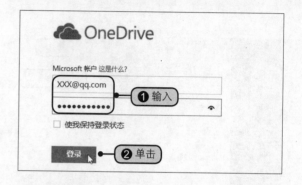

步骤04 输入文档内容

在浏览器新窗口中弹出 Word 文档页面,在文档编辑窗口中可以输入文档内容,如下图所示。

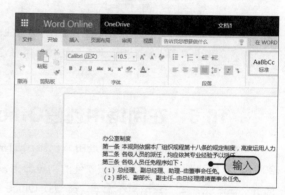

步骤06 设置除标题外的文本格式

❶选中除标题外的所有文本,切换至"开始"选项卡,❷设置"字号"为"16",如下图所示。

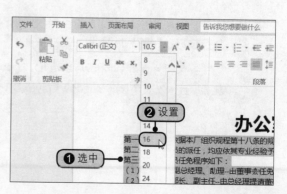

步骤 07　保存文档

文档格式设置完毕后，文档将自动保存到 OneDrive 中，关闭该网页选项卡，如下图所示。

步骤 08　修改文档名称

返回到 OneDrive 网页中，可以看到保存后的"文档 1"文档，右击该文档，在弹出的快捷菜单中单击"重命名"，修改文档名称为"办公室制度"，按【Enter】键完成，如下图所示。

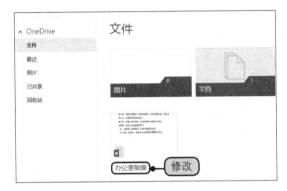

生存技巧：将 OneDrive 中的文档下载到电脑上

虽然在 OneDrive 中可以编辑文档，但有时用户会需要将保存在 OneDrive 中的文档下载到装有 Office 2016 软件的电脑上。在 OneDrive 中右击需要下载的文档，在弹出的快捷菜单中单击"下载"命令，在 IE 浏览器底部会弹出提示框，单击"保存"按钮，下载完毕后单击"打开文件夹"按钮，可查看和调取所下载文档。

16.5.2　查看保存到Web的文件

如果用户需要调取保存在 OneDrive 中的文档，只要有网络，就可以进入 OneDrive 主页面进行查看和使用。

步骤 01　输入网址

在 IE 浏览器的地址栏中输入网址"https://onedrive.live.com/"，如下图所示。

步骤 02　选择文档链接

按【Enter】键进入 OneDrive 主页面，❶在左侧单击"文件"按钮，在右侧选项面板中可以看到之前保存的"办公室制度"文档，❷单击该链接，如下图所示。

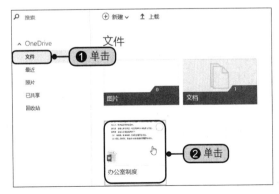

步骤03 打开文档

此时会在 IE 浏览器中打开"办公室制度 .docx"页面，如右图所示。

提示

在"文档"页面中，若单击 Public 文件夹，可以查看从 Word 软件中保存到 Web 的文档信息。

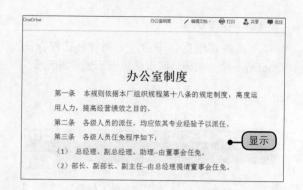

生存技巧：上载文件到 OneDrive 中

用户不仅可以直接保存文档在 OneDrive 中，还可以将已有的文档放入 OneDrive 中，以便在其他地方也可以使用该文档。进入 OneDrive 主界面，在菜单栏上单击"上载"按钮，弹出"选择要加载的文件"对话框，选择目标所在路径并将其选中，再单击"打开"按钮即可。

16.5.3 在OneDrive中设置文档的共享权限

保存在 OneDrive 中的所有文档，用户可以轻松与他人进行共享，并且能通过对这些文件或文件夹设置权限来限制其他人对它们的访问。

步骤01 单击"共享"按钮

按照前面的方法打开"办公室制度 .docx"页面，单击"共享"按钮，如下图所示。

步骤02 获取共享链接

❶在弹出的选项框中单击"获取链接"，❷在右侧选项面板中，单击"创建链接"按钮，如下图所示。

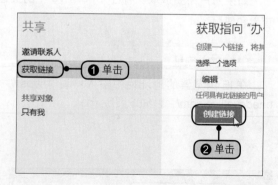

步骤03 单击"关闭"按钮

此时在下方展开文本框，❶在文本框中复制该链接，❷单击"关闭"按钮，如右图所示。之后将此链接发给想要分享的其他用户，他们便能对文档进行查看和编辑了。

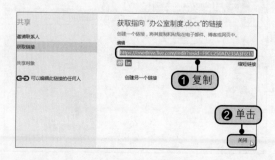

提　示

除了在"获取链接"选项面板共享文档外，用户还可以在邀请联系人选项中，输入对方的邮件地址，指定好友共享文档。

生存技巧：本地 OneDrive 同步

在电脑上安装 OneDrive 同步程序，可以实时将本地计算机与云端连接，用户也可以将新文档或图片等多媒体文件直接创建在 OneDrive 同步盘中。下载并安装 OneDrive 时，注意选择"让我能够通过其他设备访问此电脑上的文件"，这样就可以在其他设备上使用 OneDrive 账号来访问电脑上的文件。

16.6　使用家庭组实现Office文档共享

在工作中，用户编辑某个文档、数据或演示文稿时，可能需要与其他人共享资料等信息，Windows 8 操作系统中的"家庭组"功能可以完成这项工作。用户只需要创建或加入家庭组，再把资源共享到家庭组，这样家庭组中的所有计算机就可以共享这些资源。但是只有运行 Windows 7 或 Windows 8 的计算机才能加入家庭组。

16.6.1　创建家庭组

与普通局域网相比，使用家庭组共享文件更加方便和快捷。如果要创建家庭组，需要在"控制面板中"中打开"家庭组"窗口进行设置。

步骤 01　单击"控制面板"命令

将鼠标指针放在屏幕右上角位置，在弹出的菜单中单击"设置"命令，然后在弹出的菜单中选择"控制面板"命令，如下图所示。

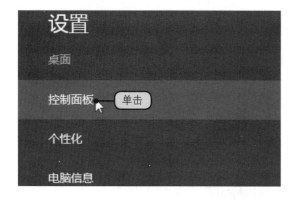

步骤 02　选择家庭组链接

打开"控制面板"窗口，在"调整计算机的设置"选项组中单击"选择家庭组和共享选项"，如下图所示。

 提　示

若要加入一个家庭组，首先要从建立该家庭组的用户那里获取家庭组密码，再进入"家庭组"窗口，单击"立即加入"按钮，在弹出的向导中输入获取的密码，即可加入。

步骤03 单击"创建家庭组"按钮

进入"家庭组"窗口,单击"立即加入"按钮,如下图所示。

步骤04 选择您要共享的内容

单击"下一步"按钮,弹出"加入家庭组"向导对话框,❶在"选择要共享的文件和设备,并设置权限级别"中设置要共享的内容,❷单击"下一步"按钮,如下图所示。

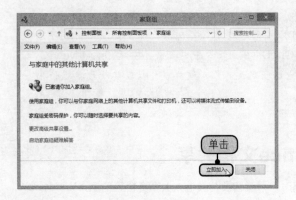

步骤05 显示创建的家庭组密码

在界面中显示此家庭组的密码,用户需要记住该密码,单击"完成"按钮即可,如右图所示。

16.6.2 更改家庭组密码

创建家庭组时生成的密码是系统随机给出的,有时这个密码很难记住,为了方便使用,用户可以根据自己的需要更改密码。

步骤01 单击"更改密码"链接

按照前面的方法打开"家庭组"窗口,单击"更改密码"链接,如下图所示。

步骤02 单击"更改密码"按钮

打开"更改家庭组密码"向导对话框,单击"更改密码"按钮,如下图所示。

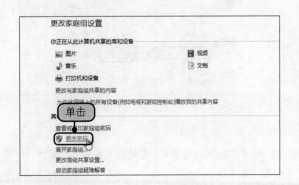

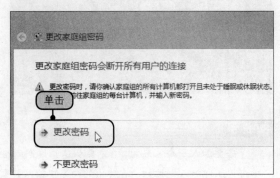

步骤03　设置新密码

切换至新的界面，在文本框中输入新的家庭组密码，如下图所示。

步骤04　完成更改家庭组密码

单击"下一步"按钮，界面中显示"更改家庭组密码成功"，确认后单击"完成"按钮，如下图所示。

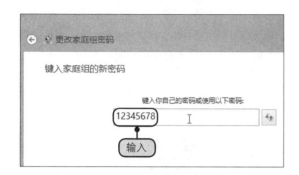

📁📁 **生存技巧：将计算机都设置为相同工作组**

在局域网中，只有当计算机的工作组在同一域名下时，才能实现文件共享。如果局域网中有计算机没有安装 Windows 8 系统，也可以按照一般局域网的设置来共享文件。右击"计算机"图标，在弹出的快捷菜单中单击"属性"命令，打开"系统"窗口，在右侧界面中单击"更改设置"，在弹出的对话框中切换至"计算机名"选项卡，单击"更改"按钮，在弹出的对话框中输入计算机名，单击选中"工作组"单选按钮，输入工作组名称，单击"确定"按钮，再重启计算机即可。

16.6.3　共享资源到家庭组

将家庭组密码分享给其他计算机用户后，将文件共享到家庭组中，大家就可以共享资源了。这里说明如何将"文档"文件夹共享到家庭组中。

步骤01　选择共享文件

❶右击需要共享的文件夹"文档"，❷在弹出的快捷菜单中单击"共享 > 高级共享"命令，如下图所示。

步骤02　单击"高级共享"按钮

弹出"文档属性"对话框，单击"高级共享"按钮，如下图所示。

步骤03 共享文件夹

弹出"高级共享"对话框，❶在其中勾选"共享此文件夹"选项，❷然后单击"权限"按钮，如下图所示。

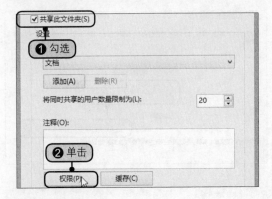

步骤05 完成文件夹的共享

依次单击"确定"按钮，在文档属性对话框中就可以看到该文件夹共享的网络路径，如右图所示。

步骤04 设置权限

在弹出的"文档的权限"对话框中，❶可以设置访问该文件夹的家庭组成员的权限，❷设置完毕后，单击"确定"按钮，如下图所示。

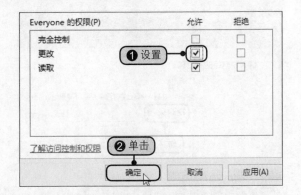

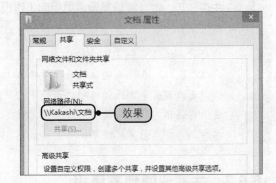

生存技巧：访问其他计算机的共享资源

若要访问其他计算机的共享资源，可以在桌面上双击"网络"图标，打开"网络"窗口，在界面中将显示局域网中的计算机名，双击目标计算机名，打开目标计算机的共享文件夹窗口，即可看到该用户在局域网中共享的文件夹。

16.6.4 离开家庭组

当用户不再需要使用家庭组共享资源时，可以离开家庭组。需要注意的是：如果家庭组创建者离开，那么这个家庭组将会取消。

步骤01 单击"离开家庭组"链接

按照前面的方法打开"家庭组"窗口，在"其他家庭组操作"选项组中，单击"离开家庭组"，如右图所示。

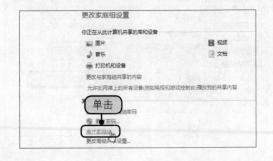

步骤 02　确认离开家庭组

弹出"离开家庭组"向导，提示用户"会断开此计算机上所有家庭组的连接"，单击"离开家庭组"，如下图所示。

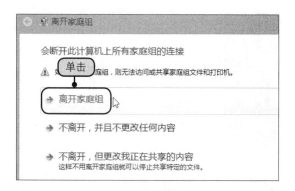

步骤 03　成功离开家庭组

经过操作后，会在界面中显示"你已成功离开家庭组"，确认后单击"完成"按钮即可，如下图所示。

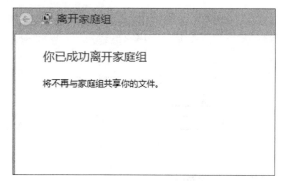

16.7　实战演练——与同事共同填写办公用品需求表并保存到Web

在日常办公时，公司通常会定期添补办公用品。如果每个部门都提交一张办公用品需求表，会产生繁杂的登记工作。但如果让每个部门都在同一张办公用品需求表中填写数据，那么这项登记工作就能变得简单快捷了。

原始文件：下载资源 \ 实例文件 \16\ 原始文件 \ 办公用品需求表 .xlsx
最终文件：无

步骤 01　单击"共享工作簿"按钮

打开"下载资源 \ 实例文件 \16\ 原始文件 \ 办公用品需求表 .xlsx"，切换至"审阅"选项卡，在"更改"组中单击"共享工作簿"按钮，如下图所示。

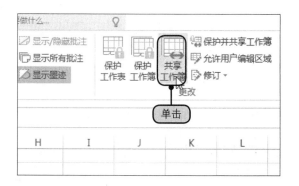

步骤 02　允许用户同时编辑

弹出"共享工作簿"对话框，在"编辑"选项卡中勾选"允许多用户同时编辑，同时允许工作簿合并"复选框，如下图所示。完毕后单击"确定"按钮。

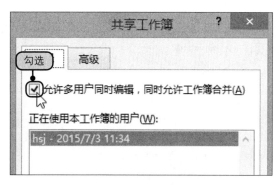

步骤03 确认继续

弹出 Microsoft Excel 对话框，询问用户"此操作导致保存文档，是否继续？"，单击"确定"按钮，如下图所示。

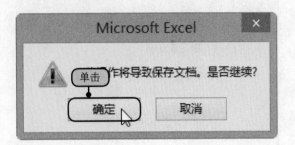

步骤05 另存为设置

弹出"另存为"对话框，❶选择工作簿共享的文件夹所在路径，❷保留"文件名"和"保存类型"设置，❸单击"保存"按钮，如下图所示。

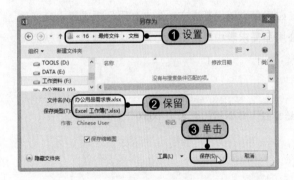

步骤07 单击"高级共享"按钮

弹出"文档属性"对话框，在"共享"选项卡中单击"高级共享"按钮，如下图所示。

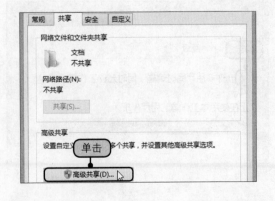

步骤04 单击"另存为"命令

单击"文件"按钮，在弹出的菜单中单击"另存为 > 浏览"命令，如下图所示。

步骤06 单击"属性"命令

打开工作簿的保存路径，❶右击待共享的文件夹，❷在弹出的快捷菜单中单击"属性"命令，如下图所示。

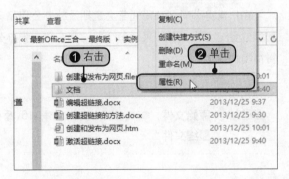

步骤08 确认共享名

弹出"高级共享"对话框，❶勾选"共享此文件夹"复选框，❷在"共享名"文本框中自动显示共享的文件夹名，单击"确定"按钮，如下图所示。

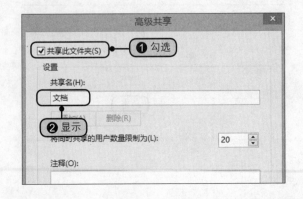

步骤 09　显示共享的文件夹

此时在"文档属性"对话框中可以看到共享的网络路径，如下图所示。

步骤 10　双击"网络"图标

如果要从其他电脑中打开共享的工作簿，在桌面上双击"网络"图标，如下图所示。

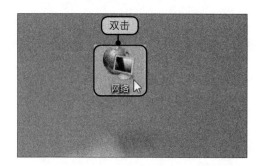

提 示

若桌面上没有"网络"图标，可以右击桌面空白处，在弹出的快捷菜单中单击"个性化"命令，打开"个性化"窗口，在左侧单击"更改桌面图标"链接，弹出"桌面图标设置"对话框，勾选"网络"复选框，再单击"确定"按钮即可。

步骤 11　选择局域网中的计算机

打开"网络"窗口，其界面会显示局域网中的计算机名，双击目标计算机名，如下图所示。

步骤 12　打开共享文件夹

打开目标计算机共享文件夹窗口，可看到该用户在局域网中共享的文件夹，双击"文档"文件夹图标，如下图所示。

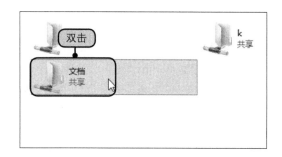

步骤 13　打开共享的文件

打开"文档"文件夹窗口，可以看到用户共享的"办公用品需求表"工作簿，双击共享的工作簿，如下图所示。

步骤 14　录入数据

打开共享的工作簿后，❶在对应的单元格中输入自己部门的办公用品需求信息，❷完毕后单击"保存"按钮，如下图所示。

步骤15 **显示其他部门录入的数据**

当用户再次单击"保存"按钮时，若其他部门录入了数据，则会在工作表中显示出来，如下图所示。

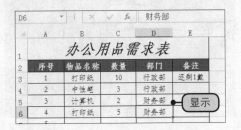

步骤17 **输入电子邮箱地址**

弹出"登录"对话框，❶输入需要登录的电子邮箱地址，❷单击"下一步"按钮，如下图所示。

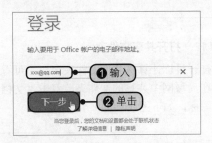

步骤19 **选择保存位置**

返回工作簿，此时在"另存为"选项右侧显示 ×××的 OneDrive 界面，单击"OneDrive–个人"按钮，如下图所示。

步骤16 **保存到Web**

要将该工作簿发送到 OneDrive 进行网络共享，可单击"文件"按钮，❶在弹出的菜单中单击"另存为"命令，❷在选项面板中单击"OneDrive"选项，❸单击"Sign In"按钮，如下图所示。

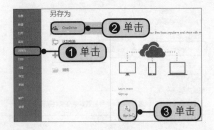

步骤18 **输入密码**

弹出"登录"对话框，在密码文本框中输入密码，完毕后单击"登录"按钮，如下图所示。

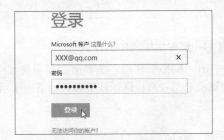

步骤20 **选择保存到Web的位置**

弹出"另存为"对话框，选择要保存的位置，❶在"文件名"文本框中输入工作簿名称，❷完毕后单击"保存"按钮，如下图所示。该文件将保存到 OneDrive 中。

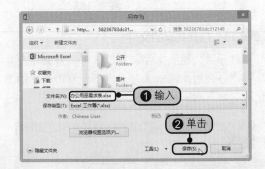

提示

在录入数据的时候，为了不覆盖其他用户录入的数据，每个部门要区分清楚自己部门的单元格区域，例如人事部在单元格区域 A3:E7 中输入数据，而行政部在单元格区域 A8:E12 中输入数据，以此类推，安排好所有部门的数据区域。

第17章

Office组件之间的协作

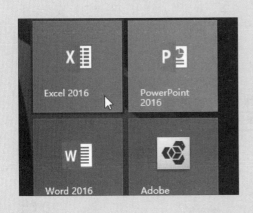

Microsoft Office 软件的一大优点就是能够互相协同工作，不同的应用程序之间可以进行内容交换。在日常工作中，经常会需要几个组件进行协同工作，如果懂得利用 Office 各组件配合工作，将会有效提高工作效率。

知识点

1. Word 2016 与其他组件的协作
2. 将 Excel 数据复制到其他组件中
3. 将 Word 文档转换为幻灯片
4. 将演示文稿内容保存为 Word 形式

17.1 Word 2016与其他组件的协作

Word 2016 不仅可以编辑文本、插入图片，还可以插入表格并进行计算。当用户在编辑其他组件时，如果需要用到 Word 中的数据内容，可以直接将其复制进去，而不需要重新再编辑。

17.1.1 将Word 表格及数据复制到其他组件中

在 Excel、PowerPoint 组件中，用户可以将 Word 表格及数据移动到工作簿或演示文稿中。下面将 Word 中的表演节目表复制到 Excel 工作簿中。

原始文件：下载资源 \ 实例文件 \17\ 原始文件 \Word 2016 与其他组件的协作 .docx
最终文件：下载资源 \ 实例文件 \17\ 最终文件 \ 将 Word 表格及数据复制到其他组件中 .xlsx

步骤 01 选中表格

打开"下载资源 \ 实例文件 \17\ 原始文件 \Word 2016 与其他组件的协作 .docx"，单击表格左上角的 按钮，选中表格，如下图所示。

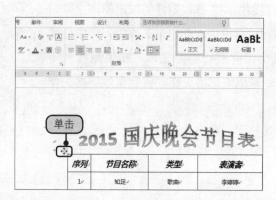

步骤 02 复制表格

切换至"开始"选项卡，在"剪贴板"组中单击"复制"按钮，如下图所示。

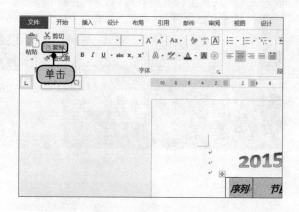

步骤 03 启动Excel 2016

单击 Windows 8 磁贴中的 Excel 2016 图标，如下图所示，启动 Excel 2016 并新建一个空白工作簿。

步骤 04 选择粘贴选项

在其中一张工作表中选中需要粘贴的单元格，切换至"开始"选项卡，❶在"剪贴板"组中单击"粘贴"下三角按钮，❷在展开的下拉列表中单击"保留源格式"选项，如下图所示。

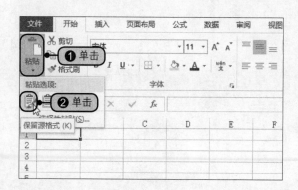

步骤05　显示复制表格的效果

此时，之前在 Word 文档中的表格被复制到了 Excel 的指定位置，并且表格保留了在 Word 中的格式，如右图所示。

提示

在粘贴复制了 Word 文档后，Excel 表格的列宽可能会改变，此时可以拖动列标签的边缘进行调整，让表格数据更加清楚整洁。

序列	节目名称	类型	表演者
1	知足	歌曲	李婷婷
2	此情可待	歌曲	汪竟立
3	青春之约	小品	钟明秋
4	千手观音	舞蹈	刘小磊、张明佳、冯科
5	Bad Boy	舞蹈	沈玉倩
6	独轮车	杂技	陈凯

17.1.2　在其他组件中插入Word中的文字

很多时候，用户需要把在 Word 中编辑的文档插入到 Excel 或 PowerPoint 中。使用 Office 组件中的插入对象功能，就可以完成这项工作。下面举例说明如何在 Excel 中插入 Word 文档。

生存技巧：在 Excel 中插入 Word 对象

使用 Excel 中的插入对象功能，可以在 Excel 中插入 Word 文档。在工作表中选择单元格区域，切换至"插入"选项卡，单击"对象"按钮，在"对象"对话框的"对象类型"列表框中单击"Microsoft Word 文档"选项，再单击"确定"按钮，于是在所选的单元格区域处就插入了 Word 文档的编辑框，在 Word 文档编辑框中输入文本内容即可。

原始文件： 下载资源 \ 实例文件 \17\ 原始文件 \ 在其他组件中插入 Word 中的文字 .docx
最终文件： 下载资源 \ 实例文件 \17\ 最终文件 \ 在其他组件中插入 Word 中的文字 .xlsx

步骤01　启动Excel 2016

单击 Windows 8 磁贴中的 Excel 2016 图标，启动 Excel 2016 应用程序，如下图所示。

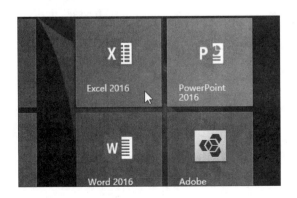

步骤02　单击"对象"按钮

打开一个空白 Excel 表格，切换至"插入"选项卡，单击"对象"按钮，如下图所示。

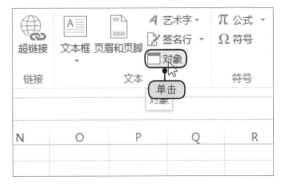

步骤03 单击"浏览"按钮

弹出"对象"对话框，❶切换至"由文件创建"选项卡，❷单击"浏览"按钮，如下图所示。

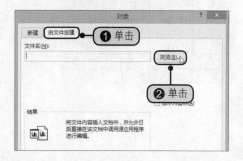

步骤04 选择对象文档

弹出"浏览"对话框，❶选择 Word 文件所在路径，❷选中文件，❸单击"插入"按钮，如下图所示。

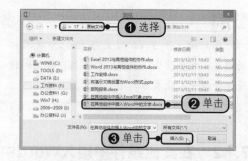

步骤05 确认插入

返回"对象"对话框，显示文件所在路径，如下图所示。确认无误后单击"确定"按钮。

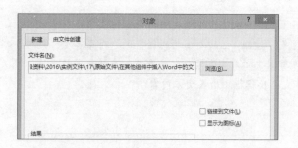

步骤06 编辑文档对象

在工作表中插入了文档对象，如果需要重新编辑文本，❶右击文档，❷在弹出的快捷菜单中单击"Document 对象 >Edit"命令，如下图所示。

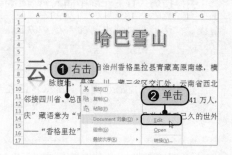

生存技巧：导入并同步来自网站的数据

Excel 工作表不仅可以用于编辑数据，还可以导入并同步来自网站的数据信息。在"数据"选项卡的"获取外部数据"组中单击"自网站"按钮，打开"新建 Web 查询"页面。在地址栏中输入网站地址，单击"导入"按钮，弹出"导入数据"对话框，设置数据存放的位置，再单击"确定"按钮，即可在 Excel 工作簿中显示导入的网站数据。为了使工作表当中的数据与网站中的数据进行同步，还可以设置同步刷新的频率，右击任意数据，在弹出的快捷菜单中单击"数据范围属性"命令，在打开的对话框中设置刷新频率即可。

步骤07 显示Word功能区

此时界面转换为 Word 文档功能区，用户可以对文本和段落进行重新编辑，如右图所示。

提示

　　在Excel工作表中右击Word文档对象，在弹出的快捷菜单中选择"文档对象>打开/转换"命令（打开是将Word文档的源文档打开，转换是在"类型转换"对话框中重新选择对象类型）。

生存技巧：在演示文稿中插入Word空白文档并显示为图标

　　如果用户在使用PowerPoint 2016编辑演示文稿时需要编写大段文字，则可考虑在演示文稿中插入Word文档，并将其显示为图标，当需要时再双击查看。打开"插入对象"对话框，单击选中"新建"单选按钮，在右侧列表框中单击"Microsoft Word文档"选项，单击"确定"按钮，在右侧勾选"显示为图标"复选框，再单击"确定"按钮即可。

17.2　Excel 2016与其他组件的协作

　　在日常工作中，用户往往需要协作使用Office的多个组件。Word用于编辑文本和排版，Excel用于制作数据和图表，PowerPoint用于制作与发布演示文稿等。与Word相同，用户可以在其他组件中合理应用Excel的协作功能，更加快捷地完成工作。

17.2.1　将Excel数据复制到其他组件中

　　直接使用"复制"和"粘贴"功能复制Excel数据表，与用户在Word或PowerPoint中创建的数据表没有任何区别。

1．复制单元格区域

　　使用"复制"功能复制单元格区域，在粘贴时有多个粘贴选项可供选择，包括"保留源格式""使用目标样式""链接与保留源格式""链接与使用目标格式""图片""只保留文本""选择性粘贴"等。用户需要根据数据的具体使用情况决定采用哪种粘贴方式。

原始文件： 下载资源\实例文件\17\原始文件\Excel 2016与其他组件的协作.xlsx
最终文件： 下载资源\实例文件\17\最终文件\复制单元格区域.docx

生存技巧：在Word文档中插入Excel工作表

　　使用"对象"功能，也可以将Excel表格插入到Word文档中。在"对象类型"列表框中单击"Microsoft Excel工作表"选项，单击"确定"按钮，就在Word文档中插入了Excel工作表，再在工作表中输入数据即可。

步骤01　复制单元格区域

打开"下载资源 \ 实例文件 \17\ 原始文件 \ Excel 2016 与其他组件的协作 .xlsx",选中需要复制的单元格区域 A1:G10,❶右击鼠标,❷在弹出的快捷菜单中单击"复制"命令,如下图所示。

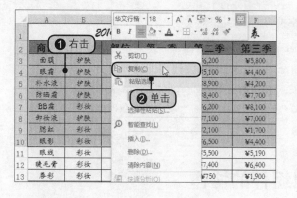

步骤03　在文档中显示复制的单元格区域

此时文档中显示了所复制的 Excel 单元格区域,如右图所示。

 提示

　　直接按【Ctrl+C】和【Ctrl+V】组合键也能快速完成表格的复制粘贴,用这种方式将表格粘贴到 Word 中后,再在表格的右下角单击"粘贴选项"按钮,选择粘贴格式。

步骤02　在文档中粘贴单元格区域

打开一个空白的 Word 文档,切换至"开始"选项卡,❶在"剪贴板"组中单击"粘贴"下三角按钮,❷在展开的下拉列表中单击"保留源格式"选项,如下图所示。

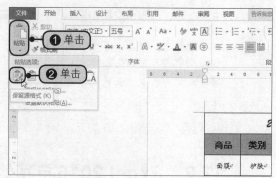

生存技巧:在 Word 文档中插入 Excel 图表对象

　　虽然在 Word 中可以直接创建图表,但有时还是需要在 Word 中调用 Excel 来处理一些较为复杂的数据关系。在 Word 文档中切换至"插入"选项卡,单击"对象"按钮,在"对象类型"列表框中单击"Microsoft Excel 图表"选项,再单击"确定"按钮,此时在 Word 文档中插入了 Excel 图表编辑框;切换至工作表标签"Sheet1",在其中输入需要的数据;返回工作表"Chart1",即可看到完成的 Excel 图表。

2. 复制为图片

除了复制单元格区域为表格形式外,用户还可以用"复制为图片"功能,将单元格区域、图表粘贴为图片。

原始文件: 下载资源 \ 实例文件 \17\ 原始文件 \ Excel 2016 与其他组件的协作 .xlsx
最终文件: 下载资源 \ 实例文件 \17\ 最终文件 \ 复制为图片 .docx

生存技巧：屏幕截图实现 Excel 数据的复制

除了通过复制单元格和复制图片的方式将表格数据内容展示在 Word 中，用户还可以直接通过截图软件或者是使用 Word 软件中的"屏幕截图"功能来实现。打开一个 Excel 数据表格，然后在 Word 中单击"插入"选项卡下"插图"组中的"屏幕截图"按钮，在展开的列表中单击"屏幕剪辑"选项即可。

步骤01 选择单元格区域

打开"下载资源 \ 实例文件 \17\ 原始文件 \Excel 2016 与其他组件的协作 .xlsx"，选择单元格区域 A1：G18，如下图所示。

步骤02 单击"复制为图片"选项

切换至"开始"选项卡，❶在"剪贴板"组中单击"复制"下三角按钮，❷在展开的下拉列表中单击"复制为图片"选项，如下图所示。

步骤03 设置复制图片

弹出"复制图片"对话框，❶单击"如屏幕所示"按钮，❷在"格式"选项组中单击选中"图片"单选按钮，❸再单击"确定"按钮，如下图所示。

步骤04 在文档中粘贴

打开一个空白 Word 文档，❶右击鼠标，❷在弹出的快捷菜单中单击"粘贴"命令，如下图所示。

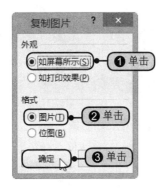

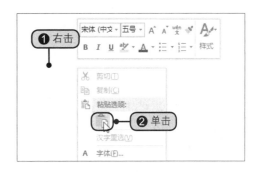

步骤05 显示在文档中复制为图片的效果

此时在文档中粘贴了复制为图片的 Excel 单元格区域，如右图所示。

生存技巧：将幻灯片插入到 Excel 中

　　如果要在 Excel 工作表中插入幻灯片，可以在 Excel 工作表中单击"对象"按钮，切换至"新建"选项卡，在其列表框中单击"Microsoft PowerPoint 幻灯片"选项，再单击"确定"按钮。此时在 Excel 中打开了幻灯片的编辑窗口，用户就可以在工作表中设置幻灯片。

17.2.2　在其他组件中插入Excel对象

　　在 Office 2016 中，可以通过插入"对象"功能，协同使用各组件。下面以在 PowerPoint 演示文稿中插入 Excel 对象为例进行介绍。

 原始文件： 下载资源 \ 实例文件 \17\ 原始文件 \ 在其他组件中插入 Excel 对象 .pptx、
　　　　　　Excel 2016 与其他组件的协作 .xlsx
　　最终文件： 下载资源 \ 实例文件 \17\ 最终文件 \ 在其他组件中插入 Excel 对象 .pptx

步骤01　选择要插入Excel对象的幻灯片

　　打开"下载资源 \ 实例文件 \17\ 原始文件 \ 在其他组件中插入 Excel 对象 .pptx"，❶选中第 2 张幻灯片，❷并将光标定位到内容占位符中，如下图所示。

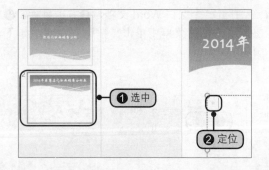

步骤 03　选择由文件创建

　　弹出"插入对象"对话框，❶单击"由文件创建"按钮，❷再单击"浏览"按钮，如下图所示。

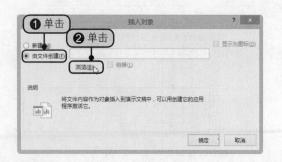

步骤02　单击"对象"按钮

　　切换至"插入"选项卡，在"文本"组中单击"对象"按钮，如下图所示。

步骤 04　选择Excel对象

　　弹出"浏览"对话框，❶在地址栏中选择 Excel 工作簿所在路径，❷将其选中，❸确认后单击"确定"按钮，如下图所示。

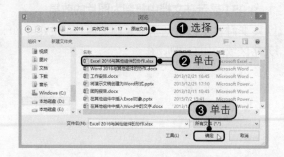

步骤 05 确认插入的Excel对象

返回"插入对象"对话框，在"文件"文本框中显示 Excel 对象路径，单击"确定"按钮，如下图所示。

步骤 06 显示插入的Excel对象

在第二张幻灯片中，显示出插入的 Excel 表格，用户可以在幻灯片中双击表格，重新编辑表格数据，如下图所示。

生存技巧：隐藏插入的 Excel 表格内容

通过以上方式插入 Excel 对象后，插入的是 Excel 的表格内容，如果用户想要让插入的表格隐藏，而仅仅通过单击图标来展示，就可以在"插入对象"对话框中勾选"显示为图标"复选框，如果用户对图标的样式不满意，还可以单击"更改图标"按钮来进行更改，如右图所示。

17.3 PowerPoint 2016与其他组件的协作

在 Office 的众多组件中，PowerPoint 演示文稿常用于展示商品、教学、流程等内容。当需要在幻灯片中编辑文档和表格时，可以选择应用 Word 和 Excel 组件。因此用户需要了解如何应用 Office 的协作功能来制作更完善的 PowerPoint 幻灯片。

17.3.1 将Word文档转换为幻灯片

当用户需要将已经编辑好的文本做成演示文稿时，不必在 PowerPoint 中重新编辑，此时只需将文档复制到幻灯片中即可。

原始文件: 下载资源 \ 实例文件 \17\ 原始文件 \ 工作安排 .docx
最终文件: 下载资源 \ 实例文件 \17\ 最终文件 \ 将 Word 文档转换为幻灯片 .pptx

步骤 01 复制文档

打开"下载资源 \ 实例文件 \17\ 原始文件 \ 工作安排 .docx"，❶按【Ctrl+A】组合键选中全部文本，右击鼠标，❷在弹出的快捷菜单中单击"复制"命令，如右图所示。

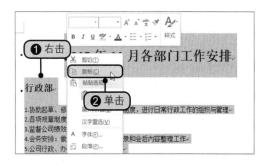

步骤 02　启动PowerPoint 2016

单击 Windows 8 磁贴中的 PowerPoint 2016 图标，如下图所示。启动 PowerPoint 2016 应用程序。

步骤 04　显示粘贴的文本

此时会在"大纲窗格"中显示所复制的文档，在右侧幻灯片中显示凌乱的文本，如下图所示。

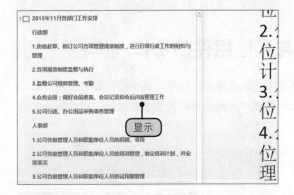

步骤 06　切分第一张幻灯片

按【Enter】键，即将光标后的文本切分为第2张幻灯片，按照同样的方法切分其他幻灯片，如下图所示。

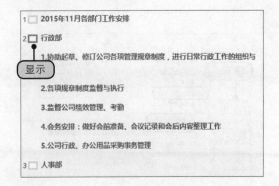

步骤 03　在演示文稿中粘贴文本

打开空白演示文稿，❶在"视图"选项卡中切换至"大纲视图"，右击鼠标，❷在弹出的快捷菜单中单击"粘贴选项 > 保留源格式"命令，如下图所示。

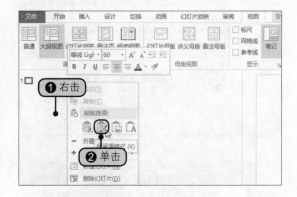

步骤 05　选择切分幻灯片的位置

将光标定位到大纲窗格中需要切分的文本位置，如下图所示。

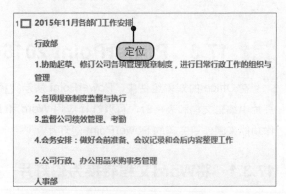

步骤 07　显示每张幻灯片

切换至"普通视图"中，如果新切分的幻灯片文本内容的位置有异常，用户可进行调整，如下图所示。

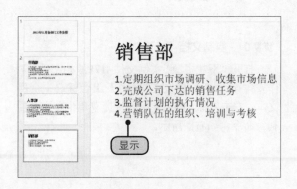

步骤 08　设置幻灯片主题

完成内容调整后，切换至"设计"选项卡，在"主题"样式库中选择"主要事件"样式，如下图所示。

步骤 09　完成主题效果添加的演示文稿

此时，Word 文档就成功转换为演示文稿了，如下图所示。

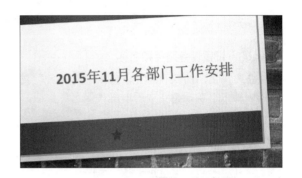

生存技巧：在幻灯片中导入已有文档

如果需要在幻灯片中导入已编辑完成的文档内容，可以在"插入对象"对话框中，单击"由文件创建"按钮，单击"浏览"按钮，弹出"浏览"对话框，选择文档所在路径并将其选中，单击"打开"按钮，返回"插入对象"对话框，单击"确定"按钮，即能在幻灯片中显示导入的文档。这时文档是作为一个对象插入到当前幻灯片中的。

17.3.2　将演示文稿内容保存为Word形式

当用户需要将演示文稿中所有幻灯片集中保存到 Word 文档中时，可以先将演示文稿保存为人纲 RTF 文件，再打开。

原始文件： 下载资源 \ 实例文件 \17\ 原始文件 \ 将演示文稿创建为 Word 形式 .pptx
最终文件： 下载资源 \ 实例文件 \17\ 最终文件 \ 工作安排 .rtf、工作安排 .docx

步骤 01　单击"另存为"命令

打开"下载资源 \ 实例文件 \17\ 原始文件 \ 将演示文稿创建为 Word 形式 .pptx"，单击"文件"按钮，在弹出的菜单中单击"另存为 > 浏览"命令，如下图所示。

步骤 02　更改保存类型

弹出"另存为"对话框，❶单击"保存类型"下三角按钮，❷在展开的下拉列表中单击"大纲 / RTF 文件"选项，如下图所示。

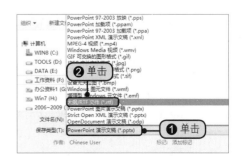

生存技巧：将已有文档内容导入到幻灯片中

当用户需要将文档内容转换为幻灯片时，可采用直接导入的方法。单击"新建幻灯片"按钮，在展开的库中单击"幻灯片（从大纲）"选项，弹出"插入大纲"对话框，选择文本文件或 Word 文档，单击"打开"按钮，就会在 PowerPoint 中看到文档已转换成幻灯片。

步骤 03 设置保存路径和名称

❶选择文档的保存路径，❷在"文件名"文本框中输入名称，❸完毕后单击"保存"按钮，如下图所示。

步骤 04 单击"打开"命令

打开空白 Word 文档，单击"文件"按钮，在弹出的菜单中单击"打开>浏览"命令，如下图所示。

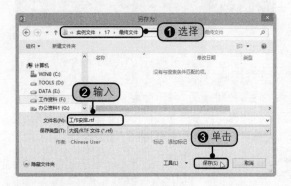

步骤 05 选择要打开的文档

弹出"打开"对话框，❶选中之前保存的 RTF 格式文档，❷单击"打开"按钮，如下图所示。

步骤 06 显示打开的RTF格式文档

此时即可在 Word 文档中显示打开的 RTF 格式文档，如下图所示。

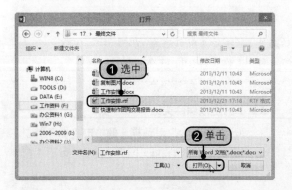

人事部 显示

- 1.公司各级管理人员和职能单位人员的招聘、录用。
- 2.公司各级管理人员和职能单位人员的培训管理，制定培训计划，并安排落实。
- 3.公司各级管理人员和职能单位人员的试用期管理。
- 4.公司各级管理人员和职能单位人员的薪资、社保与福利管理。

生存技巧：将演示文稿创建为 Word 讲义形式

用户不仅可以将 Word 转化成幻灯片，也可以将幻灯片转换成 Word 的讲义形式。在演示文稿中单击"文件"按钮，在展开的菜单中单击"导出"命令，在右侧单击"创建讲义"选项，并单击"创建讲义"按钮，在弹出的对话框中，选择幻灯片布局版式，确定后，就会按相应版式生成幻灯片的 Word 讲义，用户可以在讲义中的下画线处输入需要的讲义内容。

步骤 07　单击"另存为"命令

此时文档为 RTF 格式,在标题栏显示为"兼容模式"。需要将其保存为 Word 文档格式,单击"文件"按钮,在弹出的菜单中单击"另存为"命令,然后在右侧单击"浏览"按钮,如下图所示。

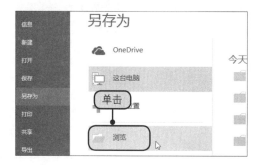

步骤 08　选择保存类型与路径

弹出"另存为"对话框,❶在"保存类型"下拉列表中单击"Word 文档"选项,❷选择保存该文档的路径,❸完毕后单击"保存"按钮,如下图所示。

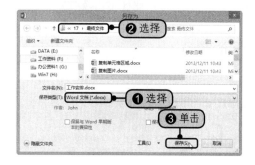

步骤 09　显示创建完成的Word文档

此时便完成了将演示文稿创建为 Word 形式的操作,如右图所示。

生存技巧:将 Word 中的表格导入到演示文稿中

当用户手头只有 Word 表格时,如果想将表格导入到演示文稿中,除了可以直接通过复制粘贴的方式外,还可以使用"插入对象"功能。其方法和 17.2.2 小节中的类似,但是在默认情况下,Word 文件会完全被插入到当前演示文稿中,如果希望演示文稿中插入后的表格会随 Word 原文件中的表格一起变化,则可以勾选"插入对象"对话框中的"链接"复选框。

▌▌▌ 17.4　实战演练——快速制作团购交易报告

团购就是商家根据薄利多销的原理,给出低于零售价格的团购折扣和单独购买享受不到的优惠来吸引消费者的营销策略。当商家想要制定一个团购销售方案时,可先对市场上畅销的商品的类别进行统计,并制作成报告。报告的主体可在 Word 文档下完成,用户可以在其中插入 Excel 表格和图表来分析调查数据。如果要进行幻灯片放映,也可以直接将文档转换成 PowerPoint 演示文稿。

原始文件: 下载资源 \ 实例文件 \17\ 原始文件 \ 团购报告 .docx

最终文件: 下载资源 \ 实例文件 \17\ 最终文件 \ 快速制作团购交易报告 .docx、快速制作团购交易报告 .pptx

步骤01　定位光标

打开"下载资源\实例文件\17\原始文件\团购报告.docx"，将光标定位至需插入Excel对象的位置，如下图所示。

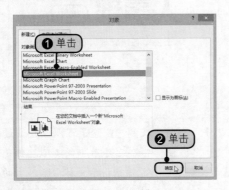

步骤03　选择新建Excel工作表类型

弹出"对象"对话框，❶在"对象类型"列表框单击"Microsoft Excel Worksheet"选项，❷单击"确定"按钮，如下图所示。

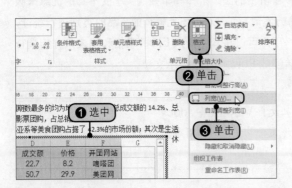

步骤05　设置表格列宽

此时功能区变为Excel功能区，❶选择单元格区域A1:F6，❷在"开始"选项卡的"单元格"组中单击"格式"按钮，❸在展开的下拉列表中单击"列宽"选项，如下图所示。

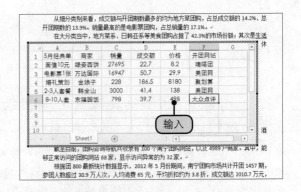

步骤02　单击"对象"按钮

切换至"插入"选项卡，在"文本"组中单击"对象"按钮，如下图所示。

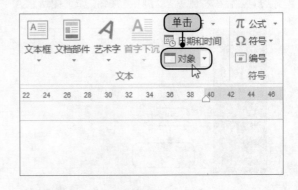

步骤04　输入表格数据

此时在文档中插入了Excel表格对象，用户可直接在表格中输入数据，如下图所示。

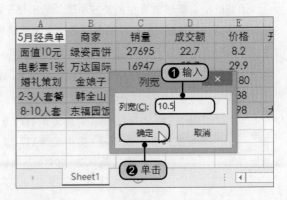

步骤06　设置列宽值

弹出"列宽"对话框，❶在文本框中输入"10.5"，❷单击"确定"按钮，如下图所示。

步骤 07　设置自动换行

设置列宽后，如果还不能完全显示表格数据，可以在"对齐方式"组中单击"自动换行"按钮，如下图所示。

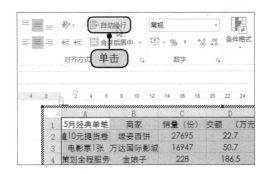

步骤 08　设置字体格式

此时，超出单元格列宽的内容自动换行显示。❶在"对齐方式"组中单击"居中"按钮，❷在"字体"组中设置"字体"为"华文细黑"，如下图所示。

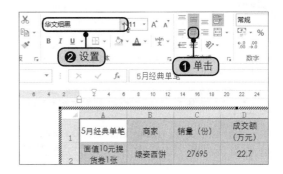

步骤 09　调整表格大小

此时如果表格数据并没有填满整个表格，可以调整 Excel 表格对象的大小。将鼠标放置在表格右下角，待其呈双箭头状，按住鼠标左键，拖动至适当位置，如下图所示。

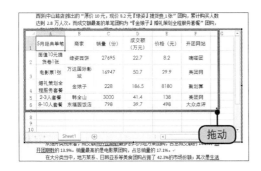

步骤 10　在文档中调整表格段落

释放鼠标，完成表格大小的调整操作。在文档中切换至"开始"选项卡，在"段落"组中单击"居中"按钮，将表格居中显示，如下图所示。

步骤 11　复制文档内容

按【Ctrl+A】组合键，❶选中文档中的所有内容，右击鼠标，❷在弹出的快捷菜单中单击"复制"命令，如下图所示。

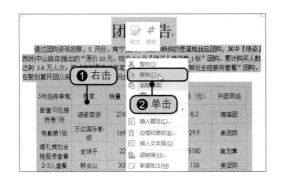

步骤 12　在演示文稿中粘贴

打开空白演示文稿，打开"视图"选项组，单击"大纲视图"，❶在"大纲"窗格中选中第一张幻灯片并右击，❷在弹出的快捷菜单中单击"保留源格式"命令，如下图所示。

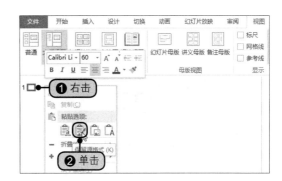

最新 Office 2016 高效办公三合一

步骤 13　选择切分幻灯片的位置

此时会在"大纲"窗格中显示所复制的文档内容，将光标放置到需要切分到其他幻灯片的文本位置，如下图所示。

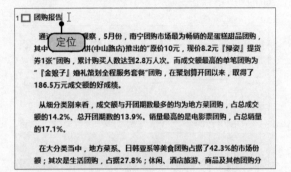

步骤 15　显示每张幻灯片

在幻灯片编辑窗口中，可以看到每张幻灯片的显示效果，调整有异常的文本位置，如下图所示。

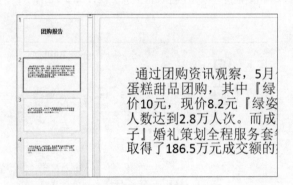

步骤 17　在文档中复制Excel表格

切换到"团购报告.docx"，❶选中之前插入的 Excel 表格对象，并右击鼠标，❷在弹出的快捷菜单中单击"复制"命令，如下图所示。

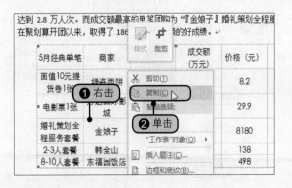

步骤 14　切分第一张幻灯片

按【Enter】键，即可将光标后的文本切分到第 2 张幻灯片，按照同样的方法切分其他幻灯片，如下图所示。

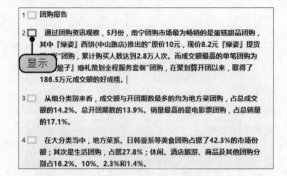

步骤 16　新建幻灯片

选中最后一张幻灯片，在"开始"选项卡单击"新建幻灯片"按钮，插入一张空白幻灯片，如下图所示。

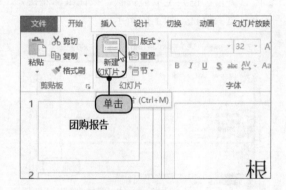

步骤 18　粘贴为图片

返回 PowerPoint 演示文稿，❶在新建幻灯片中右击鼠标，❷在弹出的快捷菜单中单击"粘贴选项：图片"命令，将表格粘贴为图片格式，如下图所示。

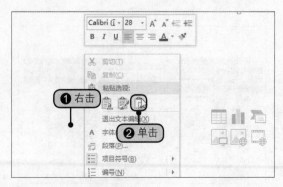

350

步骤 19　选择演示文稿主题

调整图片的大小与位置，并切换至"设计"选项卡，在"主题"库中选择"平面"样式，如下图所示。

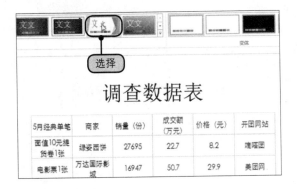

步骤 20　显示设置的主题效果

经过操作后，该演示文稿应用了所选择的主题效果，如下图所示。

步骤 21　保存演示文稿

完成创建后，在快速访问工具栏中单击"保存"按钮，如下图所示。

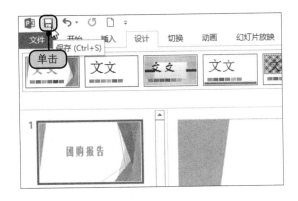

步骤 22　设置保存

弹出"另存为"对话框，❶选择演示文稿的保存路径，❷输入文件名"快速制作团购交易报告 .pptx"，❸完毕后单击"保存"按钮，如下图所示。再按照同样的方法保存 Word 文档。

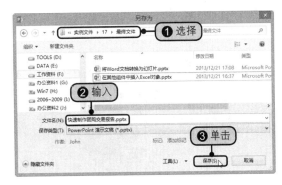

第 6 部分
Office 自动化篇

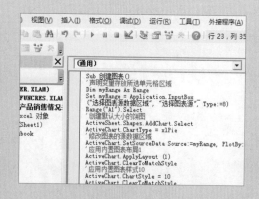

第18章

使用宏与VBA实现自动化操作

在实际工作中，当需要将一些重复性的操作命令简化，加速这些命令的执行速度时，用户可以借助 Office 提供的宏与 VBA 程序开发平台来创建自动化命令集程序，如批量新建相同格式的表格，或快速创建相同格式的分析图表等，从而提高工作效率。

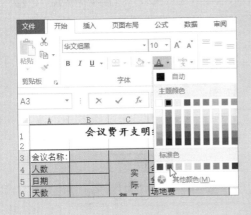

知识点

1. 录制和编辑宏
2. 执行宏
3. VBA 的工作环境及语法基础
4. 使用 VBA 实现操作的自动化

18.1 使用宏创建简单的自动化操作

宏是使常用任务自动化最简单的方法。它可以直接将用户在Excel中执行的命令操作转换为程序代码，然后通过程序代码的执行来实现一键完成大量命令的重复操作。

18.1.1 录制宏

录制宏就是将用户在启动宏录制功能与结束录制功能之间的操作命令转换为VBA过程代码。例如想在Excel中将设置单元格内字符格式的多个命令操作转化为命令程序代码，则可以应用"录制宏"功能，将用户对Excel对象进行的操作全部录制下来。

 原始文件： 下载资源\实例文件\18\原始文件\开支明细表.xlsx
最终文件： 下载资源\实例文件\18\最终文件\开支明细表.xlsm

步骤01 **单击"录制宏"选项**

打开"下载资源\实例文件\18\原始文件\开支明细表.xlsx"，切换至"视图"选项卡，❶在"宏"组中单击"宏"下三角按钮，❷在展开的下拉列表中单击"录制宏"选项，如下图所示。

步骤02 **输入宏名**

弹出"录制宏"对话框，❶在"宏名"文本框中输入宏名，这里输入"设置字符格式"，❷单击"确定"按钮，如下图所示。

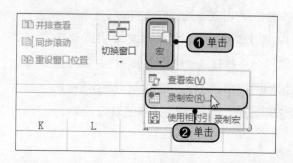

 生存技巧：为新宏添加快捷键方便宏执行

在录制宏时，为了方便用户快速执行宏代码，可以通过"录制宏"对话框中的"快捷键"功能，自定义快捷组合键来执行。注意在定义快捷组合键时，最好与系统默认的快捷组合键区分开。如果宏已录制完毕，用户可以打开"宏"对话框，单击"选项"按钮，弹出"宏选项"对话框，在其中设置快捷键即可。

步骤03 **选择字体**

此时对表格中的字符格式进行设置，❶选择要设置字符格式的单元格区域，❷在"字体"组中单击"字体"右侧的下三角按钮，❸在展开的下拉列表中选择"华文细黑"，如右图所示。

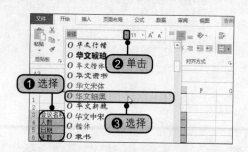

步骤 04 选择字号

❶单击"字号"右侧的下三角按钮，❷在展开的下拉列表中选择所需字号为"10"，如下图所示。

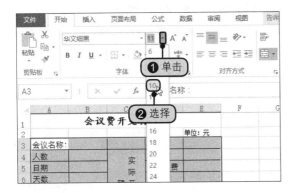

步骤 05 设置字体颜色

❶单击"字体颜色"右侧的下三角按钮，❷在展开的下拉列表中选择字体颜色为"红色"，如下图所示。

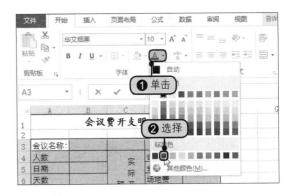

步骤 06 设置字符格式后的效果

此时所选单元格区域的字符应用了选定的格式，如下图所示。

步骤 07 停止录制宏

❶再次单击"宏"下三角按钮，❷在展开的下拉列表中单击"停止录制"选项，如下图所示，即完成宏的录制。

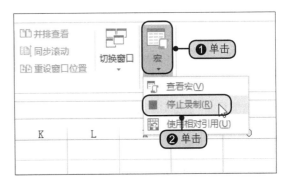

生存技巧：宏的安全级别调整

宏是自动化运行的一个命令集代码程序。为了避免感染计算机宏病毒，用户可以将自定义的宏代码的安全级别提高，防止程序代码自动执行。宏的安全级别分为：禁用所有宏，并且不通知；禁用所有宏，并发出通知；禁用无数字签署的所有宏；启用所有宏。用户可在"开发工具"选项卡的"代码"组中单击"宏安全性"按钮，弹出"信任中心"对话框，在"宏设置"选项面板中进行更改。

18.1.2 编辑宏

录制的宏主要针对用户选定的对象，如果用户希望将该宏过程用于对其他对象进行相同的设置，可以进入 Visual Basic 编辑窗口，对录制的宏代码过程中指定的对象进行更改，从而使宏代码应用更广泛。

原始文件： 下载资源 \ 实例文件 \18\ 原始文件 \ 开支明细表 1.xlsm
最终文件： 下载资源 \ 实例文件 \18\ 最终文件 \ 开支明细表 1.xlsm

步骤 01　单击"查看宏"选项

打开"下载资源 \ 实例文件 \18\ 原始文件 \ 开支明细表 1.xlsm"，❶单击"宏"下三角按钮，❷在展开的下拉列表中单击"查看宏"选项，如下图所示。

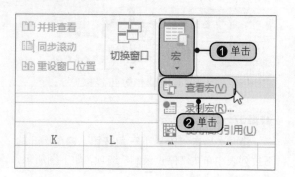

步骤 02　单击"编辑"按钮

弹出"宏"对话框，❶在"宏名"列表框中选择要编辑的宏选项"设置字符格式"，❷单击"编辑"按钮，如下图所示。

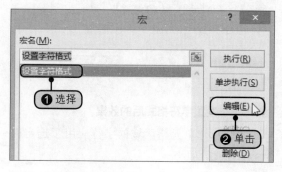

步骤 03　查看录制宏的命令集代码

进入 Visual Basic 编辑窗口，并自动打开"模块 1"代码窗口，在其中显示出录制的"设置字符格式"宏的详细代码语句，如下图所示。

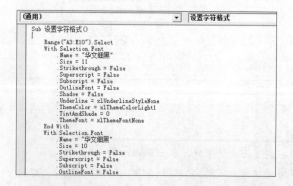

步骤 04　修改宏代码

用户可以在代码段中删除指定对象范围的语句，让宏代码应用更广泛，也可以更改代码段中对象的属性值，得到新的宏过程代码，如下图所示。

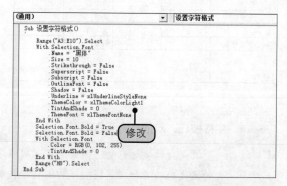

生存技巧：打开"宏"对话框的其他方法

编辑宏是通过"宏"对话框来实现的，用户除了在"宏"下拉列表中单击"查看宏"按钮打开"宏"对话框外，还可以按【Alt+F8】组合键快速打开"宏"对话框；或是在"Excel选项"对话框的"自定义功能区"选项面板中勾选"开发工具"复选框，在功能区中显示"开发工具"选项卡，然后单击"代码"组中的"宏"按钮来启动"宏"对话框，如右图所示。

18.1.3 执行宏

想要使用宏代码来完成某个任务的自动化操作，用户只需选择要进行操作的对象，通过"执行宏"功能来运行自动化操作命令集的宏代码。

原始文件： 下载资源 \ 实例文件 \18\ 原始文件 \ 开支明细表 2.xlsm
最终文件： 下载资源 \ 实例文件 \18\ 最终文件 \ 开支明细表 2.xlsm

步骤 01 选择要设置的单元格区域

打开"下载资源 \ 实例文件 \18\ 原始文件 \ 开支明细表 2.xlsm"，切换至"会议费"工作表中，选择要设置字符格式的 A3:E10 单元格区域，如下图所示。

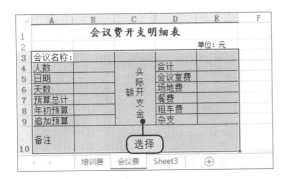

步骤 02 执行宏

按【Alt+F8】组合键，打开"宏"对话框，❶选择要执行的宏选项"设置字符格式"，❷单击"执行"按钮，如下图所示。

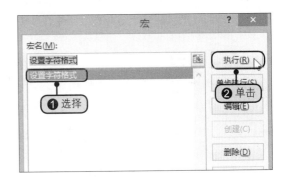

步骤 03 执行宏代码效果

此时程序自动执行所选宏代码，代码执行完成后，可以看到工作表中所选中单元格的字符格式进行了相应的设置，如右图所示。

 提示

在 Excel 中如果用户不再需要使用一个宏代码时，可以打开"宏"对话框，在"宏名"列表框中选择不再需要的宏选项，单击"删除"按钮，将其从 Excel 中删除。

生存技巧：单步执行宏代码

当用户希望查看每个宏代码的执行结果时，可以在"宏"对话框，选择待执行的宏选项，然后单击"单步执行"按钮，进入 Visual Basic 编辑窗口，逐语句执行，可见窗口中黄色底纹标示待执行的语句，如右图所示。然后在菜单栏中执行"调试 > 逐语句"命令，或是直接按【F8】键，查看每一个语句的运行结果。

18.2　VBA的工作环境及语法基础

宏可以将用户的每一步操作命令转换为操作代码，这样获得的程序代码很可能出现重复，且使用范围狭小。想要获取简单、明细的自动化命令集程序代码，用户可以在 VBA 开发程序平台中使用 VBA 语言自行编写。在编写程序前用户须掌握 VBA 程序开发平台的工作环境和简单的 VBA 语法基础知识。

18.2.1　VBA的工作环境认识

VBA 的全称是 Visual Basic for Applications，是一种面向对象的语言，它依附于 Office 办公软件，可以让用户根据实际需求编写某个任务的命令集，从而扩展 Office 的应用程序功能，简化一些重复性的命令操作。

VBA 与 Office 办公软件以"开发工具"选项卡中的 Visual Basic 按钮为桥梁连接，其中"开发工具"选项卡需要先在"Excel 选项"对话框的"自定义功能区"中添加。

进入 Visual Basic 编辑窗口后，用户可以在该窗口中借助菜单栏中的命令创建项目工程，并添加对象模块，编写、调试程序，从而完成任务的自动化拓展功能开发，其工作界面如下图所示。

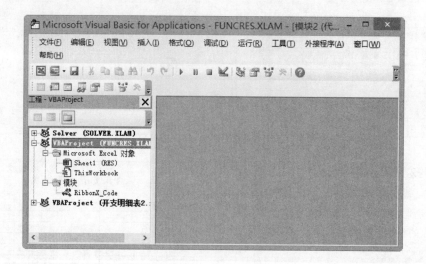

在开发程序自动化拓展功能项目时，常用到的命令功能有"视图"菜单中的工程资源管理器、属性窗口、代码窗口、对象窗口、立即窗口；"插入"菜单中的用户窗体、模块、类模块；"调试"菜单的逐语句、逐过程；"运行"菜单的运行宏、中断、重新设置等。

■工程资源管理器：用于列出当前打开的工作簿的工程项目、窗体、类、标准模块、资源文件以及工程的引用等。

■属性窗口：用于列出所选对象的属性，用户可以在其中更改对象的属性值。

■对象窗口：用于快速显隐用户插入的用户窗体对象。

■立即窗口：用于立即显示语句运行的结果。

■用户窗体：用于创建自定义对话框对象，用户可在属性窗口中更改窗体的名称、外观等。

■模块\类模块：用于设计对象的专用代码。

■逐语句\逐过程：以程序代码的语句或过程为单位逐一进行调试。

■运行宏\中断\重新设置：用于快速运行、中断或重新运行程序代码。

生存技巧：VBA 中的常用快捷键

导入文件：【Ctrlr+M】组合键；导出文件：【Ctrl+E】组合键；代码窗口：【F7】键；对象窗口：【Shift+F7】组合键；属性窗口：【F4】键；逐语句：【F8】键；逐过程：【Shift+F8】组合键；下一个过程：【Ctrl+↓】组合键；前一个过程：【Ctrl+↑】组合键；到模块开头处：【Ctrl+Home】组合键。

18.2.2 VBA的语法基础知识

了解 VBA 程序开发的工作环境后，想要开发自动化操作拓展功能，用户还必须掌握 VBA 的语法基础知识，即 VBA 的常量、变量、运算符、结构控制语句、过程，以及与 Office 办公软件相对应的对象、对象的属性、方法和事件等。

1. 常量与变量

常量是 VBA 程序代码中用于存储固定信息的一个标识符，它的名称不能与系统保留的关键字相同。使用常量可以增强程序代码的可读性。它分为字符常量和符号常量。字符常量指一些固定的字符串、数值等，如 A123、34 等。符号常量则是一种可以用于代替常量值的标识符，由系统提供或由用户自行定义。系统提供的常量一般以 "vb" 或 "xl" 开头，如 vbTiltHorizontal、xlDialogBorder 等；用户自行定义常量一般用 Const 语句来定义，在定义时要遵循 Const 语句的语法规则，即：

[Public | Private] Const constname [As type] = expression

其中 Public 为可选，该关键字用于在模块级别中声明在所有模块中对所有过程都可以使用的常数；不能在过程中使用。Private 为可选，该关键字用于在模块级别中声明只能在包含该声明的模块中使用的常数；不能在过程中使用。constname 为必选，是指常数的名称，需遵循变量命名约定。type 为可选，用于表示常数的数据类型，可以是 Byte(字节型)、Boolean（布尔型）、Integer（整数型）、Long（长整型）、Currency（货币型）、Decimal（小数点型）、Single（单精度型）、Double（双精度型）、Date（日期型）、String（字符型）或 Variant（字符型）。所声明的每个变量都要使用一个单独的 As 类型子句。Expression 为必选，其值可以是文字、其他常数，或由除 Is 之外的任意算术操作符和逻辑操作符所构成的任意组合。

例如，要声明一个标识符 Price 代表产品单价1589，具体声明语句应为：

Const Price As Single = 1589

变量与常量相似，只是它保存的信息可以在程序运行过程中更改。一般使用 "=" 赋值符号为变量直接赋值，而变量的数据类型由所赋值的数据类型来确定。除此之外，用户也可以使用 DIM 语句事先声明变量的数据类型，变量的数据类型与常量相同，拥有 Byte、Boolean、Integer、Long、Currency、Decimal、Single、Double、Date、String、Object 等。

声明变量数据类型的语法规则为：

Dim [WithEvents] varname[([subscripts])] [As [New] type] [, [WithEvents] varname[([subscripts])] [As [New] type]]…

其中 WithEvents 为可选参数，用于指定一个用来响应由 ActiveX 对象触发的事件的对象变量；只有在类模块中才是合法的。varname 为必要参数，用于指明变量的名称。subscripts 为可选参数，用于指明数组变量的维数。New 为可选参数，表示可隐式地创建对象的关键字。type 为可选参数，用于指明变量的数据类型。

 生存技巧：VBA 中常量和变量的命名规则

　　VBA 中的常量或变量的命令规则均需遵守以下条款：①常量与变量名不能与 VBA 系统保留字相同；②第一个字符必须使用英文字母或中文汉字；③不能在名称中使用空白、句点、感叹号、@、&、$、# 等字符；④不能在相同层次范围内重复声明同一个常量或变量名称。

如果要声明一个变量标识符 myStr 为字符型，其声明语句为：

Dim myStr As String ' 声明变量的数据类型为字符型

有时为了保证表达式计算结果的数据类型与变量的数据类型一致，用户可以使用 VBA 程序中提供的数据类型转换函数来实现。常见的数据类型转换函数及转换结果如下表所示。

函数名	功　能	返回数据类型	函数名	功　能	返回数据类型
Cbool	转换为布尔型	Boolean	Cdec	转换为小数型	Decimal
Cbyte	转换为字节型	Byte	Cint	转换为整数型	Integer
Ccur	转换为货币型	Currency	CLng	转换为长整型	Long
Cdate	转换为日期型	Date	CSng	转换为单精度型	Single
Cdbl	转换为双精度型	Double	CStr	转换为字符型	String
Cvar	转换为数值型	Variant	—	—	—

2．VBA 流程控制语句

VBA 程序是由一句一句的语言代码构成的，想要很好地控制程序代码的运行顺序，用户必须掌握 VBA 流程的控制语句。这些控制语句可分为顺序结构、分支结构和循环结构三类。顺序结构包括简单的赋值语句、输入语句、输出语句等；分支结构包括 IF…Then 单条件判断、IF…Then…ElseIF 和 Select Case 多条件判断语句；循环结构包括 For…Next、Do…Loop 和 For Each …Next 循环语句。各控制语句的功能、语法结构如下表所示。

控制语句	功　能	语法结构
顺序结构	赋值语句 = 或 Set	使用"="（等号）为普通变量赋值，使用 Set 语句为对象变量赋值
	输入语句 InputBox	InputBox(提示信息 [, 对话框标题] [, 默认字符串表达式] [, 距左边水平距离] [, 距上面垂直距离] [, 帮助文件，帮助信息编号])
	输出语句 Print	[< 对象 >.] Print [< 表达式 >]

控制语句	功　能	语法结构
分支结构	单条件判断语句 IF…Then	IF 判断条件表达式 Then [结果为真时执行的语句][Else 结果为假时执行的语句]

	多条件判断语句 IF…Then…ElseIF	IF 判断条件表达式 1 Then
		结果为真时执行的语句
		ElseIF 判断条件表达式 *n* Then
		结果为真时执行的语句 ...
		[Else]
		[条件结果为假时执行的语句]
		End IF

	单条件的多重选择语句 Select Case	Select Case 待判断的条件表达式 [Case 表达式结果的分界列表 *n* [待执行的一条或多条语句 *n*] ... Case Else [无匹配结果时执行的一条或多条语句] End Select
循环语句	按指定次数循环语句 For…Next	For 循环计数器数值变量 = 初值 To 终值 [步骤 步长值] [待执行的循环语句] [Exit For] [待执行的循环语句] Next [循环计数器数值变量]
	根据数组元素循环语句 For Each…Next	For Each 数组元素的变量 In 数组名 [待执行的循环语句 [Exit For] [待执行的循环语句] Next [数组元素的变量]

 生存技巧：查看 VBA 流程控制语句的使用示例

若用户想查看 VBA 流程控制语句的使用示例，可以在 Visual Basic 编辑窗口中单击"帮助"按钮，打开 VBA 程序开发人员帮助文件，在其中搜索所需的流程控制语句的使用示例来学习。

3．VBA 的过程

一个完整的 VBA 程序是以过程形式存在的，单独的语句并不能完成某个任务。因为过程是判断一个自动化程序是否完成的基本单位。VBA 过程分为 Sub 过程和 Function 过程两种。

Sub 过程是由关键字 Sub 开头，以 End Sub 结束的一个语句模块，使用它可以完成某些特定的操作，但不返回任何运行结果，是日常工作中使用最广泛的程序过程。其语法结构为：

[Private | Public | Friend] [Static] Sub name [(arglist)]

[statements]

[Exit Sub]

[statements]

End Sub

其中 Public 为可选参数，指明在所有模块的所有过程都可访问这个 Sub 过程。Private 为可选参数，表示只有在包含其声明的模块中的其他过程可以访问该 Sub 过程。Friend 为可选参数，只能在类模块中使用，表示该 Sub 过程在整个工程中都是可见的，但对对象实例的控制都是不可见的。Static 为可选参数，表示在过程调用之间保留 Sub 过程的局部变量的值，Static 属性对在 Sub 外声明的变量不会产生影响，即使过程中也使用了这些变量。name 为必选参数，表示 Sub 的名称。arglist 为可选参数，代表在调用时要传递给 Sub 过程的参数的变量列表，多个变量则用逗号隔开。statements 为可选参数，表示在 Sub 过程中所执行的任何语句组。

Function 过程是由关键字 Function 开头，以 End Function 结束的一系列命令语句，常用来自定义函数，可以将名称中指定的参数值代入过程中进行计算，并将计算结果返回。其语法结构为：

[Public | Private | Friend] [Static] Function name [(arglist)] [As type]

[statements]

[name = expression]

[Exit Function]

[statements]

[name = expression]

...

End Function

其中 Public 为可选参数，表示所有模块的所有其他过程都可以访问这个 Function 过程。Private 为可选参数，表示只有包含其声明的模块的其他过程可以访问该 Function 过程。Friend 为可选参数，表示只能在类模块中使用，且该参数在整个过程中都是可见的。name 为必选参数，表示 Function 的名称。arglist 为可选参数，代表在调用时要传递给 Function 过程的参数变量列表，多个变量应用逗号隔开。type 为可选参数，表示 Function 过程的返回值的数据类型。statements 为可选参数，表示在 Function 过程中执行的任何语句组。expression 为可选参数，表示 Function 的返回值。

 生存技巧：VBA 流程控制语句的嵌套使用

在使用分支或循环语句控制程序代码的执行顺序时，如果要在现有判断结果的基础上再按某个特定条件进行分支或循环执行语句，则需嵌套使用分支或循环语句；在嵌套使用时必须保证每个控制语句完整，且不能出现交叉现象，否则会出现错误提示。

4. 对象、属性、方法和事件

对象是 VBA 用于描述 Office 软件中的某个事物的基本单位，是控制 Office 软件中某个对象进行操作的必要元素。VBA 中的对象与 Office 软件中的构成元素是一一对应的，如 Excel 中的工作表，在 VBA 中由 Worksheet 指代，工作簿由 Workbook 指代，图表由 Chart 指代等。

在 VBA 中对象仅仅用于指定要进行命令操作的对象，若要更改对象的大小、颜色、名称等特征，则需要使用对象的属性来更改。VBA 中的每个对象都自带有属于自身特征的属性，可以利用 VBA 代码语句快速更改对象的特征。而要控制对象进行某些操作，如激活对象、关闭对象、保存对象等，则需使用对象的方法来设置。当用户希望单击、双击对象实现某个操作时，则可使用对象的事件来设置。注意，每个对象都拥有自己特定的属性、方法和事件。例如单元格对象 Range 的常用方法和属性如下表所示。

 生存技巧：VBA 常见对象以及对象之间的层次关系

　　VBA 中对象与对象的关系与 Office 软件中构成元素的层次的关系是对应的。例如在 Excel VBA 中最高层次的对象为应用程序对象 Application，接着是工作簿对象 Workbook 或 Workbooks，工作簿窗口 Windows 或 Window，再下一个层次则为工作表 Worksheet 或 Worksheets 等。

分 类	名 称	说 明
对 象	Range	代表一个单元格、某一行、某一列、某一个选定区域等
方 法	Activate	激活单个单元格，该单元格必须处于当前选定区域内
	AddComment	为区域添加批注
	Advancedfilter	基于条件区域从列表中筛选或复制数据
	ApplyNames	将名称应用于指定区域中的单元格
	AutoFill	对指定区域中的单元格执行自动填充
	AutoFit	更改区域中的列宽或行高以达到最佳匹配
	AutoOutline	自动为指定区域创建分级显示
	BorderAround	向单元格区域添加边框，并设置该新边框的颜色、样式和宽度等属性
	Clear	清除整个对象
	ClearComments	清除指定区域的所有单元格批注
	ClearContents	清除指定区域的公式
	Copy	将单元格区域复制到指定的区域或剪贴板中
	CopyPicture	将所选对象作为图片复制到剪贴板
	Cut	将对象剪切到剪贴板，或者将其粘贴到指定的目的地
	PasteSpecial	将 Range 从剪贴板粘贴到指定的区域中
	Find	在区域中查找特定信息
	Replace	表示指定区域内单元格中的字符。使用此方法并不会更改选定区域或活动单元格

续表

分 类	名 称	说 明
方 法	Merge	由指定的 Range 对象创建合并单元格
	UnMerge	将合并区域分解为独立的单元格
	Sort	对值区域进行排序
	SortSpecial	对区域或数据透视表进行排序；或者如果区域中只包含一个单元格，则对活动区域使用本方法
	RemoveDuplicates	从值区域中删除重复的值
	Speak	按行或列的顺序朗读单元格区域
	TextToColumns	将包含文本的一列单元格分解为若干列
	Subtotal	创建指定区域或当前区域（如果该区域为单个单元格时）的分类汇总
	RemoveSubtotal	删除列表中的分类汇总
	PrintOut	打印对象
属 性	AddIndent	指明当单元格中文本的对齐方式为水平或垂直等距分布时，文本是否为自动缩进
	Address	它代表宏语言的区域引用
	Areas	返回一个 Areas 集合，该集合代表多区域选定内容中的所有区域
	Borders	返回一个 Borders 集合，该集合代表样式或单元格区域（包括定义为条件格式的一部分的区域）的边框
	Cells	返回一个 Range 对象，该对象代表指定区域中的单元格
	Column	返回指定区域中第一块第一列的列号
	Columns	返回一个 Range 对象，该对象代表指定区域中的列
	ColumnWidth	返回或设置指定区域中所有列的列宽
	Comment	返回一个 Comment 对象，该对象代表与区域左上角中的单元格关联的注释
	Count	返回一个 Long 值，它代表集合中对象的数量
	CurrentArray	如果指定单元格属于数组，则返回一个 Range 对象，该对象表示整个数组
	CurrentRegion	返回一个 Range 对象，该对象代表当前区域。当前区域是由空行和空列的任意组合所限定的区域
	DisplayFormat	返回一个 DisplayFormat 对象，该对象代表指定区域的显示设置

分 类	名 称	说 明
属 性	Font	返回一个 Font 对象，它代表指定对象的字体
	FormatConditions	返回一个 FormatConditions 集合，代表指定区域的所有条件格式
	Height	返回或设置一个 Variant 值，该值代表区域的高度（以磅为单位）
	Hidden	返回或设置一个 Variant 值，它指明是否隐藏行或列
	HorizontalAlignment	返回或设置一个 Variant 值，它代表指定对象的水平对齐方式
	Hyperlinks	返回一个 Hyperlinks 集合，该集合代表区域的超链接
	Interior	返回一个 Interior 对象，它代表指定对象的内部
	MergeArea	返回一个 Range 对象，该对象代表包含指定单元格的合并区域
	Name	返回或设置一个 Variant 值，它代表对象的名称
	Offset	将对象剪切到剪贴板，或者将其粘贴到指定的目的地
	Resize	调整指定区域的大小。返回 Range 对象，该对象代表调整后的区域
	Style	返回或设置一个包含 Style 对象的 Variant 值，代表指定区域的样式

生存技巧：轻松查看各 Range 对象方法的用法

　　在 VBA 帮助文件的 Range 对象成员列表中列出了 Range 对象的方法名称和功能说明。若要查看某一个对象方法的用法，只需在表格中单击方法名称链接，即可快速打开所选方法的用法页面，在其中列出了方法的用途、语法结构，以及各参数的解说和使用示例等。

生存技巧：Excel VBA 对象的方法与属性区别

　　在 Excel VBA 中编辑代码时，用户可以通过等号"="来区分当前代码语句是使用的对象方法还是属性。对象的属性后面直接跟等号"="，在等号后面的即为属性值；而对象的方法不能直接跟等号"="，它必须与冒号一起使用，即用"∶="形式来表现。

18.3　使用VBA实现操作的自动化

　　了解 VBA 的工作环境，并掌握 VBA 的语法基础知识后，用户可以根据实际需求使用 VBA 代码来完成某个任务的一系列命令操作，如一键美化文本字符格式、批量制作员工工作证、批量处理调整员工工作证照片等。

18.3.1 一键美化表格格式

当用户希望将多个工作表中的数据设置为相同格式时，用户可以借助 Range 对象的 Font 和 Borders 属性来设置，应用一键美化数据表格的方式来操作，而避免重复设置单元格区域内数据的字体、字号、字形、字体颜色、表格边框样式等。

 原始文件: 下载资源 \ 实例文件 \18\ 原始文件 \ 联系表 .xlsx
最终文件: 下载资源 \ 实例文件 \18\ 最终文件 \ 联系表 .xlsm

步骤 01 **单击Visual Basic按钮**

打开"下载资源 \ 实例文件 \18\ 原始文件 \ 联系表 .xlsx"，切换至"开发工具"选项卡，在"代码"组中单击 Visual Basic 按钮，如下图所示。

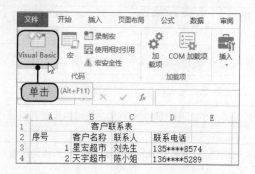

步骤 02 **执行"插入>模块"命令**

打开 Microsoft Visual Basic for Applications 窗口，执行"插入 > 模块"命令，如下图所示。

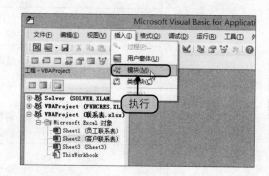

步骤 03 **编写设置表格格式的代码过程**

在工程资源项目中添加模块 1，然后在"模块 1"代码窗口中输入设置表格格式过程代码，在其中对所选单元格区域对象字体属性修改，并修改左侧边框线的样式、粗细等属性值，如下图所示。

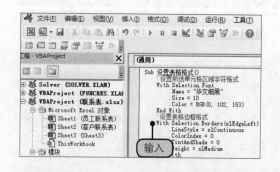

步骤 04 **设置上、下和右边框样式**

继续在"模块 1"代码窗口中输入设置上、下和右边框框线样式、宽度的代码，如将上、下和右边框框线设置为粗线，如下图所示。

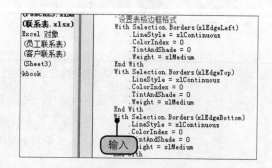

 生存技巧: With 语句的功能和用法

With 语句用于对单一对象或一个用户定义类型执行一系列语句，而不用重复指出对象的名称，其语法结构如右所示。步骤 3 使用 With 语句指明要设置的对象为 Selection，而对其 Font 属性的 Name、Size、Color 等属性值进行更改。

语法结构:
With Object
[statements]
End With

步骤05　设置水平和垂直框线样式

继续在"模块1"代码窗口中输入设置水平和垂直边框的框线样式、宽度的代码，如将水平和垂直框线设置为细黑实线，如下图所示。

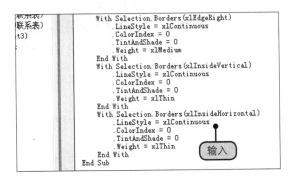

步骤06　选择要设置表格的数据区域

完成代码段的编写后，返回Excel普通视图，在"员工联系表"中选择要设置格式的单元格区域，如下图所示。

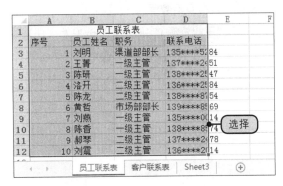

步骤07　执行编写的程序代码

按【Alt+F8】组合键打开"宏"对话框，❶在"宏名"列表框中选择"设置表格格式"选项，❷单击"执行"按钮，如下图所示。

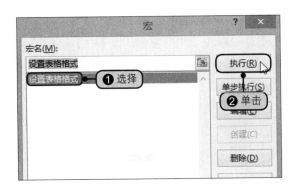

步骤08　查看执行宏代码的效果

此时可以看到工作表中所选单元格的字符和边框样式已设置为特定的格式，用户可用相同的方法快速设置"客户联系表"的表格格式，如下图所示。

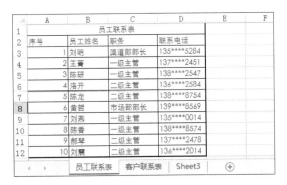

生存技巧：快速调试代码

在编写命令代码时，可能会因为字母输错、方法使用不当等造成代码无法执行。为了检测代码编写是否正确，可以在"调试"菜单中单击"逐语句"命令或按【F8】键，逐行检测错误语句的位置。

18.3.2　批量制作员工工作证

工作证是公司或单位组织成员的证件，同公司的大部分员工的工作证的形式都是相同的。在制作工作证时，可根据工作证模板新建工作表，然后在其中填写员工的具体信息。

原始文件： 下载资源＼实例文件＼18＼原始文件＼批量制作员工工作证.xlsx
最终文件： 下载资源＼实例文件＼18＼最终文件＼批量制作员工工作证.xlsm

步骤01 查看原始数据

打开"下载资源＼实例文件＼18＼原始文件＼批量制作员工工作证.xlsx"，可见该工作簿中存放的员工信息表和工作证模板数据，如下图所示。

步骤02 编写批量新建工作证代码

进入Visual Basic窗口，插入模块1，输入制作员工工作证的过程代码，用循环语句重复执行新建工作表、复制数据和重命名工作表的语句，如下图所示。

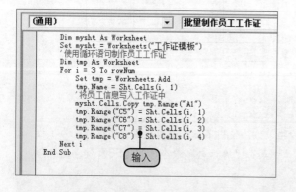

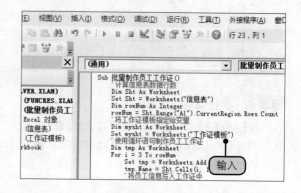

步骤03 将员工信息写入工作证中

继续在"模块1"代码窗口中输入将员工信息填入员工工作证的代码语句，即将信息表中的员工姓名、职务、部门和工号填入工作证相应位置，如下图所示。

步骤04 运行代码段结果

将光标置于代码段中，按【F5】键运行当前代码过程。代码运行完成后，返回Excel视图，可以看到批量创建的员工工作证，如下图所示。

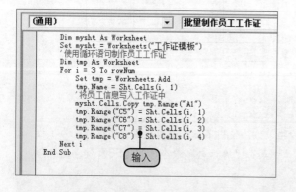

生存技巧： Set赋值语句的使用

在为普通变量赋值时一般采用等号"="来执行，而给对象变量赋值则必须使用Set语句才能实现。Set语句用于将对象引用赋给变量或属性，语法结构如右所示，并且在赋值时需要确保赋值变量的类型与所赋对象的对象类型一致。

语法结构：

Set 对象变量名 = 对象名

18.3.3 自动根据所选数据创建同一格式的饼图

当企业要分析近年各地区产品的销售情况时，为避免按年份逐个创建图表并设置图表格式的重复工作，用户可以借助 Excel VBA 开发程序平台，编写一个根据所选内容创建并设置图表的命令代码过程，从而实现图表创建的自动化，加速图表创建效率。

原始文件： 下载资源 \ 实例文件 \18\ 原始文件 \ 产品销售情况表 .xlsx
最终文件： 下载资源 \ 实例文件 \18\ 最终文件 \ 产品销售情况表 .xlsm

步骤01 打开原始数据表

打开"下载资源 \ 实例文件 \18\ 原始文件 \ 产品销售情况表 .xlsx"，可见该工作簿的 Sheet1 工作表中记录了近年产品销售情况的统计数据，如下图所示。

步骤02 编写创建图表的代码段

进入 Visual Basic 编辑窗口，插入模块 1，在其中输入根据所选数据区域创建图表并设置图表的布局和样式的代码段，如下图所示。

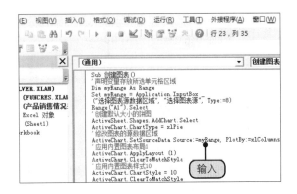

步骤03 输入设置图表标题代码段

继续在代码窗口中输入更改默认图表标题的代码段，将图表标题设置为"××××年销量分布图"，如下图所示。

步骤04 运行代码过程

将光标置于过程代码中的任意位置，在工具栏中单击"运行子过程 / 用户窗体"按钮，如下图所示。

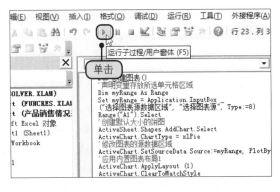

生存技巧：志出模块代码过重

　　当用户希望将编写的过程代码单独保存时，可以在工程资源管理器窗口中右击模块名称，在弹出的快捷菜单中单击"导出文件"命令，弹出"导出文件"对话框，选择保存位置及文件名和保存类型，单击"保存"按钮即可，如右图所示。

步骤05 选择数据区域

　　执行过程代码，弹出"选择图表源"对话框，❶选择创建图表的源数据区域，❷单击"确定"按钮，如下图所示。

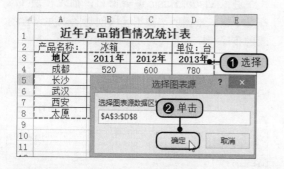

步骤06 创建的图表

　　继续执行过程代码，在工作表中创建所选数据的图表并应用指定的图表布局和样式，如下图所示。

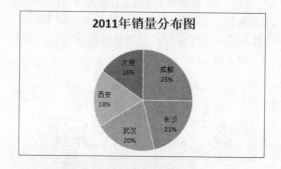

步骤07 创建其他图表

　　若要创建其他年份的销量分布图，用户可以再次执行此前编写的过程代码，弹出"选择图表源"对话框，❶选择图表源数据，❷单击"确定"按钮，如下图所示。

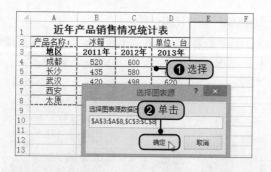

步骤08 创建的2011年销量分布图

　　继续执行过程代码，在工作表中根据新选择的数据创建出与前一个图表布局和样式相同的饼图，用于显示 2012 年的销量分布情况，如下图所示。

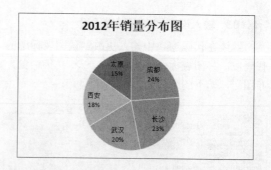

🔧 提示

　　在 Excel VBA 中想要调出对话框实现数据的交互式选择，用户需使用 Application.InputBox，显示出一个接收用户输入的对话框，并返回此对话框的输入信息。该方法的语法结构为 Application.InputBox(Prompt,Title,Default,Left,Top,HelpFile,HelpcontextID,Type)，其中 Prompt 为必选，指要在对话框中显示的消息；Title 为可选，指输入框的标题；Default 为可选，指定输入框的初始值，即默认值；Left、Top 均为可选，指定对话框相对于屏幕左上角的 X 和 Y 坐标；Type 为可选，指定返回的数据类型。

生存技巧：保护 VBAProject 工程项目

当用户完成某个自动化操作命令的开发后，如果要防止他人查看此自动化操作命令的详细代码，可以右击工程资源窗口中的任意位置，在弹出的快捷菜单中单击"VBAProject 属性"命令，弹出"VBAProject—工程项目"对话框，在"保护"选项卡中设置密码、确认密码，然后单击"确定"按钮，如右图所示。

18.4　实战演练——使用VBA完成员工信息自动登记

员工信息登记是公司每个员工入职时须填写的表格，方便人事部门对员工资料进行备案。如果用户想要在员工填写信息后，自动将所填的个人信息记入员工资料表中，可以使用 Excel VBA 开发程序来编写一个自动保存员工信息的过程，轻松完成员工信息的登记工作。

原始文件： 下载资源\实例文件\18\原始文件\员工信息自动登记表.xlsx
最终文件： 下载资源\实例文件\18\最终文件\员工信息自动登记表.xlsm

步骤01 打开工作簿

打开"下载资源\实例文件\18\原始文件\员工信息自动登记表.xlsx"，在该工作簿中存放了"登记表"和"信息统计表"两个工作表，如下图所示。

步骤02 编写自动保存信息过程代码

进入 Visual Basic 编辑窗口，插入模块1，并输入将"登记表"中指定单元格数据写入"信息统计表"相应单元格的过程代码，如下图所示。

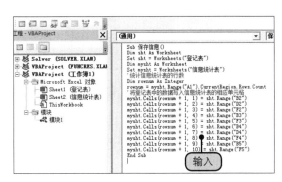

步骤03 填写个人信息

在"登记表"中填写员工个人信息，如右图所示。

步骤 04 执行过程代码

填写完毕后按【Alt+F8】组合键，弹出"宏"对话框，❶选择"保存信息"选项，❷单击"执行"按钮，如下图所示。

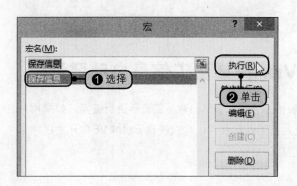

步骤 05 运行过程代码效果

程序自动执行"保存信息"过程代码，将"登记表"中的数据写入"信息统计表"中，如下图所示。在执行宏代码时，用户可以在"宏"对话框中事先为"保存信息"过程代码设置快捷键，以后用户在保存信息时，只需按快捷键即可。

第19章

使用控件建立人机交互操作

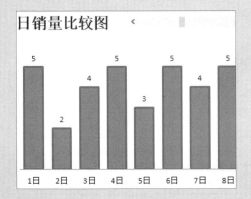

控件是放置在 Office 软件中的一些图像对象，如标签、文本框、列表框、选项按钮、复选框、命令按钮等，使用控件可以显示、输入、选择数据等，实现人机交互操作。控件一般放置在两个位置，一个是在 Office 软件的"开发工具"选项卡内，另一个则是在 VBA 程序开发平台的"用户窗体"模块中。

知识点

1. 控件的添加与格式的设置
2. 在 VBA 中使用控件建立自定义对话框

19.1 在Office软件中使用控件建立交互式操作

当用户希望在 Office 软件中建立人机交互操作时，可以直接使用 Office 软件的"开发工具"选项卡内提供的"控件"功能来设计。在设计交互式操作前，先要认识 Office 软件提供的控件有哪些种类，各种控件包括哪些图标，并掌握控件的添加与格式设置方法等。

19.1.1 控件的类型及用途

想要使用控件来设计人机交互工作，首先要了解控件的类型及用途。在 Office 软件中，系统为用户提供的控件分为表单控件和 ActiveX 控件两大类。

1. 表单控件

表单控件又称窗体控件，是一种图像对象，用户可通过更改该对象的控件属性（如控件的数据源、单元格链接等）来操作对象，还可以为该对象指定宏过程来操作。

在 Office 软件中常见的表单控件有按钮、组合框、复选框、数值调节钮、列表框、选项按钮等，其具体图标和名称如下表所示。

控件图标	名称	功能	控件图标	名称	功能
	按钮	执行指定宏代码		分组框	用于控件分组
	组合框	创建下拉列表		标签	用于显示文本
	复选框	创建多项选择题		滚动条	创建滚动条
	数值调节钮	微调增减数值		文本区域	接收输入文本
	列表框	创建列表框		组合列表框	多条目的列表框
	选项按钮	创建单项选择题		组合下拉框	多条目下拉列表

2. ActiveX 控件

ActiveX 控件等价于以前的 OLE 控件或 OCX，但它更灵活。用户可以通过属性和代码来控制 ActiveX 控件值的变化。使用 ActiveX 控件时，必须进入 Visual Basic 编辑窗口中进行代码设置。ActiveX 控件和表单控件有很多相似的图标及名称，如下表所示。

控件图标	名称	功能	控件图标	名称	功能
	按钮	执行相应事件		数值调节钮	微调增减数值
	组合框	创建下拉列表		选项按钮	建立单项选择题
	复选框	创建多项选择题		标签	显示特定的文本
	列表框	创建列表框		图像	用于显示图片对象
	文本框	接收输入文本		切换按钮	用于两个选项卡切换
	滚动条	创建滚动条		其他控件	调用"其他控件"

生存技巧：控件工作的两种模式

在使用控件建立交互式操作时，控件的工作模式有两种，分别为设计时态和运行时态。在设计时态下，控件的方法不能被调用，且控件不能与最终用户直接进行交互操作；在运行时态下，用户不能对控件的格式、属性等进行设置，只能实现控件与最终用户之间的交互式操作。

19.1.2　控件的添加

用户若想在 Office 软件中使用控件创建交互式操作，首先要在 Office 软件中添加控件。要添加控件，只需选择所需控件图标，然后在目标位置拖动鼠标指针绘制即可。例如要在 Excel 组件中创建交互式问卷，则可以在工作表中绘制控件来设置问卷答案项。

原始文件： 下载资源 \ 实例文件 \19\ 原始文件 \ 问卷调查单 .xlsx
最终文件： 下载资源 \ 实例文件 \19\ 最终文件 \ 问卷调查单 .xlsx

步骤 01　选择控件

打开"下载资源 \ 实例文件 \19\ 原始文件 \ 问卷调查单 .xlsx"，切换至"开发工具"选项卡，❶在"控件"组中单击"插入"按钮，❷然后单击"表单控件"选项组中的"分组框"图标，如下图所示。

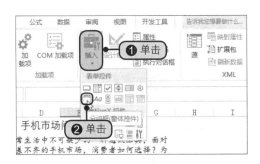

步骤 02　绘制控件

此时鼠标指针呈十字形，在工作表的目标位置单击鼠标左键，按住鼠标左键进行拖曳，绘制控件，如下图所示。

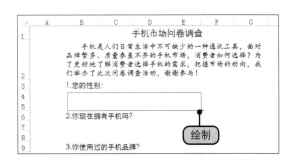

步骤 03　绘制的控件

拖至适当大小后，释放鼠标左键，即完成控件的绘制，如下图所示。

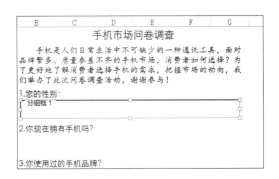

步骤 04　绘制其他控件

用相同的方法在工作表中绘制其他控件，如选项按钮、复选框、命令按钮等，如下图所示。

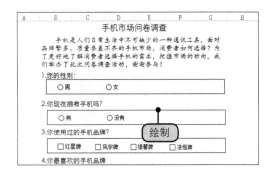

生存技巧：编辑表单控件上的可选文本

　　在工作表中绘制的控件都是以控件名称＋数字形式来表示的，如果用户要更改控件上显示的文本，需要右击控件，在弹出的快捷菜单中单击"编辑文字"命令，如右图所示，就可编辑控件上的文本。

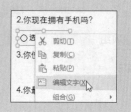

19.1.3 控件格式的设置

　　表单控件与 ActiveX 控件的添加方法相同，但它们的格式的设置方法不同。下面分别介绍表单控件和 ActiveX 控件格式的设置方法。

1. 表单控件格式的设置

　　表单控件的格式一般通过"设置控件格式"对话框来更改，可更改控件的颜色、线条、大小、保护、属性、可选文字和控制属性等。

 原始文件： 下载资源＼实例文件＼19＼原始文件＼问卷调查单 1.xlsx
最终文件： 下载资源＼实例文件＼19＼最终文件＼问卷调查单 1.xlsx

步骤 01 单击"设置控件格式"命令

　　打开"下载资源＼实例文件＼19＼原始文件＼问卷调查单 1.xlsx"，❶右击要设置格式的控件，❷在弹出的快捷菜单中单击"设置控件格式"命令，如下图所示。

步骤 02 设置颜色与线条格式

　　弹出"设置控件格式"对话框，❶在"颜色与线条"选项卡中设置填充"颜色"为"象牙黄"，❷设置线条"颜色"为"浅橙色"，如下图所示。

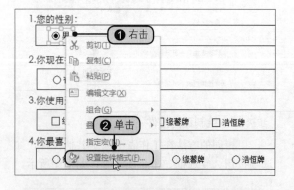

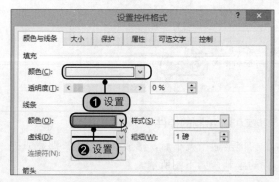

 生存技巧：快速对齐多个控件对象

　　控件是以图形对象形式存放在软件中的，如果用户希望快速对齐多个控件对象，按住【Ctrl】键选择要排列的多个控件，切换至"绘图工具─格式"选项卡，在"排列"组中单击"对齐"按钮，然后在展开的下拉列表中选择对齐方式即可。

步骤 03 设置控件大小

切换至"大小"选项卡，在"大小和转角"选项组中设置高度和宽度值，如下图所示。

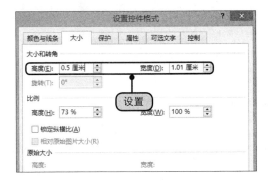

步骤 04 设置对象位置

切换至"属性"选项卡，在"对象位置"选项组中单击选中"大小、位置均固定"单选按钮，如下图所示。

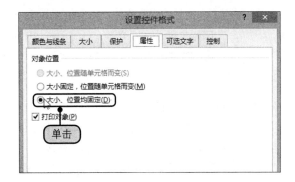

步骤 05 设置控件的控制属性

切换至"控制"选项卡，❶在"值"选项组中选中"未选择"单选按钮，❷设置单元格链接，如将"单元格链接"设置为"$B$22"，❸勾选"三维阴影"复选框，如下图所示。

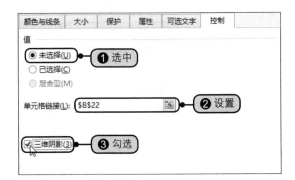

步骤 06 查看设置控件格式后的效果

设置完成后单击"确定"按钮，返回工作表，可以看到所选控件对象的格式进行了相应的设置，如下图所示。

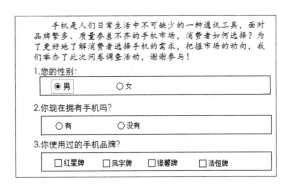

步骤 07 设置其他控件的格式

用相同的方法设置其他控件，如设置工作表中选项按钮和复选框控件的格式，如右图所示。

生存技巧：命令按钮（窗体控件）事件代码的设置

在工作表中添加命令按钮（窗体控件）时，会自动弹出"指定宏"对话框，要求用户为所绘制的命令按钮指定执行事件过程。在设置该控件格式时，可以设置控件的字体、对齐、大小、保护、属性、页边距和可选文字，但没有控制属性这个选项。

2. ActiveX 控件的格式设置

ActiveX 控件的格式设置与表单控件设置有所不同，它通过在"属性"窗口中更改 ActiveX 控件的名称、Caption、Font 等属性值来设置其格式，且 ActiveX 控件的控制需进入 Visual Basic 编辑窗口，在其中编写程序过程代码来控制。

原始文件：下载资源 \ 实例文件 \19\ 原始文件 \ 问卷调查单 2.xlsx
最终文件：下载资源 \ 实例文件 \19\ 最终文件 \ 问卷调查单 2.xlsm

步骤01 单击"设计模式"按钮

打开"下载资源 \ 实例文件 \19\ 原始文件 \ 问卷调查单 2.xlsx"，切换至"开发工具"选项卡，在"控件"组中单击"设计模式"按钮，如下图所示。

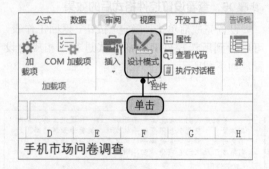

步骤02 单击"属性"按钮

进入设计模式状态，❶选择要设置属性的 ActiveX 控件，❷然后在"控件"组中单击"属性"按钮，如下图所示。

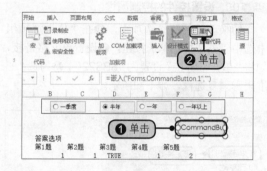

步骤03 设置控件属性

弹出"属性"对话框，设置控件属性，这里将"名称"更改为"mySave"，将 Caption 属性更改为"提交"，将 Font 属性更改为"华文细黑"，如下图所示。更改完毕后，单击"关闭"按钮。

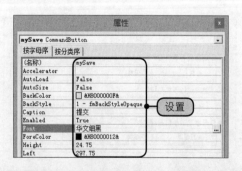

步骤04 单击"查看代码"按钮

若要为控件添加事件代码，❶在选中控件的情况下，❷在"控件"组中单击"查看代码"按钮，如下图所示。

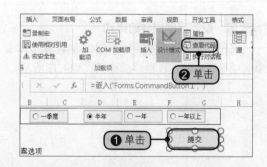

生存技巧：编辑 ActiveX 控件的值

当用户要编辑 ActiveX 控件的值时，只需右击要设置值的 ActiveX 控件，在弹出的快捷菜单中单击"×× 对象 > 编辑"命令，如右图所示。

步骤 05　编写单击控件的事件代码

自动打开 Sheet1（代码）窗口，在其中输入按钮控件对应的事件代码，将代码段中的固定信息写入 Sheet2 工作表，如下图所示。

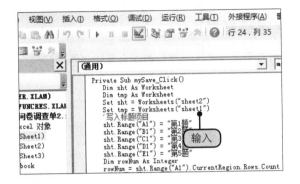

步骤 06　将单项选择答案写入统计表

在代码窗口中输入根据 Sheet1 工作表的单项选择值在列表中选择合适的值写入 Sheet2 工作表相应题目的单元格中，如下图所示。

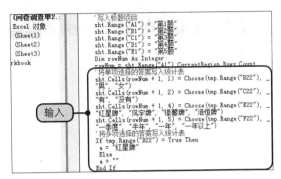

步骤 07　获取多项选择的答案

在代码窗口中使用 IF…Then 语句判断每个复选框的值来获取多项选择题的答案，并写入 Sheet2 工作表的相应单元格中，如下图所示。

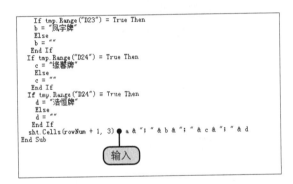

步骤 08　运行事件代码

返回 Excel 视图，单击"设计模式"按钮进入执行模式下，❶在问卷中根据实际情况选择所需答案项，❷单击"提交"按钮，如下图所示。

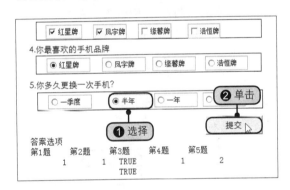

步骤 09　提交问卷调查单结果的效果

切换至"Sheet2"工作表，此时在表格中写入了问卷调查单选择的结果，如右图所示。

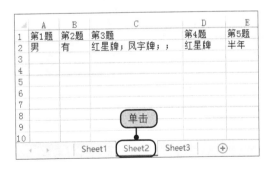

生存技巧：将 Excel 控件与单元格网格对齐的方法

有时用户在工作表中直接使用鼠标拖动控件对象不能准确与单元格边缘对齐，若希望精确对齐，在拖动调整对象时，按住【Alt】键不放，即可使控件的边缘与单元格网格精确对齐，如右图所示。

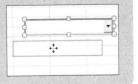

19.2　在VBA中使用控件建立自定义对话框

除了在工作表使用控件建立交互式操作外，还可以在 Excel VBA 程序开发平台中的"用户窗体"中使用控件建立自定义对话框，如自定义登记界面、查询对话框等。

19.2.1　使用用户窗体与控件设计自定义对话框界面

要在 Excel VBA 中创建自定义对话框，必须创建用户窗体，然后在空白的用户窗体中添加控件，再更改用户窗体和控件的属性值来设计自定义对话框的内容信息。

1．添加用户窗体

在 Excel VBA 中添加用户窗体模块的方法与插入模块的方法相同。在添加用户窗体后，用户还需在"属性"窗口中更改窗体的名称、行为和外观。

原始文件： 下载资源 \ 实例文件 \19\ 原始文件 \ 客户资料登记 .xlsx
最终文件： 下载资源 \ 实例文件 \19\ 最终文件 \ 客户资料登记 .xlsm

步骤 01　执行"插入>用户窗体"命令

打开"下载资源\ 实例文件 \19\ 原始文件 \ 客户资料登记 .xlsx"，进入 Visual Basic 编辑窗口，执行"插入 > 用户窗体"命令，如下图所示。

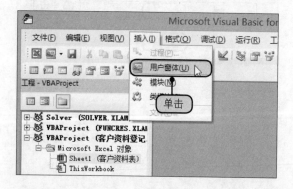

步骤 02　添加的用户窗体

此时在"工程－VBAProject"窗口中插入 UserForm1 用户窗体，并显示 UserForm1 对象窗口，如下图所示。

步骤 03　设置用户窗体属性值

按【F4】键打开"属性"窗口，在其中可更改窗体属性，这里将"名称"更改为"myForm"，将 Caption 属性更改为"客户资料登记"，如右图所示。

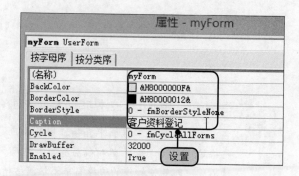

生存技巧：以图片设置用户窗体的背景

如果用户希望以某个图片作为用户窗体的背景，可以在"属性"窗口的"按分类序"选项卡中将 Picture 属性更改为图片保存的路径，然后设置图片的 PictureAlignment、PietureSizeMode 和 PictureTiling 属性。

2. 设计自定义对话框中的控件

用户窗体只是一个空白的对象窗口，要想表现自定义对话框的信息，则需根据实际需要在"工具箱"选择适合的控件来设计，并在"属性"窗口中设置控件的属性格式。

原始文件： 下载资源 \ 实例文件 \19\ 原始文件 \ 客户资料登记 1.xlsm
最终文件： 下载资源 \ 实例文件 \19\ 最终文件 \ 客户资料登记 1.xlsm

步骤 01 选择所需控件

打开"下载资源 \ 实例文件 \19\ 原始文件 \ 客户资料登记 1.xlsm"。要在用户窗体中添加控件，首先在工具箱中单击"标签"按钮，如下图所示。

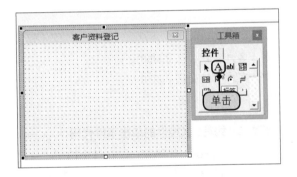

步骤 02 绘制控件

选择控件后，鼠标指针呈十字形，在用户窗体的适当位置单击左键，然后按住鼠标左键拖动绘制控件，如下图所示。

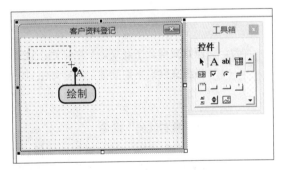

步骤 03 绘制的控件

拖动至适当大小后，即在用户窗体中绘制了所选控件，然后在属性窗口中将 Caption 属性更改为"客户名称："，如下图所示。

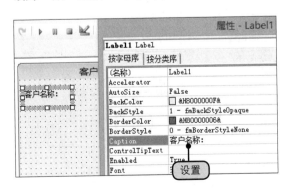

步骤 04 绘制其他控件

用相同方法在用户窗体中绘制"客户资料登记"信息的其他控件，如其他项目标签和文本框，以及命令按钮等，并设置其属性值，如下图所示。

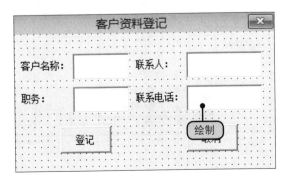

提 示

在用户窗体对象窗口中，为了更方便地调用文本框值，可以将客户名称后的文本框名称更改为"myName"，将"联系人"后文本框的名称更改为"Lname"，将职务后的文本框名称更改为"ZW"，将联系电话后的文本框名称更改为"Tel"，将"登记"命令按钮的名称更改为"OK"，将"取消"命令按钮的名称更改为"Cancel"。

生存技巧：在工具箱中添加新页放置控件

如果想在工具箱中分类显示各类控件，在工具箱中右击标签空白处，在弹出的快捷菜单中单击"新建页"命令，如右图所示，即可在工具箱中添加"新建页"选项卡，然后将所需控件移动到该选项卡内。

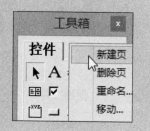

19.2.2 窗体的常用事件应用

完成自定义对话框内容项目的设计后，用户还需为自定义对话框中的控件添加相应的事件代码，才能实现对话框的交互式操作。

 原始文件：下载资源\实例文件\19\原始文件\客户资料登记2.xlsm
最终文件：下载资源\实例文件\19\最终文件\客户资料登记2.xlsm

步骤01 单击"查看代码"命令

打开"下载资源\实例文件\19\原始文件\客户资料登记2.xlsm"，❶右击要设置事件代码的控件，❷在弹出的快捷菜单中单击"查看代码"命令，如下图所示。

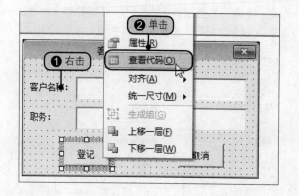

步骤02 编写OK控件的单击事件代码

打开myForm代码窗口，在其中编写"登记（OK）"命令按钮控件的事件代码，将用户窗体中各控件的值写入工作表相应单元格中，如下图所示。

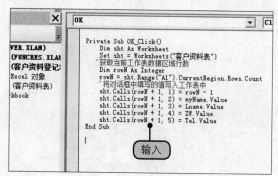

步骤 03 编写Cancel控件单击事件代码

然后在代码窗口中继续输入"取消（Cancel）"命令按钮的单击事件代码，隐藏当前用户窗体，如下图所示。

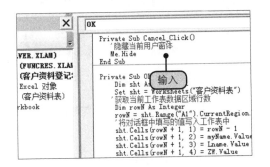

步骤 05 编写调用用户窗体过程代码

在插入的"模块1"代码窗口中编写显示myForm用户窗体的过程代码，如下图所示。

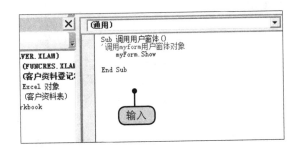

步骤 04 执行"插入>模块"命令

完成用户窗体内控件的事件代码编写后，执行"插入 > 模块"命令，如下图所示。

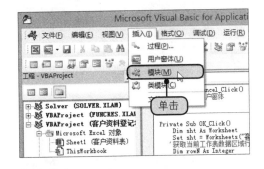

步骤 06 选择命令按钮（表单控件）

返回 Excel 视图，❶在"开发工具"选项卡的"控件"组中单击"插入"按钮，❷在展开的下拉列表中单击"表单控件"选项组中的"按钮"，如下图所示。

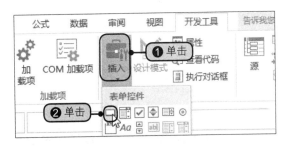

步骤 07 指定宏

在工作表中绘制命令按钮控件，弹出"指定宏"对话框，在"宏名"列表框中选择"调用用户窗体"选项，如右图所示。

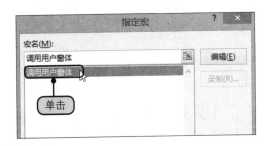

生存技巧：在用户窗体中添加日期控件

如果用户希望在用户窗体中添加日期控件，则需单击"工具"选项，在弹出的下拉菜单中单击"附加控件"命令，弹出"附加控件"对话框后，在"可用控件"列表框中选择日历控件选项，如选择"Microsoft MonthView Control 6.0(SP6)"选项，单击"确定"按钮，如右图所示，即可将日期控件添加到工具箱中。

步骤08 执行宏代码

单击"确定"按钮，将命令按钮控件上的文本更改为"资料登记"，退出设计模式。此时要运行宏代码，只需单击"资料登记"按钮，如下图所示。

步骤09 填写客户资料

弹出"客户资料登记"对话框，❶在对话框中填写客户信息，❷填写完成后，单击"登记"按钮，如下图所示。

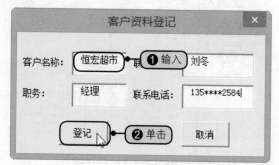

步骤10 查看填写的客户资料

❶此时在"客户资料登记"对话框中填写的客户信息已经写入"客户资料表"，❷若要退出客户资料登记，单击"取消"按钮即可，如右图所示。

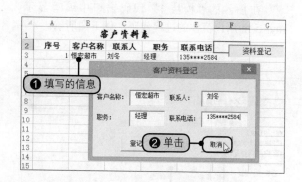

 生存技巧：巧用"*"代替文本框中的值

当用户希望在文本框中输入字符时自动以"*"代替输入的字符，只需将文本框的PasswordChar属性值设置为"*"即可，如右图所示。

19.3 实战演练——使用控件创建动态查看日销量比较图

日销量比较图是比较产品每日销量情况的柱形图。如果用户要查看从第一日到某一日的销量情况，可以在图表中添加控件来控制日销量比较图的数据范围。添加控件前，需要对系列定义名称，再在图表中添加滚动条来控制。

 原始文件： 下载资源\实例文件\19\原始文件\日销量记录表.xlsx
最终文件： 下载资源\实例文件\19\最终文件\日销量记录表.xlsx

步骤01 定义单元格区域名称

打开"下载资源\实例文件\19\原始文件\日销量记录表.xlsx",在"公式"选项卡下打开"名称管理器",可看到建立的"日期"和"销售量"名称,以及引用单元格区域位置,如下图所示。

步骤02 选择图表类型

在定义名称后,切换至"插入"选项卡,❶在"图表"组中单击"柱形图"按钮,❷在展开的下拉列表选择所需子图表类型,这里选择"簇状柱形图"选项,如下图所示。

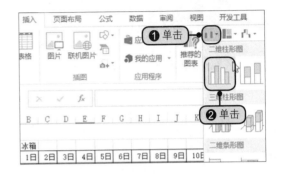

步骤03 单击"选择数据"按钮

此时在工作表中创建了一张空白图表,选中图表,切换至"图表工具-设计"选项卡,在"数据"组中单击"选择数据"按钮,如下图所示。

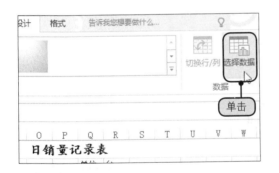

步骤04 添加图例项和水平轴标签数据

弹出"选择数据源"对话框,借助定义的名称在图例项和水平轴标签列表框中添加数据系列和轴标签数据,设置完成后单击"确定"按钮,如下图所示。

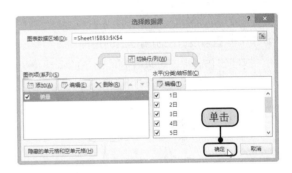

步骤05 选择滚动条控件

创建好图表并做一定美化后,切换至"开发工具"选项卡,❶在"控件"组中单击"插入"按钮,❷在展开的下拉列表中单击"表单控件"选项组中的"滚动条"图标,如下图所示。

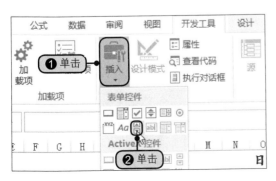

步骤06 绘制滚动条控件

此时鼠标指针呈十字形,在图表中单击鼠标左键,按住左键拖动即可绘制滚动条控件,如下图所示。

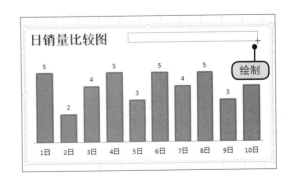

> **提 示**
>
> 在图表上绘制的控件与图表是分开的两个对象，若想让控件随图表一起移动，用户需事先选择图表和相关的控件对象。在"绘图工具—格式"选项卡的"排列"组中单击"组合"按钮，在展开的下拉列表中再次单击"组合"选项，即可将控件对象与图标组合成一个对象。

步骤 07 单击"设置控件格式"命令

❶右击绘制的滚动条控件，❷在弹出的快捷菜单中单击"设置控件格式"命令，如下图所示。

步骤 08 设置滚动条的控制属性

弹出"设置对象格式"对话框，❶在"控制"选项卡中，根据需要设置当前值、最小值、最大值、步长、页步长和单元格链接，❷勾选"三维阴影"复选框，如下图所示。

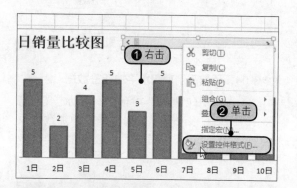

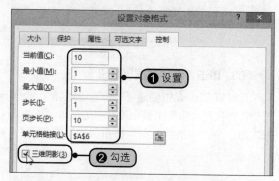

步骤 09 查看设置控制属性后的控件

返回工作表中，可以看到滚动条的滑块位于滚动条的适当位置，如下图所示。

步骤 10 拖动滑块调整滚动条的当前值

若要让图表中的数据显示更多，可以向左右拖动滚动条的滑块，如下图所示。

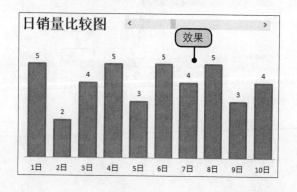

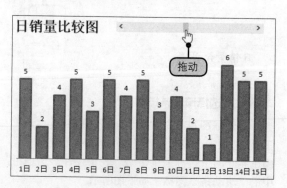